- **工程文件** 工程文件\第 2 章\魔方旋转动画
- **视频位置** 视频\2.7.3 课堂案例——利用三维层制作魔方旋转动画.avi

- **工程文件** 工程文件\第 2 章\文字位移
- **视频位置** 视频\2.8.3 课堂案例——文字位移动画.avi

- **工程文件** 工程文件\第 2 章\位置动画
- **视频位置** 视频\2.8.5 课堂案例——位置动画.avi

- **工程文件** 工程文件\第 2 章\基础缩放动画
- **视频位置** 视频\2.8.7 课堂案例——基础缩放动画.avi

- **工程文件** 工程文件\第 2 章\旋转动画
- **视频位置** 视频\2.8.9 课堂案例——基础旋转动画.avi

- **工程文件** 工程文件\第 2 章\画中画
- **视频位置** 视频\2.8.11 课堂案例——利用透明度制作画中画.avi

- **工程文件** 工程文件\第 2 章\位移动画
- **视频位置** 视频\2.10.1 课后习题 1——位移动画.avi

- **工程文件** 工程文件\第 2 章\行驶的汽车
- **视频位置** 视频\2.10.2 课后习题 2——行驶的汽车.avi

- **工程文件** 工程文件\第 2 章\制作卷轴动画
- **视频位置** 视频\2.10.3 课后习题 3——制作卷轴动画.avi

- **工程文件** 工程文件\第 3 章\文字随机透明动画
- **视频位置** 视频\3.2.2 课堂案例——文字随机透明动画.avi

- **工程文件** 工程文件\第 3 章\跳动的路径文字
- **视频位置** 视频\3.3.1 课堂案例——跳动的路径文字.avi

- **工程文件** 工程文件\第 3 章\缩放动画
- **视频位置** 视频\3.3.2 课堂案例——文字缩放动画.avi

- **工程文件** 工程文件\第 3 章\清新文字
- **视频位置** 视频\3.3.4 课堂案例——清新文字.avi

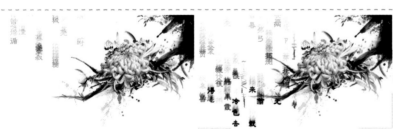 

- **工程文件** 工程文件\第 3 章\古诗散落
- **视频位置** 视频\3.4.1 课堂案例——古诗散落.avi

● **工程文件** 工程文件\第 3 章\文字消散
● **视频位置** 视频\3.4.2 课堂案例——文字消散.avi

● **工程文件** 工程文件\第 3 章\打字效果
● **视频位置** 视频\3.4.3 课堂案例——打字效果.avi

● **工程文件** 工程文件\第 3 章\气流文字
● **视频位置** 视频\3.4.4 课堂案例——气流文字.avi

  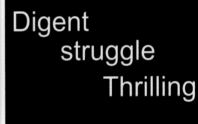

● **工程文件** 工程文件\第 3 章\聚散文字
● **视频位置** 视频\3.6.1 课后习题 1——聚散文字.avi

● **工程文件** 工程文件\第 3 章\飞舞文字
● **视频位置** 视频\3.6.2 课后习题 2——飞舞文字.avi

● **工程文件** 工程文件\第 3 章\分身文字
● **视频位置** 视频\3.6.3 课后习题 3——分身文字.avi

● **工程文件** 工程文件\第 4 章\扫光文字效果
● **视频位置** 视频\4.4.4 课堂案例——利用轨道蒙版制作扫光文字效果.avi

● **工程文件** 工程文件\第 4 章\生长动画
● **视频位置** 视频\4.4.5 课堂案例——利用形状层制作生长动画.avi

工程文件 工程文件\第 4 章\打开的折扇

视频位置 视频\4.4.6 课堂案例——打开的折扇.avi

工程文件 工程文件\第 4 章\随机动画

视频位置 视频\4.5.2 课堂案例——制作随机动画.avi

工程文件 工程文件\第 4 章\运动草图

视频位置 视频\4.5.4 课堂案例——飘零树叶.avi

工程文件 工程文件\第 4 章\位移跟踪动画

视频位置 视频\4.6.3 课堂案例——位移跟踪动画.avi

工程文件 工程文件\第 4 章\旋转跟踪

视频位置 视频\4.6.4 课堂案例——旋转跟踪动画.avi

工程文件 工程文件\第 4 章\透视跟踪动画

视频位置 视频\4.6.5 课堂案例——透视跟踪动画.avi

工程文件 工程文件\第 4 章\稳定动画

视频位置 视频\4.6.6 课堂案例——稳定动画效果.avi

● **工程文件** 工程文件\第 4 章\文字倒影
● **视频位置** 视频\4.8.1 课后习题 1——利用矩形工具制作文字倒影.avi

● **工程文件** 工程文件\第 4 章\积雪字
● **视频位置** 视频\4.8.2 课后习题 2——积雪字.avi

● **工程文件** 工程文件\第 5 章\黑白图像
● **视频位置** 视频\5.5.5 课堂案例——制作黑白图像.avi

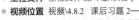  

● **工程文件** 工程文件\第 5 章\改变影片颜色
● **视频位置** 视频\5.5.12 课堂案例——改变影片颜色.avi

● **工程文件** 工程文件\第 5 章\卷页效果
● **视频位置** 视频\5.6.10 课堂案例——利用 CC 卷页制作卷页效果.avi

● **工程文件** 工程文件\第 5 章\放大镜动画
● **视频位置** 视频\5.6.22 课堂案例——利用放大镜制作放大动画.avi

● **工程文件** 工程文件\第 5 章\电光线效果
● **视频位置** 视频\5.7.5 课堂案例——利用音波制作电光线效果.avi

● **工程文件** 工程文件\第 5 章\旋转的星星
● **视频位置** 视频\5.7.23 课堂案例——旋转的星星.avi

● **工程文件** 工程文件\第 5 章\手绘效果
● **视频位置** 视频\5.7.26 课堂案例——利用乱写制作手绘效果.avi

● **工程文件** 工程文件\第 5 章\心电图动画
● **视频位置** 视频\5.7.29 课堂案例——利用勾画制作心电图效果.avi

● **工程文件** 工程文件\第 5 章\梦幻汇集
● **视频位置** 视频\5.12.2 课堂案例——利用卡片舞蹈制作梦幻汇集.avi

- **工程文件** 工程文件\第 5 章\泡泡上升动画
- **视频位置** 视频\5.12.6 课堂案例——泡泡上升动画.avi

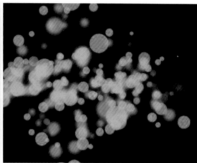

- **工程文件** 工程文件\第 5 章\飞舞小球
- **视频位置** 视频\5.12.12 课堂案例——利用CC 仿真粒子世界制作飞舞小球.avi

- **工程文件** 工程文件\第 5 章\碰撞动画
- **视频位置** 视频\5.12.16 课堂案例——利用 CC 散射制作碰撞动画.avi

- **工程文件** 工程文件\第 5 章\万花筒动画
- **视频位置** 视频\5.13.7 课堂案例——万花筒效果.avi

- **工程文件** 工程文件\第 5 章\水墨画效果
- **视频位置** 视频\5.13.16 课堂案例——利用查找边缘制作水墨画.avi

工程文件 工程文件\第 5 章\转场动画
视频位置 视频\5.16.4 课堂案例——利用 CC 玻璃擦除特效制作转场动画.avi

工程文件 工程文件\第 5 章\过渡转场
视频位置 视频\5.16.9 课堂案例——利用 CC 光线擦除制作转场效果.avi

工程文件 工程文件\第 5 章\笔触擦除动画
视频位置 视频\5.16.19 课堂案例——利用径向擦除制作笔触擦除动画.avi

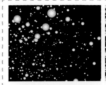

工程文件 工程文件\第 5 章\三维立体球
视频位置 视频\5.19.1 课后习题 1——利用 CC 滚珠操作制作三维立体球.avi

工程文件 工程文件\第 5 章\动画文字
视频位置 视频\5.19.2 课后习题 2——利用书写制作动画文字.avi

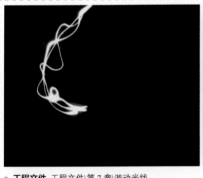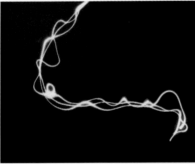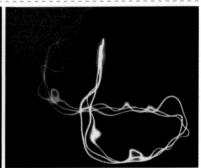

工程文件 工程文件\第 7 章\游动光线
视频位置 视频\7.1 课堂案例——游动光线.avi

工程文件 工程文件\第 7 章\流光线条
视频位置 视频\7.2 课堂案例——流光线条.avi

工程文件 工程文件\第 7 章\电光球效果
视频位置 视频\7.3 课堂案例——电光球特效.avi

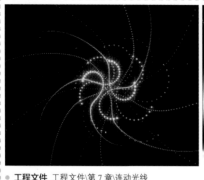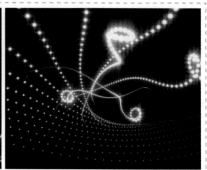

- **工程文件** 工程文件\第 7 章\连动光线
- **视频位置** 视频\7.4 课堂案例——连动光线.avi

- **工程文件** 工程文件\第 7 章\蜿蜒的光带
- **视频位置** 视频\7.6.1 课后习题 1——蜿蜒的光带.avi

- **工程文件** 工程文件\第 7 章\旋转光环
- **视频位置** 视频\7.6.2 课后习题 2——旋转光环.avi

- **工程文件** 工程文件\第 7 章\延时光线
- **视频位置** 视频\7.6.3 课后习题 3——延时光线.avi

- **工程文件** 工程文件\第 7 章\点阵发光
- **视频位置** 视频\7.6.4 课后习题 4——点阵发光.avi

- **工程文件** 工程文件\第 8 章\动态背景效果
- **视频位置** 视频\8.1 课堂案例——3D Stroke（3D 笔触）：制作动态背景.avi

- **工程文件** 工程文件\第 8 章\扫光文字
- **视频位置** 视频\8.2 课堂案例——Shine（光）：扫光文字.avi

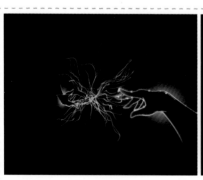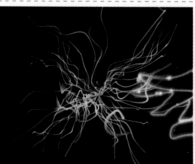

- **工程文件** 工程文件\第 8 章\旋转空间
- **视频位置** 视频\8.3 课堂案例——Particular（粒子）：旋转空间.avi

- **工程文件** 工程文件\第 8 章\炫丽光带
- **视频位置** 视频\8.4 课堂案例——Particular（粒子）：炫丽光带.avi

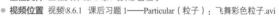

- **工程文件** 工程文件\第 8 章\飞舞彩色粒子
- **视频位置** 视频\8.6.1 课后习题 1——Particular（粒子）：飞舞彩色粒子.avi

- **工程文件** 工程文件\第 8 章\旋转粒子球
- **视频位置** 视频\8.6.2 课后习题 2——Starglow（星光）：旋转粒子球.avi

- **工程文件** 工程文件\第 8 章\心形绘制
- **视频位置** 视频\8.6.3 课后习题 3——3D Stroke（3D笔触）：制作心形绘制.avi

- **工程文件** 工程文件\第 9 章\闪电动画
- **视频位置** 视频\9.1 课堂案例——闪电动画.avi

- **工程文件** 工程文件\第 9 章\下雨效果
- **视频位置** 视频\9.2 课堂案例——下雨效果.avi

- **工程文件** 工程文件\第 9 章\下雪动画
- **视频位置** 视频\9.3 课堂案例——下雪效果.avi

- **工程文件** 工程文件\第 9 章\气泡
- **视频位置** 视频\9.4 课堂案例——制作气泡.avi

- **工程文件** 工程文件\第 9 章\气球飞舞
- **视频位置** 视频\9.5 课堂案例——气球飞舞.avi

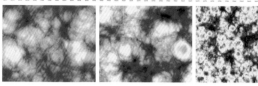

- **工程文件** 工程文件\第 9 章\涌动的火山熔岩
- **视频位置** 视频\9.6 课堂案例——涌动的火山熔岩.avi

- **工程文件** 工程文件\第 9 章\白云飘动
- **视频位置** 视频\9.8.1 课后习题 1——白云飘动.avi

- **工程文件** 工程文件\第 9 章\星星动画效果
- **视频位置** 视频\9.8.2 课后习题 2——星星动画效果.avi

- **工程文件** 工程文件\第 9 章\水波纹动画
- **视频位置** 视频\9.8.3 课后习题 3——水波纹效果.avi

- **工程文件** 工程文件\第 10 章\滴血文字
- **视频位置** 视频\10.1 课堂案例——滴血文字.avi

- **工程文件** 工程文件\第 10 章\花瓣雨
- **视频位置** 视频\10.2 课堂案例——花瓣雨.avi

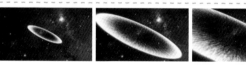

- **工程文件** 工程文件\第 10 章\爆炸冲击波
- **视频位置** 视频\第 10 章\10.3 课堂案例——爆炸冲击波.avi

- **工程文件** 工程文件\第 10 章\魔戒
- **视频位置** 视频\10.4 课堂案例——魔戒.avi

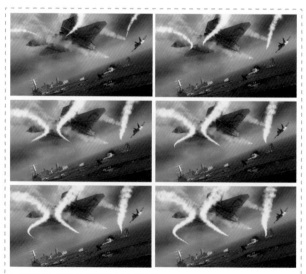

- **工程文件** 工程文件\第 10 章\飞行烟雾
- **视频位置** 视频\10.5 课堂案例——飞行烟雾.avi

- **工程文件** 工程文件\第 10 章\云彩字效果
- **视频位置** 视频\10.7.1 课后习题 1——云彩字效果.avi

- **工程文件** 工程文件\第10章\液体流淌效果
- **视频位置** 视频\10.7.2 课后习题 2——液体流淌效果.avi

- **工程文件** 工程文件\第 10 章\伤痕愈合
- **视频位置** 视频\10.7.3 课后习题 3——伤痕愈合特效.avi

- **工程文件** 工程文件\第 11 章\上帝之光
- **视频位置** 视频\11.1 课堂案例——上帝之光.avi

- **工程文件** 工程文件\第 11 章\魔法火焰
- **视频位置** 视频\11.2 课堂案例——魔法火焰.avi

- **工程文件** 工程文件\第 11 章\数字人物
- **视频位置** 视频\11.3 课堂案例——数字人物.avi

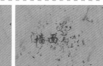

- **工程文件** 工程文件\第 11 章\破碎出字
- **视频位置** 视频\11.5.1 课后习题 1——墙面破碎出字.avi

- **工程文件** 工程文件\第 11 章\穿越时空
- **视频位置** 视频\11.5.2 课后习题 2——制作穿越时空.avi

本书实例展示

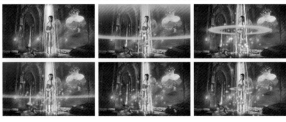

- **工程文件** 工程文件\第 11 章\星光之源
- **视频位置** 视频\11.5.3 课后习题 3——星光之源.avi

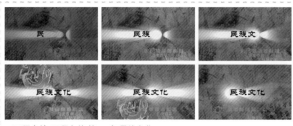

- **工程文件** 工程文件\第 12 章\民族文化
- **视频位置** 视频\12.1 课堂案例——电视特效表现：民族文化.avi

- **工程文件** 工程文件\第 12 章\"Apple" Logo 演绎
- **视频位置** 视频\12.2 课堂案例——电视 Logo 演绎："Apple" Logo 演绎.avi

- **工程文件** 工程文件\第 12 章\时代的印记
- **视频位置** 视频\12.3 课堂案例——电视宣传片：时代的印记.avi

- **工程文件** 工程文件\第 12 章\节目导视
- **视频位置** 视频\12.4 课堂案例——电视栏目包装：节目导视.avi

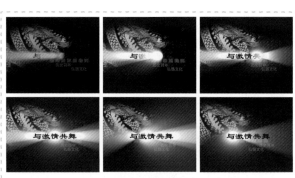

- **工程文件** 工程文件\第 12 章\与激情共舞
- **视频位置** 视频\12.6.1 课后习题 1——电视特效表现：与激情共舞.avi

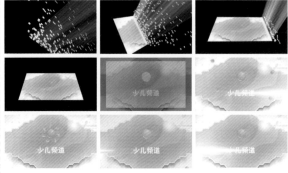

- **工程文件** 工程文件\第 12 章\少儿频道
- **视频位置** 视频\12.6.2 课后习题 2——电视栏目包装：少儿频道.avi

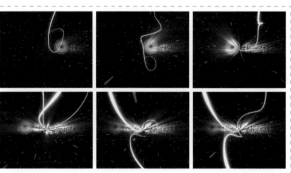

- **工程文件** 工程文件\第 12 章\神秘宇宙探索
- **视频位置** 视频\12.6.3 课后习题 3——电视频道包装：神秘宇宙探索.avi

After Effects CS6
实用教程

水木居士 编著

人民邮电出版社
北京

图书在版编目（CIP）数据

After Effects CS6实用教程 / 水木居士编著. --
北京 : 人民邮电出版社，2019.1
ISBN 978-7-115-48276-1

Ⅰ．①A… Ⅱ．①水… Ⅲ．①图象处理软件－教材
Ⅳ．①TP391.413

中国版本图书馆CIP数据核字(2018)第075818号

内 容 提 要

本书根据多位业界设计师的教学与实践经验，针对零基础读者而开发，是一本专为想在较短时间内学习并掌握 After Effects CS6 软件在影视制作中的使用方法和技巧的读者量身打造的实用教程。

全书共 12 章，主要讲解了 After Effects CS6 快速入门、After Effects 基础动画、实用的文字动画技术、蒙版与稳定跟踪技术、内置视频特效、动画的渲染与输出、超炫光效的制作、常见插件特效风暴、常见自然特效的表现、常见影视仿真特效表现、动漫特效及场景合成、商业栏目包装案例表现等内容。

随书附赠教学资源，包括书中所有课堂案例及课后习题的工程文件，以及近 12 小时的高清语音教学视频，帮助读者掌握使用 After Effects CS6 进行影视后期合成与特效制作的精髓。同时，提供 PPT 教学课件，方便老师教学使用。

本书适合想要从事影视制作、栏目包装、电视广告、后期编辑与合成等相关工作的人员学习使用，也适合作为社会培训学校、大中专院校相关专业的教学参考书或上机实践指导用书。

◆ 编 著 水木居士
责任编辑 张丹阳
责任印制 陈 犇

◆ 人民邮电出版社出版发行 北京市丰台区成寿寺路 11 号
邮编 100164 电子邮件 315@ptpress.com.cn
网址 http://www.ptpress.com.cn
三河市君旺印务有限公司印刷

◆ 开本：787×1092 1/16
印张：19 彩插：6
字数：489 千字 2019 年 1 月第 1 版
印数：1—3 000 册 2019 年 1 月河北第 1 次印刷

定价：59.00 元

读者服务热线：(010)81055410 印装质量热线：(010)81055316
反盗版热线：(010)81055315
广告经营许可证：京东工商广登字 20170147 号

前 言

软件简介

  After Effects CS6 是Adobe公司最新推出的影视编辑软件，其特效功能非常强大，可以用于高效且精确地制作出多种引人注目的动态图形和震撼人心的视觉效果。After Effects CS6软件还保留有Adobe软件优秀的兼容性。在After Effects中可以非常方便地调入Photoshop和Illustrator的层文件，Premiere的项目文件也可以近乎完美地再现于After Effects中，甚至还可以调入Premiere的EDL文件。

  现在，After Effects已经被广泛地应用于数字和电影的后期制作中，而新兴的多媒体和互联网也为After Effects软件提供了宽广的发展空间。

本书特色

  ① **一线作者团队**。本书由曾任职于北京理工大学电脑部的高级讲师为入门级用户量身定制，以深入浅出的方式，用平实的语言，将After Effects CS6化繁为简，帮助读者快速掌握软件的精华部分。

  ② **超完备的基础功能及商业案例详解**。12章超全内容，包括基础内容，进阶案例，以及动漫及商业栏目包装完整案例，将After Effects CS6全盘解析，从基础到案例，从入门到入行，从新手到高手。

  ③ **实用的快捷键速查**。在附录中，提供了外插件的安装与注册方法，以及After Effects CS6的默认键盘快捷键列表，让读者在掌握软件及操作技法的同时提高效率。

  ④ **丰富的特色段落**。作者根据多年的教学经验，将After Effects CS6中常见的问题及解决方法以"提示"形式显现出来，让读者轻轻松松掌握核心技法。

  ⑤ **超长教学视频**。附赠高清视频语音多媒体教学录像文件，包含书中所有案例及课后习题的操作步骤讲解，教学时间近12个小时，真正做到多媒体教学与图书互动，使读者从零起步，快速跨入高手行列！

  ⑥ **超值的附赠套餐**。附赠所有案例及课后习题需要的工程文件，读者可直接实现书中案例，对比进行学习。另外，提供了12章的PPT课件，老师可直接修改使用。

本书版面结构说明

  为了方便读者快速阅读进而掌握本书内容，下面将本书的版面结构进行剖析说明，使读者了解本书的特色，以达到轻松自学的目的。

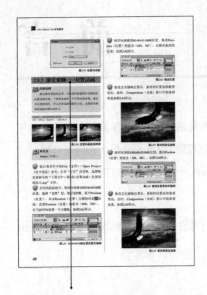

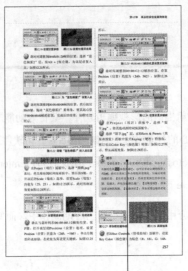

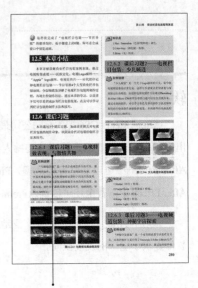

课堂案例：包括大量案例详解，并进行实例及知识点说明，使大家深入掌握软件功能。

提示：针对软件实用技巧及制作过程中的难点进行重点提示。

课后习题：安排重点内容的练习题，让大家在学完相应内容以后继续加强所学技术。

附录B 快捷键说明

为方便读者快速进入高手行列，在本书的附录B部分还为读者安排了针对Windows系统的快捷键列表，并将快捷键进行了分类，方便读者查阅，进而学习到快捷的操作方法，快捷键使用说明如下。

功能分类：根据软件特点，进行了不同内容快捷键的分类。

结果：指出快捷键产生的结果，即使用快捷键后产生的效果。

Windows：指出Windows操作系统的快捷键。

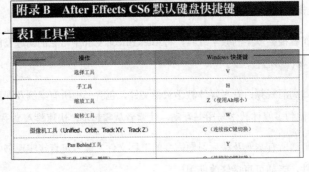

附录B　After Effects CS6 默认键盘快捷键

表1 工具栏

操作	Windows 快捷键
选择工具	V
手工具	H
缩放工具	Z（使用Alt缩小）
旋转工具	W
摄像机工具（Unified、Orbit、Track XY、Track Z）	C（连续按C键切换）
Pan Behind工具	Y

资源下载及其使用说明

随书资源包括书中课堂案例和课后习题的过程文件，以及多媒体教学视频。同时，为方便老师教学，本书还配备了PPT课件。读者扫描"资源下载"二维码可以获得所有资源的下载方法，扫描"在线观看"二维码可在线观看本书案例的教学视频。

资源下载　　　在线观看

当然，在创作的过程中，由于时间仓促，错误在所难免，希望广大读者批评指正。如果在学习过程中发现问题，或有更好的建议，欢迎发邮件到smbook@163.com与我们联系。

编　者

2018年12月

目 录 CONTENTS

目录 CONTENTS

目录 CONTENTS

目录 CONTENTS

目 录 CONTENTS

目 录 CONTENTS

目 录 CONTENTS

目 录 CONTENTS

目录 CONTENTS

目 录 CONTENTS

第1章

After Effects CS6 快速入门

内容摘要

本章主要讲解数字视频基础知识，色彩模式的种类和含义，色彩深度与图像分辨率，视频编辑的镜头表现手法，After Effects CS 6软件的启动方法，以及After Effects CS 6软件工作界面的自定义、菜单命令和工作窗口的介绍与操作，为以后的学习打基础。

教学目标

- 了解帧、帧率和场的概念
- 了解电视制式及时间码
- 掌握影视镜头的常用表现手法
- 了解色彩模式的种类和含义
- 了解色彩深度与图像分辨率
- 掌握After Effects CS6面板及窗口的应用

1.1 视频基础

本节详细讲解视频的基础知识，如帧的概念、帧率和帧长度比、像素长宽比、场、电视制式及时间码，让读者在学习视频制作前对这些视频基础有个了解。

1.1.1 帧的概念

所谓视频，即是由一系列单独的静止图像组成，如图1.1所示。每秒钟连续播放静止图像，利用人眼的视觉残留现象，在观者眼中就产生了平滑而连续活动的影像。

图1.1 单帧静止画面效果

一帧是扫描获得的一幅完整图像的模拟信号，是视频图像的最小单位。在日常看到的电视或电影中，视频画面其实就是由一系列的单帧图片构成，将这些一系列的单帧图片以合适的速度连续播放，利用人眼的视觉残留现象，在观者眼中就产生了平滑而连续活动的影像，从而形成动态画面效果，而这些连续播放的图片中的每一帧图片，就可以称为一帧，例如，一个影片的播放速度为25帧/秒（fps），就表示该影片每秒钟播放25个单帧静态画面。

1.1.2 帧率和帧长度比

帧率有时也叫帧速或帧速率，表示在影片播放中，每秒钟所扫描的帧数，对于PAL制式电视系统，帧率为25帧/秒；而NTSC制式电视系统，帧率为30帧/秒。

帧长度比是指图像的长度和宽度的比例，平时我们常说的4:3和16:9，其实就是指图像的长宽比例。4:3画面显示效果如图1.2所示；16:9画面显示效果如图1.3所示。

图1.2 4:3画面显示效果

图1.3 16:9画面显示效果

1.1.3 像素长宽比

像素长宽比就是组合图像的小正方形像素在水平与垂直方向的比例。通常以电视机的长宽比为依据，即640/160和480/160之比为4:3。因此，对于4:3长宽比来讲，480/640×4/3=1.067。所以，PAL制式的像素长宽比为1.067。

1.1.4 场的概念

场是视频的一个扫描过程，有逐行扫描和隔行扫描。对于逐行扫描，一帧即是一个垂直扫描场；对于隔行扫描，一帧由两行构成，即奇数场和偶数场，是用两个隔行扫描场表示一帧。

电视机由于受到信号带宽的限制，采用的是隔行扫描，隔行扫描是目前很多电视系统的电子束采用的一种技术，它将一幅完整的图像按照水平方向分成很多细小的行，用两次扫描来交错显示，即先扫描视频图像的偶数行，再扫描奇数行而完成一帧的扫描，每扫描一次，就叫作一场。对于摄像机和显示器屏幕，获得或显示一幅图像都要扫描两遍才行，隔行扫描对于分辨率要求不高的系统比较适合。

在电视播放中，由于扫描场的作用，其实我们所看到的电视屏幕出现的画面不是完整的画面，而是一个"半帧"画面，如图1.4所示。但由于25Hz的帧频率能以最少的信号容量有效地利用人眼的视觉残留特性，所以看到的图像是完整图像，如图1.5所示，但闪烁的现象还是可以感觉出来的。我国电视画面传输率是每秒25帧、50场。50Hz的场频率隔行扫描，把一帧分为奇、偶两场，奇、偶的交错扫描相当于遮挡板的作用。

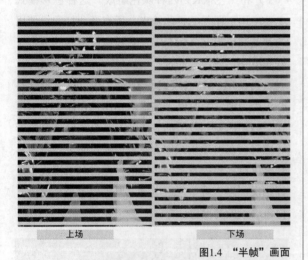

上场　　　　　下场

图1.4 "半帧"画面

图1.5 完整图像

1.2 电视的制式

电视的制式就是电视信号的标准。它的区分主要在帧频、分辨率、信号带宽及载频、色彩空间的转换关系上。不同制式的电视机只能接收和处理相应制式的电视信号。但现在也出现了多制式或全制式的电视机，为处理不同制式的电视信号提供了极大的方便。全制式电视机可以在各个国家的不同地区使用。目前各个国家的电视制式并不统一，全世界目前有三种彩色制式。

1．PAL制式

PAL是Phase Alteration Line的英文缩写，其含义为逐行倒相，PAL制式即逐行倒相正交平衡调幅制；它是一种彩色电视广播标准，克服了NTSC制式相对相位失真敏感而引起色彩失真的缺点；中国、新加坡、澳大利亚、新西兰和英国等一些国家使用PAL制式。根据不同的参数细节，它又可以分为G、I、D等制式，其中PAL-D是我国大陆采用的制式。PAL制式电视的帧频为每秒25帧，场频为每秒50场。

2．NTSC制式（N制）

NTSC是Natonal Television System Committee的英文缩写，NTSC制式是由美国国家电视标准委员会制定的彩色广播标准，采用正交平衡调幅技术（正交平衡调幅制）；NTSC制式有色彩失真的缺陷。NTSC制式电视的帧频为每秒29.97帧，场频为每秒60场。大多西半球国家及日本、韩国等采用这种制式。

3．SECAM制式

SECAM是法文Sequentiel Couleur A Memoire的缩写，含义为"顺序传送彩色信号与存储恢复彩色信号制"，是由法国提出、制定的一种新的彩色电视制式。它克服了NTSC制式相位失真的缺点，它采用时间分隔法来逐行依次传送两个色差信号，不怕干扰，色彩保真度高，但是兼容性较差。目前法国等欧洲国家使用SECAM制式。

视频时间码

一段视频片段的持续时间和它的开始帧和结束帧通常用时间单位和地址来计算，这些时间和地址被称为时间码（简称时码）。时码用来识别和记录视频数据流中的每一帧，从一段视频的起始帧到终止帧，每一帧都有一个唯一的时间码地址，这样在编辑的时候利用它可以准确地在素材上定位出某一帧的位置，方便地安排编辑和实现视频和音频的同步。这种同步方式叫作帧同步。"动画和电视工程师协会"采用的时码标准为SMPTE，其格式为：小时：分钟：秒：帧，例如，一个PAL制式的素材片段表示为：00:01:30:13，那么意思是它持续1分钟30秒零13帧，换算成帧单位就是2263帧，如果播放的帧速率为25帧／秒（fps），那么这段素材可以播放约1分零30.5秒。

电影、电视行业中使用的帧率各不相同，但它们都有各自对应的SMPTE标准。如PAL采用25fps或24fps，NTSC制式采用30fps或29.97fps。早期是黑白电视采用29.97fps而非30fps，这样就会产生一个问题，即在时码与实际播放之间产生0.1％的误差。为了解决这个问题，于是设计出帧同步技术；这样可以保证时码与实际播放时间一致。与帧同步格式对应的是帧不同步格式，它会忽略时码与实际播放帧之间的误差。

1.3 色彩模式

色彩模式是数字世界中表示颜色的一种算法。在数字世界中，为了表示各种颜色，人们通常将颜色划分为若干分量。由于成色原理的不同，决定了显示器、投影仪、扫描仪这类靠色光直接合成颜色的颜色设备和打印机、印刷机这类靠使用颜料的印刷设备在生成颜色方式上的区别，下面来简单介绍几种常用的模式。

1.3.1 RGB模式

RGB是光的色彩模型，俗称三原色（也就是3个颜色通道）：红、绿、蓝。每种颜色都有256个亮度级（0~255）。RGB模型也称为加色模型，因为当增加红、绿、蓝色光的亮度级时，色彩变得更亮。所有显示器、投影仪和其他传递与滤光的设备，包括电视、电影放映机都依赖于加色模型。

任何一种色光都可以由RGB三原色混合得到，RGB三个值中任何一个发生变化都会导致合成出来的色彩发生变化。电视彩色显像管就是根据这个原理得来的，但是这种表示方法并不适合人的视觉特点，所以产生了其他的色彩模式。

1.3.2 CMYK模式

CMYK由青色（C）、品红（M）、黄色（Y）和黑色（K）四种颜色组成。这种色彩模式主要应用于图像的打印输出，所有商业打印机使用的都是减色模式。CMYK色彩模型中色彩的混合正好和RGB色彩模式相反。

当使用CMYK模式编辑图像时，应当十分小心，因为通常都习惯于编辑RGB图像，在CMYK模式下编辑需要一些新的方法，尤其是编辑单个色彩通道时。在RGB模式中查看单色通道时，白色表示高亮度色，黑色表示低亮度色；在CMYK模式中正好相反，当查看单色通道时，黑色表示高亮度色，白色表示低亮度色。

1.3.3 HSB模式

HSB色彩空间是根据人的视觉特点，用色调（Hue）、饱和度（Saturation）和亮度（Brightness）来表达色彩。我们常把色调和饱和度统称为色度，用它来表示颜色的类别与深浅程度。由于人的视觉对亮度比对色彩浓淡更加敏感，为了便于色彩处理和识别，常采用HSB色彩空间。它能把色调、色饱和度和亮度的变化情形表现得很清楚，它比RGB空间更加适合人的视觉特点。在图像处理和计算机视觉中，大量的算法都可以在HSB色彩空间中方便使用，它们可以分开处理而且相互独立。因此HSB空间可以大大简化图像分析和处理的工作量。

1.3.4　YUV（Lab）模式

YUV的重要性在于它的亮度信号Y和色度信号UV是分离的，彩色电视采用YUV空间正是为了用亮度信号Y解决彩色电视机与黑白电视机的兼容问题。如果只有Y分量而没有UV分量，这样表示的图像为黑白灰度图。

RGB并不是快速响应且提供丰富色彩范围的唯一模式。Photoshop的Lab色彩模式包括来自RGB和CMYK下的所有色彩，并且和RGB一样快。许多高级用户更喜欢在这种模式下工作。

Lab模型与设备无关，有3个色彩通道，一个用于照度（Luminosity），另两个用于色彩范围，简单地用字母a和b表示。a通道包括的色彩从深绿色（低亮度值）到灰（中亮度值）再到粉红色（高亮度值）；b通道包括的色彩从天蓝色（低亮度值）到灰色再到深黄色（高亮度值）；Lab模型和RGB模型一样，这些色彩混在一起产生更鲜亮的色彩，只有照度的亮度值使色彩黯淡。所以，可以把Lab看作是带有亮度的两个通道的RGB模式。

1.3.5　灰度模式

灰度模式属于非色彩模式。它只包含256级不同的亮度级别，并且仅有一个Black通道。在图像中看到的各种色调都是由256种不同强度的黑色表示。

1.4　色彩深度与图像分辨率

在学习视频制作时，色彩深度和图像分辨率是经常会遇到的，本节讲解色彩深度和图像分辨率，让读者对这两个概念有个认识，方便以后视频的处理。

1.4.1　色彩深度

色彩深度是指存储每个像素色彩所需要的位数，它决定了色彩的丰富程度，常见的色彩深度有以下几种。

1.　真彩色

组成一幅彩色图像的每个像素值中，有R、G、B三个基色分量，每个基色分量直接决定其基色的强度。这样合成产生的色彩就是真实的原始图像的色彩。平常所说的32位彩色，就是在24位之外还有一个8位的Alpha通道，表示每个像素的256种透明度等级。

2.　增强色

用16位来表示一种颜色，它所能包含的色彩远多于人眼所能分辨的数量，共能表示65536种不同的颜色。因此大多数操作系统都采用16位增强色选项。这种色彩空间的建立根据人眼对绿色最敏感的特性，所以其中红色分量占4位，蓝色分量占4位，绿色分量就占8位。

3.　索引色

用8位来表示一种颜色。一些较老的计算机硬件或文档格式只能处理8位的像素，8位的显示设备通常会使用索引色来表现色彩。其图像的每个像素值不分R、G、B分量，而是把它作为索引进行色彩变幻，系统会根据每个像素的8位数值去查找颜色。8位索引色能表示256种颜色。

1.4.2　图像分辨率

分辨率就是指在单位长度内含有的点（即像素）的多少。像素（pixel）是图形单元（picture element）的简称，是位图图像中最小的完整单位。像素有两个属性——其一是位图图像中的每个像素都具有特定的位置，其二是可以利用位进行度量的颜色深度。

除某些特殊标准外，像素都是正方形的，而且各个像素的尺寸也是完全相同的。在Photoshop中像素是最小的度量单位。位图图像由大量像素以行和列的方式排列而成，因此位图图像通常表现为矩形外貌。需要注意的是分辨率并不单指图像的分辨率，它有很多种，可以分为以下几种类型。

1.　图像的分辨率

图像的分辨率就是每英寸图像含有多少个点或者像素，分辨率的单位为dpi，例如72dpi就表示该图像每英寸含有72个点或者像素。因此，当知道图像的尺寸和图像分辨率的情况下，就可以精确地计算得到该图像中全部像素的数目。

在Photoshop中也可以用厘米为单位来计算分辨率，不同的单位计算出来的分辨率是不同的，一般情况下，图像分辨率的大小以英寸为单位。

在数字化图像中，分辨率的大小直接影响图像的质量，分辨率越高，图像就越清晰，所产生的文件就越大，在工作中所需的内存和CPU处理时间就越长。所以在创作图像时，不同品质、不同用途的图像就应该设置不同的图像分辨率，这样才能最合理地制作生成图像作品。例如要打印输出的图像分辨率就需要高一些，若仅在屏幕上显示使用就可以低一些。

另外，图像文件的大小与图像的尺寸和分辨率息息相关。当图像的分辨率相同时，图像的尺寸越大，图像文件的大小也就越大。当图像的尺寸相同时，图像的分辨率越大，图像文件的大小也就越大。

提示

利用Photoshop处理图像时，按住Alt键的同时单击状态栏中的"文档"区域，可以获取图像的分辨率及像素数目。

2. 图像的位分辨率

图像的位分辨率又称作位深，用于衡量每个像素储存信息的位数。该分辨率决定可以标记为多少种色彩等级的可能性，通常有8位、16位、24位或32位色彩。有时，也会将位分辨率称为颜色深度。所谓"位"，实际上就是指2的次方数，8位就是2的8次方，也就是8个2的乘积256。因此，8位颜色深度的图像所能表现的色彩等级只有256级。

3. 设备分辨率

设备分辨率是指每单位输出长度所代表的点数和像素。它和图像分辨率的不同之处在于图像分辨率可以更改，而设备分辨率则不可更改。如显示器、扫描仪和数码相机这些硬件设备，各自都有一个固定的分辨率。

设备分辨率的单位是ppi，即每英寸上所包含的像素数。图像的分辨率越高，图像上每英寸包含

的像素点就越多，图像就越细腻，颜色过渡就越平滑。例如：72 ppi分辨率的1×1平方英寸的图像总共包含（72像素宽×72像素高）5184个像素。如果用较低的分辨率扫描或创建的图像，只能单纯地扩大图像的分辨率，不会提高图像的品质。

显示器、打印机、扫描仪等硬件设备的分辨率，用每英寸上可产生的点数dpi来表示。显示器的分辨率就是显示器上每单位长度显示的像素或点的数目，以点/英寸（dpi）为度量单位。打印机分辨率是激光照排机或打印机每英寸产生的油墨点数（dpi）。打印机的dpi是指每平方英寸上所印刷的网点数。网频是打印灰度图像或分色时，每英寸打印机点数或半调单元数。网频也称网线，即在半调网屏中每英寸的单元线数，单位是线/英寸（lpi）。

4. 扫描分辨率

扫描分辨率指在扫描图像前所设置的分辨率，它将会直接影响到最终扫描得到的图像质量。如果扫描图像用于640×480的屏幕显示，那么扫描分辨率通常不必大于显示器屏幕的设备分辨率，即不超过120 dpi。

通常，扫描图像是为了在高分辨率的设备中输出。如果图像扫描分辨率过低，将会导致输出效果非常粗糙。反之，如果扫描分辨率过高，则数字图像中会产生超过打印所需要的信息，不但减慢打印速度，而且在打印输出时会使图像色调的细微过渡丢失。

5. 网屏分辨率

专业印刷的分辨率也称为线屏或网屏，决定分辨率的主要因素是每英寸内网版点的数量。在商业印刷领域，分辨率以每英寸上等距离排列多少条网线表示，也就是常说的lpi（lines per inch，每英寸线数）。

在传统商业印刷制版过程中，制版时要在原始图像前加一个网屏，该网屏由呈方格状透明与不透明部分相等的网线构成。这些网线就是光栅，其作用是切割光线解剖图像。网线越多，表现图像的层次越多，图像质量也就越好。因此商业印刷行业中采用了lpi表示分辨率。

1.5 影视镜头常用表现手法

镜头是影视创作的基本单位，一个完整的影视作品，是由一个一个的镜头完成的，离开独立的镜头，也就没有了影视作品。通过多个镜头的组合与设计的表现，完成整个影视作品镜头的制作，所以说，镜头的应用技巧也直接影响影视作品的最终效果。那么在影视拍摄中，常用镜头是如何表现的呢，下面来详细讲解常用镜头的使用技巧。

1.5.1 推镜头

推镜头是拍摄中比较常用的一种拍摄手法，它主要利用摄像机前移或变焦来完成，逐渐靠近要表现的主体对象，使人感觉一步一步走近要观察的事物，近距离观看某个事物，它可以表现同一个对象从远到近变化，也可以表现一个对象到另一个对象的变化，这种镜头的运用，主要突出要拍的对象或是对象的某个部位，从而更清楚地看到细节的变化。如观察一个古董，从整体通过变焦看到编辑部特征，也是应用推镜头。图1.6所示为推镜头的应用效果。

图1.6 推镜头的应用效果

1.5.2 移镜头

移镜头也叫移动拍摄，它是将摄像机固定在移动的物体上做各个方向的移动来拍摄不动的物体，使不动的物体产生运动效果，摄像时将拍摄的画面逐步呈现，形成巡视或展示的视觉感受，它将一些对象连贯起来加以表现，形成动态效果而组成影视动画展现出来，可以表现出逐渐认识的效果，并能使主题逐渐明了，如我们坐在奔驰的车上，看窗外的景物，景物本来是不动的，但却感觉是景物在动，这是同一个道理，这种拍摄手法多用于表现静

物动态时的拍摄。图1.7所示为移镜头的应用效果。

图1.7 移镜头的应用效果

1.5.3 跟镜头

跟镜头也称为跟拍，在拍摄过程中找到兴趣点，然后跟随目标进行拍摄。如在一个酒店，开始拍摄的只是整个酒店中的大场面，然后随着一个服务员从一个位置跟随拍摄，在桌子间走来走去的镜头。跟镜头一般要表现的对象在画面中的位置保持不变，只是跟随它所走过的画面有所变化，就如一个人跟着另一个人穿过大街小巷一样，周围的事物在变化，而本身的跟随是没有变化的，跟镜头也是影视拍摄中比较常见的一种方法，它可以很好地突出主体，表现主体的运动速度、方向及体态等信息，给人一种身临其境的感觉。图1.8所示为跟镜头的应用效果。

图1.8 跟镜头的应用效果

1.5.4 摇镜头

摇镜头也称为摇拍，在拍摄时相机不动，只摇动镜头做左右、上下、移动或旋转等运动，使人感觉从对象的一个部位到另一个部位逐渐观看，如一个人站立不动转动脖子来观看事物，我们常说的环视四周，其实就是这个道理。

摇镜头也是影视拍摄中经常用到的，如电影中出现一个洞穴，然后上下、左右或环周拍摄应用的就是摇镜头。摇镜头主要用来表现事物的逐渐呈现，一个又一个的画面从渐入镜头到渐出镜头来完成整个事物发展。图1.9所示为摇镜头的应用效果。

图1.9 摇镜头的应用效果

1.5.5 旋转镜头

旋转镜头是指被拍摄对象呈旋转效果的画面，镜头沿镜头光轴或接近镜头光轴的角度旋转拍摄，摄像机快速作超过360度的旋转拍摄，这种拍摄手法多表现人物的晕眩感觉，是影视拍摄中常用的一种拍摄手法。图1.10所示是旋转镜头的应用效果。

图1.10 旋转镜头的应用效果

1.5.6 拉镜头

拉镜头与推镜头正好相反，它主要是利用摄像机后移或变焦来完成，逐渐远离要表现的主体对象，使人感觉正一步一步远离要观察的事物，远距离观看某个事物的整体效果，它可以表现同一个对象从近到远的变化，也可以表现一个对象到另一个对象的变化，这种镜头的应用，主要突出要拍摄对象与整体的效果，把握全局，如常见影视中的峡谷内部拍摄到整个外部拍摄，应用的就是拉镜头。图1.11所示为拉镜头的应用效果。

图1.11 拉镜头的应用效果

1.5.7 甩镜头

甩镜头是快速地将镜头摇动，极快地转移到另一个景物，从而将画面切换到另一个内容，而中间的过程则产生模糊一片的效果，这种拍摄可以表现一种内容的突然过渡。

如《冰河世纪》结尾部分松鼠撞到门上的一个镜头，通过甩镜头的应用，表现出人物撞到门而产生的撞击效果的程度和眩晕效果。图1.12所示为甩镜头的应用效果。

图1.12 甩镜头的应用效果

1.5.8 晃镜头

晃镜头的应用相对于前面的几种方式应用要少一些，它主要应用在特定的环境中，让画面产生上下、左右或前后等的摇摆效果，主要用于表现精神恍惚、头晕目眩、乘车船等摇晃效果，如表现一个喝醉酒的人物场景时，就要用到晃镜头，再如坐车在不平道路上所产生的颠簸效果也是晃镜头的应用。图1.13所示为晃镜头的应用效果。

图1.13 晃镜头的应用效果

1.6 操作界面简介

After Effects CS6的操作界面越来越人性化，近几个版本将界面中的各个窗口和面板合并在了一起，不再是单独的浮动状态，这样在操作时免去了拖来拖去的麻烦。

1.6.1 启动After Effects CS6

执行菜单栏中的"开始 | 所有程序 | After Effects CS6"命令，便可启动After Effects CS6 软件。如果已经在桌面上创建了After Effects CS6 的快捷方式，则可以直接用鼠标双击桌面上的After Effects CS6 快捷图标 Ae，也可启动该软件，如图1.14所示。

图1.14 After Effects CS6 启动画面

等待一段时间后，After Effects CS6 被打开，新的After Effects CS6 工作界面呈现出来，如图1.15所示。

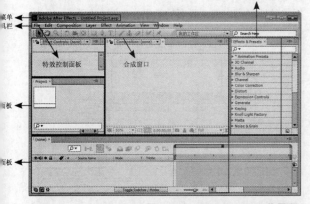

图1.15 After Effects CS6 工作界面

1.6.2 预置工作界面介绍

After Effects CS6在界面上更加合理地分配了各个窗口的位置，根据制作内容的不同，After Effects CS6为用户提供了几种预置的工作界面，通过这些预置的命令，可以将界面设置成不同的模式，如动画、绘图、特效等，执行菜单栏中的Windows（窗口）|Workspace（工作界面）命令，可以看到其子菜单中包含多种工作模式子选项，包括All Panels（所用面板）、Animation（动画）、Effects（特效）、Minimal（迷你）、Motion Tracking（运动跟踪）、Paint（绘图）等模式，如图1.16所示。

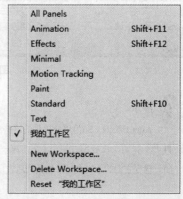

图1.16 多种工作模式

执行菜单栏中的Windows（窗口）|Workspace（工作界面）|Effects（特效）命令，操作界面则切换到特效工作界面中，整个界面排列以特效相关面板和窗口为主，突出显示特效控制区，如Effects & Presets（效果和预置）面板，如图1.17所示。

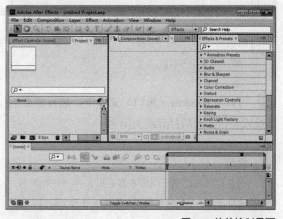

图1.17 特效控制界面

执行菜单栏中的Windows（窗口）|Workspace（工作界面）|Text（文本）命令，整个界面排列以文本相关面板和窗口为主，突出显示文本控制区，如Character（字符）面板、Paragraph（段落）面板等，如图1.18所示。

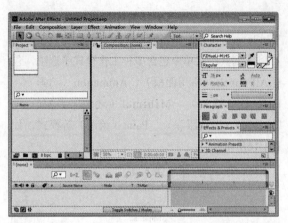

图1.18 绘图控制界面

提示

After Effects CS6为用户提供的这些预置工作界面，不再一一介绍，读者朋友可以自己切换一下不同的工作界面，感受它们的不同之处，以找到适合自己的工作界面。

1.6.3 课堂案例——自定义工作界面

实例说明

不同的用户对于工作模式的要求也不尽相同，如果在预置的工作模式中，没有找到自己需要的模式，用户也可以根据自己的喜好来设置工作模式。

工程文件：无
视频：视频\1.6.3 课堂案例——自定义工作界面.avi

知识点

学习自定义工作界面。

01 可以从Window（窗口）菜单中，选择需要的面板或窗口，然后打开或关闭它。

提示

在拖动面板向另一个面板靠近时，在另一个面板中，将显示出不同的停靠效果，确定后释放鼠标后，面板可在不同的位置停靠。

02 合并面板或窗口。拖动一个面板或窗口到另一个面板或窗口上，当另一个面板中心显示停靠效果时，释放鼠标，两个面板将合并在一起，如图1.19所示为Composition（合成）窗口与Project（项目）面板合并的效果。

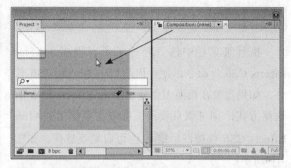

图1.19 面板合并操作效果

提示

在面板或窗口的合并过程中，要特别注意浅蓝色标识的显示，不同的显示效果将产生不同的合成效果，具体的不同点，可参看本书配套资源的视频讲解。

03 如果想将某个面板单独地脱离出来，可以在按住Ctrl键的同时拖动面板，当拖出来后释放鼠标即可将面板单独地脱离出来，脱离的效果，如图1.20所示。

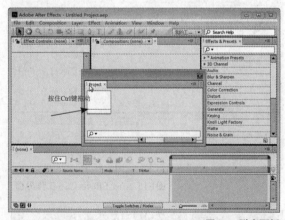

图1.20 脱离面板

04 如果想将单独脱离的面板或窗口再次合并到一个面板或窗口中，可以应用前面的方法，拖动面板或窗口到另一个可停靠的面板或窗口中，显示停靠效果时释放鼠标即可。

05 当界面面板或窗口调整满意后，执行菜单栏中的Windows（窗口）| Workspace（工作界面）| New Workspace（新建工作界面）命令，打开的New Workspace（新建工作界面）对话框，在Name（名称）中输入一个名称，如图1.21所示，单击OK（确定）按钮，即可将新的界面保存。

图1.21　新建工作界面

06 保存后的界面将显示在Windows（窗口）| Workspace（工作界面）命令后的子菜单中，如图1.22所示。

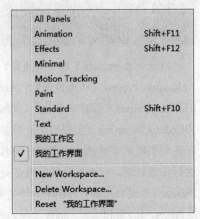

图1.22　保存后的工作界面显示

提示

如果对保存的界面不满意，可以执行菜单栏中的Windows（窗口）| Workspace（工作界面）| Delete Workspace（删除工作界面）命令，从打开的Delete Workspace（删除工作界面）对话框中，选择要删除的界面名称，单击OK（确定）按钮即可。

1.7 面板、窗口及工具介绍

After Effects CS6延续了以前版本面板和窗口排列的特点，用户可以将面板和窗口单独浮动，也可以合并起来。这些面板构成了整个软件的特色，通过不同的面板和窗口来达到不同的处理目的，下面来简要介绍一下这些常用面板和窗口的组成及功能特点。

1.7.1 Project（项目）面板

Project（项目）面板位于界面的左上角，主要用来组织、管理视频节目中所使用的素材，视频制作所使用的素材，都要首先导入到Project（项目）面板中。在此窗口中可以对素材进行预览。

可以通过文件夹的形式来管理Project（项目）面板，将不同的素材以不同的文件夹分类导入，以便视频编辑时操作的方便，文件夹可以展开也可以折叠，这样更便于Project（项目）的管理，如图1.23所示。

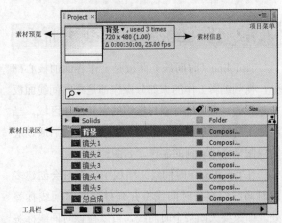

图1.23　导入素材后的项目面板

在素材目录区的上方表头，标明了素材、合成或文件夹的属性显示，显示每个素材不同的属性。

- Name（名称）：显示素材、合成或文件夹的名称，单击该图标，可以将素材以名称方式进行排序。

- Label（标记）：可以利用不同的颜色来区分项目文件，同样单击该图标，可以将素材以标记的方式进行排序。如果要修改某个素材的标记颜色，直接单击该素材右侧的颜色按钮，在弹出的快捷菜单中，选择适合的颜色即可。

- Type（类型）：显示素材的类型，如合成、图像或音频文件。同样单击该图标，可以将素材以类型的方式进行排序。

- Size（大小）：显示素材文件的大小。同样单击该图标，可以将素材以大小的方式进行排序。

- Duration（持续时间）：显示素材的持续时间。

同样单击该图标,可以将素材以持续时间的方式进行排序。

- File Path(文件路径):显示素材的存储路径,以便于素材的更新与查找,方便素材的管理。
- Date(日期):显示素材文件创建的时间及日期,以便更精确地管理素材文件。
- Comment(备注):单击需要备注的素材的该位置,激活文件并输入文字对素材进行备注说明。

提示

属性区域的显示可以自行设定,从项目菜单中的Columns(列)子菜单中,选择打开或关闭属性信息的显示。

1.7.2 Timeline(时间线)面板

Timeline(时间线)面板是工作界面的核心部分,视频编辑工作的大部分操作都是在时间线面板中进行的。它是进行素材组织的主要操作区域。当添加不同的素材后,将产生多层效果,然后通过层的控制来完成动画的制作,如图1.24所示。

在Timeline(时间线)面板中,有时会创建多条时间线,多条时间线将并列排列在时间线标签处,如果要关闭某个时间线,可以在该时间线标签位置,单击关闭 ✕ 按钮即可将其关闭,如果想再次打开该时间线,可以在项目窗口中,双击该合成对象即可。

图1.24 时间线面板

1.7.3 Composition(合成)窗口

Composition(合成)窗口是视频效果的预览区,在进行视频项目的安排时,它是最重要的窗口,在该窗口中可以预览到编辑时的每一帧的效果,如果要在节目窗口中显示画面,首先要将素材

添加到时间线上,并将时间滑块移动到当前素材的有效帧内,才可以显示,如图1.25所示。

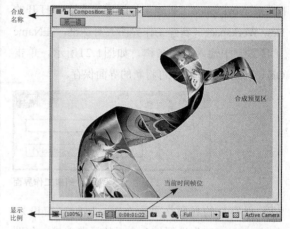

图1.25 合成窗口

1.7.4 Effects & Presets(效果和预置)面板

Effects & Presets(效果和预置)面板中包含了Animation Presets(动画预置)、Audio(音频)、Blur & Sharpen(模糊和锐化)、Channel(通道)和Color Correction(色彩校正)等多种特效,是进行视频编辑的重要部分,主要针对时间线上的素材进行特效处理,一般常见的特效都是利用Effects & Presets(效果和预置)面板中的特效来完成,Effects & Presets(效果和预置)面板如图1.26所示。

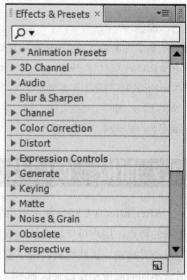

图1.26 效果和预置面板

1.7.5　Effects Controls（特效控制）面板

Effects Controls（特效控制）面板主要用于对各种特效进行参数设置，当一种特效添加到素材上面时，该面板将显示该特效的相关参数设置，可以通过参数的设置对特效进行修改，以便达到所需要的最佳效果，如图1.27所示。

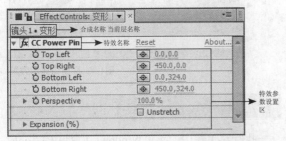

图1.27　特效控制面板

1.7.6　Character（字符）面板

通过工具栏或是执行菜单栏中的Windows（窗口）|Character（字符）命令来打开Character（字符）面板，Character（字符）主要用来对输入的文字进行相关属性的设置，包括字体、字号、颜色、描边、行距等参数，Character（字符）面板及说明如图1.28所示。

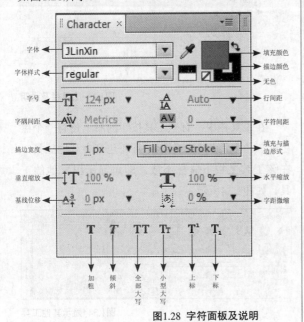

图1.28　字符面板及说明

1.7.7　Align（对齐）面板

执行菜单栏中的菜单Windows（窗口）|Align（对齐）命令，可以打开或关闭Align（对齐）面板。

Align（对齐）面板主要对素材进行对齐与分布处理，面板及说明如图1.29所示。

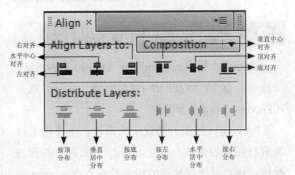

图1.29　对齐面板及说明

提示

在应用对齐或分布时，要注意对齐方式的设置，从Align Layers To（对齐层……）菜单中可以指定对齐的方式，选择Composition（合成）选项，可以以合成窗口为依据进行对齐或分布；选择Selection（选择）选项，可以以选择的对象为依据进行对齐或分布。

1.7.8　Info（信息）面板

执行菜单栏中的Windows（窗口）|Info（信息）命令，或按Ctrl + 2组合键，可以打开或关闭Info（信息）面板。

Info（信息）面板主要用来显示素材的相关信息，在Info（信息）面板的上部分，主要显示如RGB值、Alpha通道值、鼠标在合成窗口中的x轴和y轴坐标位置；在Info（信息）面板的下部分，根据选择素材的不同，主要显示选择素材的名称、位置、持续时间、出点和入点等信息。Info（信息）面板及说明如图1.30所示。

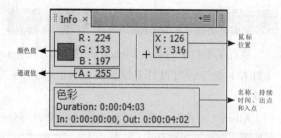

图1.30 信息面板及说明

1.7.9 Preview（预演）面板

执行菜单栏中的Windows（窗口）| Preview（预演）命令，或按Ctrl + 3组合键，将打开或关闭Preview（预演）面板。

Preview（预演）面板中的命令，主要用来控制素材图像的播放与停止，进行合成内容的预演操作，还可以进行预演的相关设置。Preview（预演）面板及说明如图1.31所示。

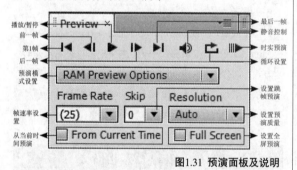

图1.31 预演面板及说明

1.7.10 Layer（层）窗口

在Layer（层）窗口中，默认情况下是不显示图像的，如果要在层窗口中显示画面，直接在时间线面板中，双击该素材层，即可打开该素材的Layer（层）窗口，如图1.32所示。

Layer（层）窗口是进行素材修剪的重要部分，一般素材的前期处理，如入点和出点的设置。处理入点和出点的方法有两种：一种是可以在时间线窗口中，直接通过拖动改变层的入点和出点；另一种是可以在层窗口中，通过单击入点按钮设置素材入点，单击出点按钮设置素材出点，以制作出符合要求的视频文件。

图1.32 层窗口显示效果

1.7.11 Tool（工具栏）

执行菜单栏中的菜单Windows（窗口）| Tools（工具）命令，或按Ctrl + 1组合键，打开或关闭工具栏，工具栏中包含了常用的工具，使用这些工具可以在合成窗口中对素材进行编辑操作，如移动、缩放、旋转、输入文字、创建蒙版、绘制图形等，工具栏如图1.33所示。

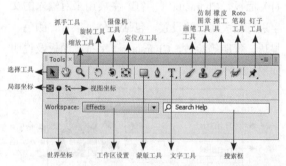

图1.33 工具栏及说明

在工具栏中，有些工具按钮的右下角有一个黑色的三角形箭头，表示该工具还包含有其他工具，在该工具上按下鼠标不放，即可显示出其他的工具，如图1.34所示。

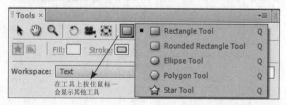

图1.34 显示其他工具

1.8 本章小结

　　本章首先讲解了After Effects在视频制作前的一些基础视频基础，然后讲解了影视镜头的常用表现手法，并带大家浏览了After Effects操作界面。了解这些知识并加以掌握，为以后的动画学习打下坚实基础。

1.9 课后习题

　　本章通过2个课后习题，让读者朋友快速掌握After Effects软件的重点内容，只有了解并掌握了这些基础知识，才能在以后的学习中事半功倍。

1.9.1　课后习题1——Project（项目）面板

 实例说明

　　Project（项目）面板主要用来组织、管理动画素材，本例讲解Project（项目）面板的使用技巧。

工程文件：无
视频：视频\1.9.1 课后习题1——Project（项目）面板.avi

 知识点

　　Project（项目）面板。

1.9.2　课后习题2——Timeline（时间线）面板

实例说明

　　Timeline（时间线）面板是动画制作的操作台，After Effects中所有动画的制作几乎都在这里完成，下面通过习题讲解它的使用。

工程文件：无
视频：视频\1.9.2 课后习题2——Timeline（时间线）面板.avi

知识点

　　Timeline（时间线）面板。

第**2**章

After Effects 基础动画

── 内容摘要 ──

　　本章主要讲解After Effects 基础动画。首先讲解了项目及合成的创建方法，合成项目的保存，素材的导入方法及导入设置，素材的归类管理，以及素材的查看移动；然后讲解了关键帧的应用；最后详细讲解了层操作及层属性。通过本章的学习，读者可以掌握基础动画的制作技巧。

── 教学目标 ──

- 掌握项目文件的创建及保存
- 掌握不同素材的导入及设置
- 学习归类管理素材的方法和技巧
- 掌握素材入点和出点的设置
- 掌握层属性及层基础动画的制作方法

2.1 项目合成文件的操作

本节将通过几个简单实例讲解创建项目和保存项目的基本步骤。这个实例虽然效果和操作都比较简单，但是包括许多基本的操作，初步体现了使用After Effects的乐趣。本节的重点在于基本步骤和基本操作的熟悉和掌握，强调总体步骤的清晰明确。

2.1.1 创建项目及合成文件

在编辑视频文件时，首先要做的就是创建一个项目文件，规划好项目的名称及用途，根据不同的视频用途来创建不同的项目文件，创建项目的方法如下。

01 执行菜单栏中的New（新建）| New Project（新建项目）命令，或按Ctrl + Alt + N组合键，这样就创建了一个项目文件。

提示
创建项目文件后还不能进行视频的编辑操作，还要创建一个合成文件，这是After Effects软件与一般软件不同的地方。

02 执行菜单栏中的Composition（合成）| New Composition（新建合成）命令，也可以在Project（项目）面板中单击鼠标右键，从弹出的快捷菜单中选择New Composition（新建合成）命令，即可打开 Composition Settings（合成设置）对话框，如图2.1所示。

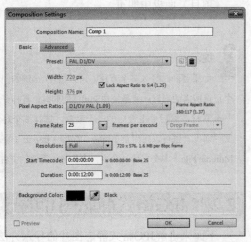

图2.1　合成设置对话框

提示
目前各个国家的电视制式并不统一，全世界目前有三种彩色制式：PAL制式、NTSC制式（N制）和SECAM制式。PAL制式主要应用于50Hz供电的地区，如中国、新加坡、澳大利亚、新西兰和英国等一些国家和地区，VCD电视画面尺寸标准为352×288，画面像素的宽高比为1.091:1，DVD电视画面尺寸标准为704×576或720×576，画面像素的宽高比为1.091:1。NTSC制式（N制）主要应用于60Hz交流电的地区，如美国、加拿大等大多数西半球国家，以及日本、韩国等，VCD电视画面尺寸标准为352×240，画面比例为0.91:1，DVD电视画面尺寸标准为704×480或720×480，画面像素的宽高比为0.91:1或0.89:1。

03 在Composition Settings（合成设置）对话框中输入合适的名称、尺寸、帧速率、持续时间等内容后，单击OK（确定）按钮，即可创建一个合成文件，在Project（项目）面板中可以看到此文件。

提示
创建合成文件后，如果用户想在后面的操作中修改合成设置，可以执行菜单栏中的Composition（合成）| Composition Settings（合成设置）命令，打开Composition Settings（合成设置）对话框，对其进行修改。

2.1.2 保存项目文件

在制作完项目及合成文件后，需要及时地将项目文件进行保存，以免电脑出错或突然停电带来不必要的损失，保存项目文件的方法有两种。

01 如果是新创建的项目文件，可以执行菜单栏中的File（文件）| Save（保存）命令，或按Ctrl + S组合键，此时将打开Save As（另存为）对话框，如图2.2所示。在该对话框中，设置适当的保存位置、文件名和文件类型，然后单击"保存"按钮即可将文件保存。

提示
如果是第1次保存图形，系统将自动打开Save As（另存为）对话框，如果已经做过保存，则再次应用保存命令时，不会再打开Save As（另存为）对话框，而是直接将文件按原来设置的位置进行覆盖保存。

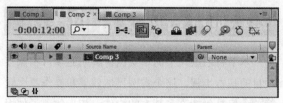

图2.2 另存为对话框

02 如果不想覆盖原文件而另外保存一个副本，此时可以执行菜单栏中的File（文件）| Save As（另存为）命令，打开Save As（另存为）对话框，设置相关的参数，保存为另外的副本。

03 还可以将文件以副本的形式进行另存，这样不会影响原文件的保存效果，执行菜单栏中的File（文件）| Save a Copy（保存一个副本）命令，将文件另存为一个副本，其参数设置与保存的参数相同。

> **提示**
>
> Save As（另存为）与Save a Copy（保存一个副本）的不同之处在于：使用Save As（另存为）命令后，再次修改项目文件内容时，应用保存命令时保存的位置为另存为后的位置，而不是第1次保存的位置；而使用Save a Copy（保存一个副本）命令后，再次修改项目文件内容时，应用保存命令时保存的位置为第1次保存的位置，而不是应用保存一个副本后保存的位置。

2.1.3 合成的嵌套

一个合成中的素材可以分别提供给不同的合成使用，而一个项目中的合成可以分别是独立的，也可以是相互之间存在"引用"的关系，不过在合成之间的关系中并不可以相互"引用"，只存在一个合成使用另一个图层，也就是一个合成嵌套另一个合成的关系，如图2.3所示。

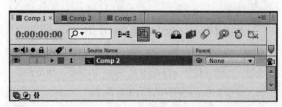

图2.3 合成的嵌套

2.2 素材的导入

在进行影片的编辑时，一般首要的任务是导入要编辑的素材文件，素材的导入主要是将素材导入到Project（项目）面板中或是相关文件夹中，Project（项目）面板导入素材主要有下面几种方法。

- 执行菜单栏中的File（文件）| Import（导入）| File（文件）命令，或按Ctrl + I组合键，在打开的Import File（导入文件）对话框中，选择要导入的素材，然后单击"打开"按钮即可。
- 在Project（项目）面板的列表空白处，单击鼠标右键，在弹出的快捷菜单中选择Import（导入）| File（文件）命令，在打开的Import File（导入文件）对话框中，选择要导入的素材，然后单击"打开"按钮即可。
- 在Project（项目）面板的列表空白处，直接双击鼠标，在打开的Import File（导入文件）对话框中，选择要导入的素材，然后单击"打开"按钮即可。
- 在Windows的资源管理器中，选择需要导入的文件，直接拖动到After Effects软件的Project（项目）面板中即可。

> **提示**
>
> 如果要同时导入多个素材，可以按住Ctrl键的同时逐个点选所需的素材；或是按住Shift键的同时，选择开始的一个素材，然后单击最后的一个素材，选择多个连续的文件即可。也可以应用菜单File（文件）| Import（导入）| Multiple File（多个文件）命令，多次导入需要的文件。

2.2.1 JPG格式静态图片的导入

下面来讲解JPG格式静态图片的导入方法，具体操作如下。

01　执行菜单栏中的File（文件）| Import（导入）| File（文件）命令，或按Ctrl + I组合键，也可以应用上面讲过的任意一种其他方法，打开Import File（导入文件）对话框。

02　在打开的Import File（导入文件）对话框中，选择配套资源中的"工程文件\ 第2章 \梦幻之境.jpg"文件，然后单击打开按钮，即可将文件导入，此时从Project（项目）面板，可以看到导入的图片效果，如图2.4所示。

图2.4 导入图片的过程及效果

2.2.2 序列素材的导入

下面来讲解序列素材的导入方法，具体操作如下。

01　执行菜单栏中的File（文件）| Import（导入）| File（文件）命令，或按Ctrl + I组合键，也可以应用上面讲过的任意一种其他方法，打开Import File（导入文件）对话框，选择配套资源中的"工程文

件\ 第2章 \金龙\金龙001.tga"文件，在对话框的下方，勾选Targa Sequence（序列图片）复选框，如图2.5所示。

图2.5 导入文件操作步骤及设置

02　单击打开按钮，即可将图片以序列图片的形式导入，一般导入后的序列图片为动态视频文件，如图2.6所示。

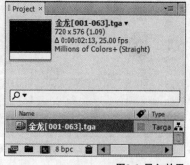

图2.6 导入效果

03　在导入图片时，还将产生一个Interpret Footage（解释素材）对话框，在该对话框中可以对导入的素材图片进行通道的设置，主要用于设置通道的透明情况，如图2.7所示。

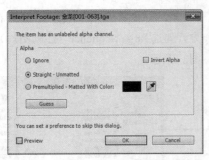

图2.7 解释素材对话框

2.2.3 PSD格式素材的导入

下面来讲解PSD格式素材的导入方法，具体操作如下。

01 执行菜单栏中的File（文件）| Import（导入）| File（文件）命令，或按Ctrl + I组合键，也可以应用上面讲过的任意一种其他方法，打开Import File（导入文件）对话框，选择配套资源中的"工程文件\ 第2章 \夏日.psd"文件，如图2.8所示。该素材在Photoshop 软件中的图层分布效果，如图2.9所示。

图2.8 导入文件　　　图2.9 图层分布效果

02 单击打开按钮，将打开一个以素材名命名的对话框，如图2.10所示，在该对话框中，指定要导入的类型，可以是素材，也可以是合成。

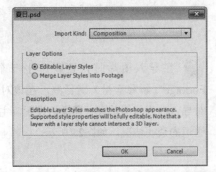

图2.10 "夏日.psd" 对话框

03 在导入类型中，选择不同的选项，会有不同的导入效果，Footage（素材）导入和Composition（合成）导入效果，分别如图2.11、图2.12所示。

图2.11 素材导入效果

图2.12 合成导入效果

04 在选择Footage（素材）导入类型时，Layer Options（图层选项）选项组中的选项处于可用状态，选择Merged Layers（合并图层）单选按钮，导入的图片将是所有图层合并后的效果；选择Choose Layer（选择图层）单选按钮，可以从其右侧的下拉菜单中，选择PSD分层文件的某个图层上的素材导入。

提示
Choose Layer（选择图层）右侧的下拉菜单中的图层数量及名称，取决于在Photoshop软件中的图层及名称设置。

05 设置完成后单击OK（确定）按钮，即可将设置好的素材导入到Project（项目）面板中。

2.3 素材的管理

在使用After Effects软件进行视频编辑时，由于有时需要大量的素材，而且导入的素材在类型上又各不相同，如果不加以归类，将对以后的操作造成很大的麻烦，这时就需要对素材进行合理地分类与管理。

2.3.1 使用文件夹归类管理素材

虽然在制作视频编辑中应用的素材很多，但所使用的素材还是有规律可循的，一般来说可以分为静态图像素材、视频动画素材、声音素材、标题字幕、合成素材等，有了这些素材规律，就可以创建一些文件夹放置相同类型的文件，以便于快速地查找。

在Project（项目）面板中，创建文件夹的方法有多种。

- 执行菜单栏中的File（文件）| New（新建）| New Folder（新建文件夹）命令，即可创建一个新的文件夹。
- 在Project（项目）面板中单击鼠标右键，在弹出的快捷菜单中，选择New Folder（新建文件夹）命令。
- 在Project（项目）面板的下方，单击Create a New Folder（创建一个新文件夹）■ 按钮。

2.3.2 重命名文件夹

新创建的文件夹，将以系统未命名1、2……的形式出现，为了便于操作，需要对文件夹进行重新命名，重命名的方法如下。

01 在Project（项目）面板中，选择需要重命名的文件夹。

02 按键盘上的Enter键，将其激活。

03 输入新的文件夹名称即可完成重命名。图2.13所示为重新命名文件夹时的激活状态。

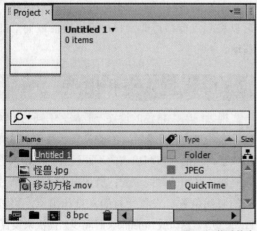

图2.13 激活状态

1.素材的移动和删除

有时导入的素材或新建的图像并不是放置在所对应的文件夹中，这时就需要对它进行移动，移动的方法很简单，只需选择要移动的素材，然后将其拖动到所对应文件夹上释放鼠标就可以了。对于不需要的素材或文件夹，可以通过下列方法来删除。

- 选择将删除的素材或文件夹，然后按键盘上的Delete键。
- 选择将删除的素材或文件夹，然后单击Project（项目）面板下方的Delete Selected Project items（删除选择项目）🗑 按钮即可。
- 执行菜单栏中的File（文件）| Consolidate All Footage（删除所有重复导入的素材）命令，可以将Project（项目）面板中重复导入的素材删除。
- 执行菜单栏中的File（文件）| Remove Unused Footage（删除没有使用的素材）命令，可以将Project（项目）面板中没有应用到的素材全部删除。
- 执行菜单栏中的File（文件）| Reduce Project（减少项目）命令，可以将Project（项目）面板中选择对象以外的其他素材，全部删除。

2.素材的替换

在进行视频处理过程中，如果导入After Effects软件中的素材不理想，可以通过替换方式来修改，具体操作如下。

01 在Project（项目）面板中，选择要替换的素材。

02 执行菜单栏中的File（文件）| Replace Footage（替换素材）| File（文件）命令，也可以直接在当前素材上单击鼠标右键，在弹出的快捷菜单中选择 Replace Footage（替换素材）| File（文件）命令。此时将打开 Replace Footage File（替换素材文件）对话框。

03 在该对话框中，选择一个要替换的素材，然后单击打开按钮即可。

> **提示**
>
> 如果导入素材的源素材发生了改变，而只想将当前素材改变成修改后的素材，这时，可以应用菜单File（文件）| Reload Footage（重载入素材）命令，或在当前素材上单击鼠标右键，在弹出的快捷菜单中，选择Reload Footage（重载入素材）命令，即可将修改后的文件重新载入来替换原文件。

2.3.3 添加素材

要进行视频制作，首先要将素材添加到时间线中，下面来讲解添加素材的方法，具体操作如下。

01 在Project（项目）面板中，选择一个素材，然后按住鼠标，将其拖动到时间线面板中，拖动的过程如图2.14所示。

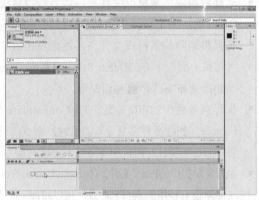

图2.14 拖动素材的过程

02 当素材拖动到时间线面板中时，鼠标会有相应的变化，此时释放鼠标，即可将素材添加到Timeline（时间线）面板中，如图2.15所示，这样在合成窗口中也将看到素材的预览效果。

图2.15 添加素材后的效果

2.3.4 查看素材

查看某个素材，可以在Project（项目）面板中直接双击这个素材，系统将根据不同类型的素材打开不同的浏览效果，如静态素材将打开Footage（素材）窗口，动态素材将打开对应的视频播放软件来预览，静态和动态素材的预览效果分别如图2.16、图2.17所示。

图2.16 静态素材的预览效果

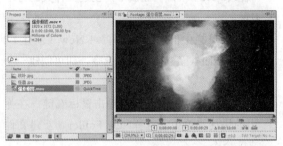

图2.17 动态素材预览效果

2.3.5 改变素材起点

默认情况下，添加的素材起点都位于00:00:00:00帧的位置，如果想让起点位于其他时间帧的位置，可以通过拖动素材层的方法来改变，拖动的效果如图2.18所示。

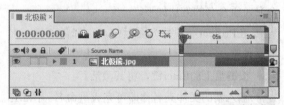

图2.18 改变素材起点

在拖动素材层时，不但可以将起点后移，也可以将起点前移，即素材层可以向前或向后随意移动。

2.3.6 设置入点和出点

视频编辑中角色的设置一般都有不同的出场顺序，有些贯穿整个影片，有些只显示数秒，这样就形成了角色的入点和出点的不同设置。所谓入点，就是影片开始的时间位置；所谓出点，就是影片结束的时间位置。设置素材的入点和出点，可以在Layer（层）窗口或Timeline（时间线）面板来设置。

1.从Layer（层）或Footage（素材）窗口设置入点与出点

首先将素材添加到Timeline（时间线）面板，然后在Timeline（时间线）面板中双击该素材，将打开该层所对应的Footage（素材）窗口，如图2.19所示。

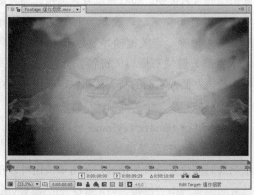

图2.19　素材窗口

在Footage（素材）窗口中，拖动时间滑块到需要设置入点的位置，然后单击Set In point to current time（在当前位置设置入点）█按钮，即可在当前时间位置为素材设置入点。同样的方法，将时间滑块拖动到需要设置出点的位置，然后单击Set Out point to current time（在当前位置设置出点）█按钮，即可在当前时间位置为素材设置出点。入点和出点设置后的效果，如图2.20所示。

图2.20　设置入点和出点后的效果

2.从Timeline（时间线）面板设置入点与出点

在Timeline（时间线）面板中设置素材的入点和出点，首先也要将素材添加到Timeline（时间

线）面板中，然后将光标放置在素材持续时间条的开始或结束位置，当光标变成双箭头 ↔ 时，向左或向右拖动鼠标，即可修改素材的入点或出点的位置，图2.21所示为修改入点的操作效果。

图2.21　修改入点的操作效果

2.4　创建及查看关键帧

在After Effects软件中，所有的动画效果，基本上都有关键帧的参与，关键帧是组合成动画的基本元素，关键帧动画至少要通过两个关键帧来完成。特效的添加及改变也离不开关键帧，可以说，掌握了关键帧的应用，也就掌握了动画制作的基础和关键。

2.4.1　创建关键帧

在After Effects软件中，基本上每一个特效或属性，都对应一个码表，要想创建关键帧，可以单击该属性左侧的码表，将其激活。这样，在时间线面板中，当前时间位置将创建一个关键帧，取消码表的激活状态，将取消该属性所有的关键帧。

下面来讲解怎样创建关键帧。

① 展开层列表。

② 单击某个属性，如Position（位置）左侧的码表█按钮，将其激活，这样就创建了一个关键帧，如图2.22所示。

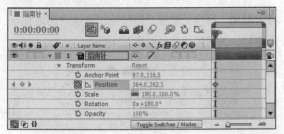

图2.22　创建关键帧

如果码表已经处于激活状态，即表示该属性已经创建了关键帧。可以通过2种方法再次创建关键

帧，但不能再使用码表来创建关键帧，因为再次单击码表，将取消码表的激活状态，这样就自动取消了所有关键帧。

- 方法1：通过修改数值。当码表处于激活状态时，说明已经创建了关键帧，此时要创建其他的关键帧，可以将时间调整到需要的位置，然后修改该属性的值，即可在当前时间帧位置创建一个关键帧。

- 方法2：通过添加关键帧按钮。将时间调整到需要的位置后，单击该属性左侧的Add or remove keyframe at current time（在当前时间添加/删除关键帧）按钮，这样，就可以在当前时间位置创建一个关键帧，如图2.23所示。

图2.23 添加/删除关键帧按钮

提示

使用方法2创建关键帧，可以只创建关键帧，而保持属性的参数不变；使用方法1创建关键帧，不但创建关键帧，还修改了该属性的参数。方法2创建的关键帧，有时被称为延时帧或保持帧。

2.4.2 查看关键帧

在创建关键帧后，该属性的左侧将出现关键帧导航按钮，通过关键帧导航按钮，可以快速地查看关键帧。关键帧导航，如图2.24所示。

图2.24 关键帧导航效果

关键帧导航有多种显示方式，并代表不同的含义，◀表示Go to previous keyframe（跳转到上一帧）；∧表示Add or remove keyframe at current time（在当前时间添加/删除关键帧）；▶表示Go to next keyframe（跳转到下一帧）。

当关键帧导航显示为 ◀ ◆ ▶ 时，表示当前关键帧左侧有关键帧，而右侧没有关键帧；当关键帧导航显示为 ◀ ◆ ▶ 时，表示当前关键帧左侧和右侧都有关键帧；当关键帧导航显示为 ◀ ◆ ▶ 时，表示当前关键帧右侧有关键帧，而左侧没有关键帧。单击左侧或右侧的箭头按钮，可以快速地在前一个关键帧和后一个关键帧间进行跳转。

当Add or remove keyframe at current time（在当前时间添加/删除关键帧）为灰色效果∧时，表示当前时间位置没有关键帧，单击该按钮可以在当前时间创建一个关键帧；当Add or remove keyframe at current time（在当前时间添加/删除关键帧）为黄色效果◆时，表示当前时间位于关键帧上，单击该按钮将删除当前时间位置的关键帧。

关键帧不但可以显示为方形，还可以显示为阿拉伯数字，在时间线面板中，单击右上角的时间线菜单按钮，选择Use Keyframe Indices（使用关键帧指数）命令，可以将关键帧以阿拉伯数字形式显示；选择Use Keyframe Icons（使用关键帧图标）命令，可以将关键帧以方形图标的形式显示。两种显示效果，如图2.25所示。

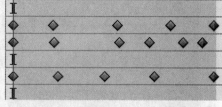

图标显示效果

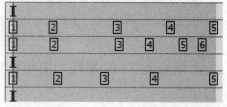

阿拉伯数字显示效果

图2.25 关键帧不同显示效果

2.5　编辑关键帧

创建关键帧后，有时还需要对关键帧进行修改，这时就需要重新编辑关键帧。关键帧的编辑包括选择关键帧、移动关键帧、复制粘贴关键帧和删除关键帧。

2.5.1　选择关键帧

编辑关键帧的首要条件是选择关键帧，选择关键帧的操作很简单，可以通过下面4种方法来实现。

- 方法1：单击选择。在时间线面板中，直接单击关键帧图标，关键帧将显示为黄色，表示已经选定关键帧，如图2.26所示。

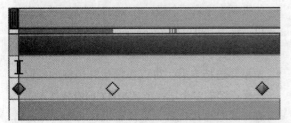

图2.26　单击选择关键帧

💡 **提示**

在选择关键帧时，辅助Shift键，可以选择多个关键帧。

- 方法2：拖动选择。在时间线面板中，在关键帧位置空白处，按住鼠标拖动一个矩形，在矩形框以内的关键帧将被选中，如图2.27所示。

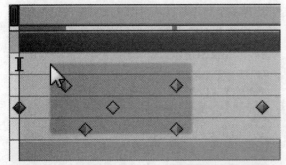

图2.27　拖动选择关键帧

- 方法3：通过属性名称。在时间线面板中，单击关键帧所属属性的名称，即可选择该属性的所有关键帧，如图2.28所示。

图2.28　属性名称选择关键帧

- 方法4：Composition（合成）窗口。当创建关键帧动画后，在Composition（合成）窗口中，可以看到一条线，并在线上出现控制点，这些控制点对应属性的关键帧，只要单击这些控制点，就可以选择该点对应的关键帧。选中的控制点将以实心的方块显示，没有选中的控制点以空心的方块显示，如图2.29所示。

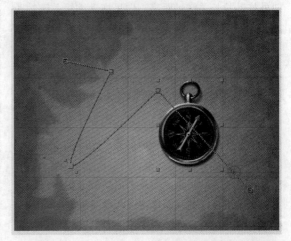

图2.29　合成窗口关键帧效果

 提示

方法4并不适用于所有的关键帧选择，有些特效是不会显示线及控制点的。

2.5.2　移动关键帧

关键帧的位置可以随意地移动，以更好地控制动画效果。可以同时移动一个关键帧，也可以同时移动多个关键帧，还可以将多个关键帧距离拉长或缩短。

1.移动关键帧

选择关键帧后，按住鼠标拖动关键帧到需要的位置，这样就可以移动关键帧，移动过程如图2.30所示。

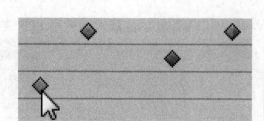

图2.30 移动关键帧

提示

移动多个关键帧的操作与移动一个关键帧的操作是一样的，选择多个关键帧后，按住鼠标拖动即可移动多个关键帧。

2.拉长或缩短关键帧

选择多个关键帧后，同时按住鼠标和Alt键，向外拖动拉长关键帧距离，向里拖动缩短关键帧距离。这种距离的改变，只是改变所有关键帧的距离大小，关键帧间的相对距离是不变的。

2.5.3 删除关键帧

如果在操作时出现了失误，添加了多余的关键帧，可以将不需要的关键帧删除，删除的方法有以下3种。

- 方法1：键盘删除。选择不需要的关键帧，按键盘上的Delete键，即可将选择的关键帧删除。
- 方法2：菜单删除。选择不需要的关键帧，执行菜单栏中的Edit（编辑）| Clear（清除）命令，即可将选择的关键帧删除。
- 方法3：利用按钮删除。将时间调整到要删除的关键帧位置，可以看到该属性左侧的Add or remove keyframe at current time（在当前时间添加/删除关键帧）◆按钮呈黄色的激活状态，单击该按钮，即可将当前时间位置的关键帧删除。这种方法一次只能删除一个关键帧。

2.6 层的基本操作

层，指的就是素材层，是After Effects 软件的重要组成部分，几乎所有的特效及动画效果，都是在层中完成的，特效的应用首先要添加到层中，才能制作出最终效果。层的基本操作，包括创建层、

选择层、层顺序的修改、查看层列表、层的自动排序等，掌握这些基本的操作，才能更好地管理层，并应用层制作优质的影片效果。

2.6.1 创建层

层的创建非常简单，只需要将导入到Project（项目）面板中的素材，拖动到时间线面板中即可创建层，如果同时拖动几个素材到Project（项目）面板中，就可以创建多个层。

2.6.2 选择层

要想编辑层，首先要选择层。选择层可以在时间线面板或Composition（合成）窗口中完成。

- 如果要选择某一个层，可以在时间线面板中直接单击该层，也可以在Composition（合成）窗口中单击该层中的任意素材图像，即可选择该层。
- 如果要选择多层，可以在按住Shift键的同时，选择连续的多个层；或者按住Ctrl键依次单击要选择的层名称位置，这样可以选择多个不连续的层。如果选择错误，可以按住Ctrl键再次选择的层名称位置，取消该层的选择。
- 如果要选择全部层，可以执行菜单栏中的Edit（编辑）| Select All（选择全部）命令，或按Ctrl + A组合键；如果要取消层的选择，可以执行菜单栏中的Edit（编辑）| Deselect All（取消全部）命令，或在时间线面板中的空白处单击，即可取消层的选择。
- 选择多个层还可以从时间线面板中的空白处单击拖动一个矩形框，与框有交叉的层将被选择，如图2.31所示。

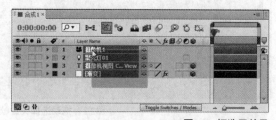

图2.31 框选层效果

2.6.3 删除层

有时，由于错误的操作，可能会产生多余的

层，这时需要将其删除，删除层的方法十分简单，首先选择要删除的层，然后执行菜单栏中的Edit（编辑）| Clear（清除）命令，或按Delete键，即可将层删除，如图2.32所示为层删除前后的效果。

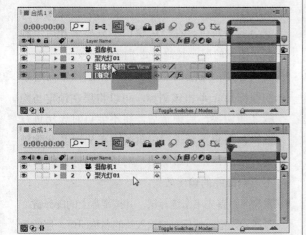

图2.32　删除层前后效果

2.6.4　层的顺序

应用Layer（层）| New（新建）下的子命令，或其他方法创建新层时，新创建的层都位于所有层的上方，但有时根据场景的安排，需要将层进行前后的移动，这时就要调整层顺序，在时间线面板中，通过拖动可以轻松完成层的顺序修改。

选择某个层后，按住鼠标拖动它到需要的位置，当出现一个黑色的长线时，释放鼠标，即可改变层顺序，拖动的效果如图2.33所示。

图2.33　修改层顺序

改变层顺序，还可以应用菜单命令，在Layer（层）| Arrange（排列）子菜单中，包含多个移动层的命令，分别介绍如下。

● Bring Layer to Front（移到顶部）：将选择层移动到所有层的顶部，组合键Ctrl + Shift +]。

● Bring Layer Forward（上移一层）：将选择层向上移动一层，组合键Ctrl +]。

● Send Layer Backward（下移一层）：将选择层向下移动一层，组合键Ctrl + [。

● Send Layer to Back（移动底层）：将选择层移动到所有层的底部，组合键Ctrl + Shift + [。

2.6.5　层的复制与粘贴

Copy（复制）命令可以将相同的素材快速重复使用，选择要复制的层后，执行菜单栏中的Edit（编辑）| Copy（复制）命令，或按Ctrl + C组合键，可以将层复制。

在需要的合成中，执行菜单栏中的Edit（编辑）| Paste（粘贴）命令，或按Ctrl + V 组合键，即可将层粘贴，粘贴的层将位于当前选择层的上方。

另外，还可以应用Duplicate（副本）命令来复制层，执行菜单栏中的Edit（编辑）| Duplicate（副本）命令，或按Ctrl + D 组合键，快速复制一个位于所选层上方的副本层，如图2.34所示。

图2.34　制作副本前后的效果

提示

Duplicate（副本）、Copy（复制）的不同之处在于：Duplicate（副本）命令只能在同一个合成中完成副本的制作，不能跨合成复制；而Copy（复制）命令可以在不同的合成中完成复制。

2.6.6 序列层

Sequence Layers序列层就是将选择的多个层按一定的次序进行自动排序，并根据需要设置排序的重叠方式，还可以通过持续时间来设置重叠的时间，选择多个层后，执行菜单栏中的Animation（动画）| Keyframe Assistant（关键帧助理）| Sequence Layers（序列层）命令，打开Sequence Layers（序列层）对话框，如图2.35所示。

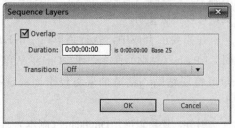

图2.35 序列层对话框

通过不同的参数设置，将产生不同的层过渡效果。Off（直接过渡）表示不使用任何过渡效果，直接从前素材切换到后素材；Dissolve Front Layer（前层渐隐）表示前素材逐渐透明消失，后素材出现；Cross Dissolve Front and Back Layers（交叉渐隐）表示前素材和后素材以交叉方式渐隐过渡。

2.7 层属性介绍

在进行视频编辑过程中，层属性是制作视频的重点，可以辅助视频制作及特效显示，掌握这些内容显得非常重要，下面来讲解这些常用属性。

2.7.1 层基本属性

层的基本属性主要包括层的显示与隐藏、音频的显示与隐藏、层的单独显示、层的锁定与重命名，下面来详细讲解这些属性的应用。

- 层的显示与隐藏：在层的左侧，有一个层显示与隐藏的图标，单击该图标，可以将层在显示与隐藏之间切换。层的隐藏不但可以关闭该层图像在合成窗口中的显示，还影响最终的输出效果，如果想在输出的画面中出现该层，就要将其显示。

- 音频的显示与隐藏：在层的左侧，有一个音频

图标，添加音频层后，单击音频层左侧的音频图标，图标将会消失，在预览合成时将听不到声音。

- 层的单独显示：在层的左侧，有一个层单独显示的图标，单击该图标，其他层的视频图标就会变为灰色，在合成窗口中只显示开启单独显示图标的层，其他层处于隐藏状态。

- 层的锁定：在层的左侧，有一个层锁定与解锁的图标，单击该图标，可以将层在锁定与隐藏之间切换。层锁定后，将不能再对该层进行编辑，要想重新进行编辑就要首先对其解除锁定。层的锁定只影响用户对该层的选择编辑，不影响最终的输出效果。

- 重命名：首先单击选择层，并按键盘上的Enter键，激活输入框，然后直接输入新的名称即可。层的重命名可以更好地对不同层进行操作。

2.7.2 层高级属性

在时间线面板的中部，还有一个参数区，主要用来对素材层显示、质量、特效、运动模糊等属性进行设置与显示，如图2.36所示。

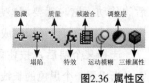

图2.36 属性区

- 隐藏图标：单击隐藏图标可以将选择层隐藏，而图标样式会变为扁平，但时间线面板中的层不发生任何变化，如果想隐藏选择该设置的层，可以在时间线面板上方单击隐藏按钮，即可开启隐藏功能。

- 塌陷图标：单击塌陷图标后，嵌套层的质量会提高，渲染时间减少。

- 质量图标：设置合成窗口中素材的显示质量，单击图标切换高质量与低质量两种显示方式。

- 特效图标：在层上增加滤镜特效后，当前层将显示特效图标。单击特效图标，当前层就取消了特效的应用。

- 帧融合图标：可以在渲染时对影片进行柔和

处理，通常在调整素材播放速率后单击应用。首先在时间线面板中选择动态素材层，然后单击帧融合图标，最后在时间线面板上方开启帧融合按钮。

- 运动模糊图标 ：可以在After Effects CS6软件中记录层位移动画时产生模糊效果。
- 调整层图标 ：可以将原层制作成透明层，在开启Adjustment Layer（调整层）图标后，在调整层下方的这个层上可以同时应用其他效果。
- 三维属性图标 ：可以将二维层转换为三维层操作，开启三维层图标后，层将具有z轴属性。

在时间线面板的中间部分还包含了6个开关按钮，用来对视频进行相关的属性设置，如图2.37所示。

实时预览 隐藏设置 运动模糊 自动建立帧
3D草图 帧融合 集体调整 曲线编辑器

图2.37 开关按钮

- 实时预览按钮 ：开启该功能，在合成窗口中拖动时间滑块时可以实时预览动画效果。
- 3D草图按钮 ：在三维环境中进行制作时，可以将环境中的阴影、摄像机和模糊等功能状态进行屏蔽，以草图的形式显示，以加快预览速度。

在时间线面板中，还有很多其他的参数设置，可以通过单击时间线面板右上角的时间线菜单来打开，也可以在时间线面板中，在各属性名称上，单击鼠标右键，通过Columns（列）子菜单选项来打开，如图2.38所示。

图2.38 快捷菜单

提示

执行菜单栏中的Windows（窗口）| Timeline（时间线）命令，打开时间线面板，具体说明如图2.39所示。

图2.39 时间线面板基本功能

2.7.3 课堂案例——利用三维层制作魔方旋转动画

实例说明

本例主要讲解利用三维层制作魔方旋转动画效果，通过本例的制作，掌握三维层的使用和父子关系的设置技巧。完成的动画流程画面，如图2.40所示。

工程文件：工程文件\第2章\魔方旋转动画
视频：视频\2.7.3 课堂案例——利用三维层制作魔方旋转动画.avi

图2.40 魔方旋转动画流程画面

知识点

1. Ramp（渐变）特效。
2. 父子关系。

01 执行菜单栏中的File（文件）|Open Project（打开项目）命令，选择配套资源中的"工程文件\第2章\魔方旋转动画\魔方旋转动画练习.aep"文件，将文件打开。

02 执行菜单栏中的Layer（层）|New（新建）|Solid（固态层）命令，打开Solid Settings（固态层设置）对话框，设置Name（名称）为"魔方1"，Width（宽）为200，Height（高）为200，Color（颜色）为灰色（R：183，G：183，B：183）。

03 选择"魔方1"层，在Effects & Presets（效果和预置）面板中展开Generate（创造）特效组，然后双击Ramp（渐变）特效。

04 在Effect Controls（特效控制）面板中，修改

Ramp（渐变）特效的参数，设置Start of Ramp（渐变开始）的值为（100，103），Start Color（起始颜色）为白色，End of Ramp（渐变结束）的值为（231，200），End Color（结束颜色）为暗绿色（R：31，G：70，B：73），从Ramp Shape（渐变类型）下拉菜单中选择Radial Ramp（径向渐变）。

05 打开"魔方1"层三维开关，选中"魔方1"层，设置Position（位置）的值为（350，400，0），设置X Rotation（x轴旋转）的值为90，如图2.41所示。

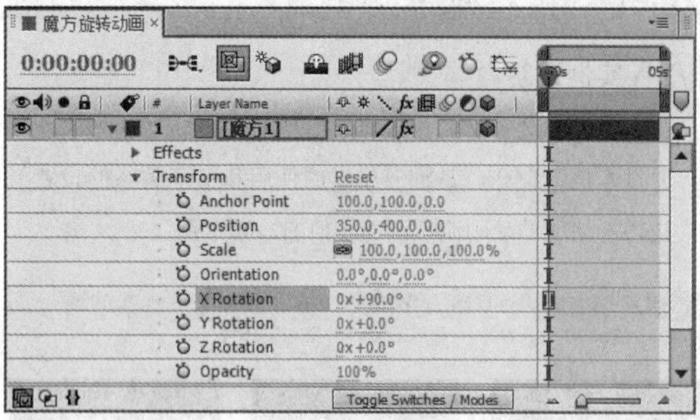

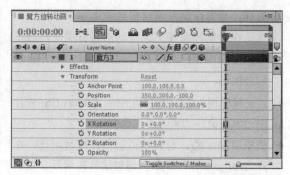

图2.43 设置魔方3参数

08 选中"魔方3"层，按Ctrl+D组合键复制出另一个新的图层，将该图层文字重命名为"魔方4"，设置Position（位置）的值为（350，300，100），如图2.44所示。

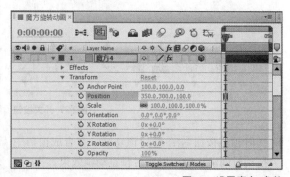

图2.41 设置魔方1参数

06 选中"魔方1"层，按Ctrl+D组合键复制出另一个新的图层，将该图层文字更改为"魔方2"，设置Position（位置）的值为（350，200，0），X Rotation（x轴旋转）的值为90，如图2.42所示。

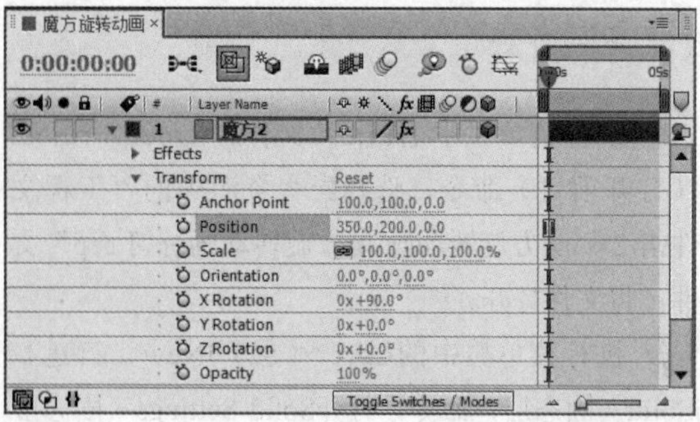

图2.44 设置魔方4参数

09 选中"魔方4"层，按Ctrl+D组合键复制出另一个新的图层，将该图层文字重命名为"魔方5"，设置Position（位置）的值为（450，300，0），Y Rotation（y轴旋转）的值为90，如图2.45所示。

图2.42 设置魔方2参数

07 选中"魔方2"层，按Ctrl+D组合键复制出另一个新的图层，将该图层文字重命名为"魔方3"，设置Position（位置）的值为（350，300，-100），X Rotation（x轴旋转）的值为0，如图2.43所示。

图2.45 设置魔方5参数

10 选中"魔方5"层，按Ctrl+D组合键复制出另一个新的图层，将该图层文字重命名为"魔方6"，设置Position（位置）的值为（250，300，0），Y Rotation（y轴旋转）的值为90，如图2.46所示，合成窗口效果，如图2.47所示。

图2.46 参数设置后效果

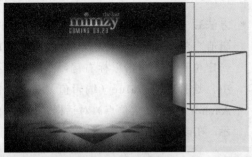

图2.47 合成窗口效果

⑪ 在时间线面板中，选择"魔方2""魔方3""魔方4""魔方5"和"魔方6"层，将其设置为"魔方1"层的子物体，如图2.48所示。

图2.48 设置父子约束

⑫ 将时间调整到00:00:00:00帧的位置，选中"魔方1"层，按R键打开Rotation（旋转）属性，设置Orientation（方向）的值为（320，0，0），Z Rotation（z轴旋转）的值为0，单击Z Rotation（z轴旋转）左侧的码表🕙按钮，在当前位置设置关键帧。

⑬ 将时间调整到00:00:04:24帧的位置，设置Z Rotation（z轴旋转）的值为2x，系统会自动设置关键帧，如图2.49所示。

图2.49 设置z轴旋转关键帧

⑭ 这样就完成了利用三维层制作魔方旋转动画的整体制作，按小键盘上的0键，即可在合成窗口中预览动画。

2.8 层基础动画属性

时间线面板中，每个层都有相同的属性设置，包括层的Anchor Point（定位点）、Position（位置）、Scale（缩放）、Rotation（旋转）和Opacity（透明度），这些常用层属性是进行动画设置的基础，也是修改素材比较常用的属性设置，它是掌握基础动画制作的关键所在。

2.8.1 层列表

当创建一个层时，层列表也相应出现，应用的特效越多，层列表的选项也就越多，层的大部分属性修改、动画设置，都可以通过层列表中的选项来完成。

层列表具有多重性，有时一个层的下方有多个层列表，在应用时可以一一展开进行属性的修改。

展开层列表，可以单击层前方的 ▶ 按钮，当 ▶ 按钮变成 ▼ 状态时，表明层列表被展开，如果单击 ▼ 按钮，使其变成 ▶ 状态时，表明层列表被关闭，如图2.50所示为层列表的显示效果。

图2.50 层列表显示效果

❓ 提示

在层列表中，还可以快速应用组合键来打开相应的属性选项。如按A键可以打开Anchor Point（定位点）选项；按P键可以打开Position（位置）选项等。

45

2.8.2 Anchor Point（定位点）

Anchor Point（定位点）主要用来控制素材的旋转中心，即素材的旋转中心点位置，默认的素材定位点位置，一般位于素材的中心位置，在Composition（合成）窗口中，选择素材后，可以看到一个✛标记，这就是定位点。图2.51所示为改变定位点前与改变定位点后的旋转效果。

图2.51 改变定位点前后旋转效果对比

定位点的修改，可以通过下面3种方法来完成。

- 方法1：应用定位点工具 。首先选择当前层，然后单击工具栏中的定位点工具 ，或按Y键，将鼠标移动到Composition（合成）窗口中，拖动定位点✛到指定的位置释放鼠标即可，如图2.52所示。

图2.52 移动定位点过程

- 方法2：输入修改。单击展开当前层列表，或按A键，将光标移动到Anchor Point（定位点）右侧的数值上，当光标变成 状时，按住鼠标拖动，即可修改定位点的位置，如图2.53所示。

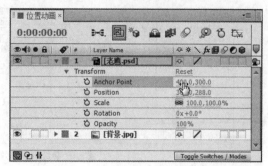

图2.53 拖动修改定位点位置

- 方法3：利用对话框修改。通过Edit Value（编辑值）来修改。展开层列表后，在Anchor Point（定位点）上单击鼠标右键，在弹出的菜单中，选择Edit Value（编辑值）命令，打开Anchor Point（定位点）对话框，如图2.54所示，在该对话框中设置新的数值即可。

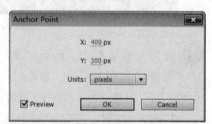

图2.54 定位点对话框

2.8.3 课堂案例——文字位移动画

📖 实例说明

本例主要讲解利用Anchor Point（定位点）属性制作文字位移动画效果，通过本例的制作，学习定位点属性的应用技巧。完成的动画流程画面如图2.55所示。

工程文件：工程文件\第2章\文字位移
视频：视频\2.8.3 课堂案例——文字位移动画.avi

图2.55 文字位移动画流程画面

📖 知识点

1.Anchor Point（定位点）属性。

2.Text（文本）。

01 执行菜单栏中的File（文件）|Open Project（打开项目）命令，选择配套资源中的"工程文件\第2章\文字位移\文字位移练习.aep"文件，将文件打开。

02 执行菜单栏中的Layer（层）|New（新建）|Text（文本）命令，新建文字层，输入"BODY OF LIES"，在Character（字符）面板中，设置文字字体为Arial，字号为41px，字体颜色为红色（R: 255，G: 0，B: 0）。

03 将时间调整到00:00:00:00帧的位置，展开"BODY OF LIES"层，单击Text（文本）右侧的三角形 Animate: ▶ 按钮，从菜单中选择Anchor Point（定位点）命令，设置Anchor Point（定位点）的值为（−661，0）；展开Text（文本）|Animator 1（动画1）|Range Selector 1（范围选择器 1）选项组，设置Start（开始）的值为0%，单击Start（开始）左侧的码表 ⌚ 按钮，在当前位置设置关键帧，合成窗口效果如图2.56所示。

图2.56 设置0秒关键帧

04 将时间调整到00:00:02:00帧的位置，设置Start（开始）的值为100%，系统会自动设置关键帧，如图2.57所示。

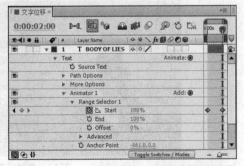

图2.57 设置2秒关键帧参数

05 这样就完成了文字位移动画的整体制作，按小键盘上的0键，即可在合成窗口中预览动画。

2.8.4 Position（位置）

Position（位置）用来控制素材在Composition（合成）窗口中的相对位置，为了获得更好的效果，Position（位置）和Anchor Point（定位点）参数相结合应用，它的修改也有3种方法。

- 方法1：直接拖动。在Timeline（时间线）或Composition（合成）窗口中选择素材，然后使用Selection Tool（选择工具）▶按钮，或按V键，在Composition（合成）窗口中按住鼠标拖动素材到合适的位置，如图2.58所示。如果按住Shift键拖动，可以将素材沿水平或垂直方向移动。

图2.58 修改素材位置

- 方法2：组合键修改。选择素材后，按键盘上的方向键来修改位置，每按一次，素材将向相应方向移动1个像素，如果辅助Shift键，素材将向相应方向一次移动10个像素。

- 方法3：输入修改。单击展开层列表，或直接按P键，然后单击Position（位置）右侧的数值区，激活后直接输入数值来修改素材位置。也可以在Position（位置）上单击鼠标右键，在弹出的菜单中选择Edit Value（编辑值）命令，打开Position（位置）对话框，重新设置参数，以修改素材位置，如图2.59所示。

图2.59 位置对话框

2.8.5 课堂案例——位置动画

实例说明

通过修改素材的位置,可以很轻松地制作出精彩的位置动画效果,下面就来制作一个位置动画效果,通过该实例的制作,学习位置动画的制作方法。完成的动画流程画面如图2.60所示。

工程文件:工程文件\第2章\位置动画
视频:视频\2.8.5 课堂案例——位置动画.avi

图2.60 位置动画流程画面

知识点

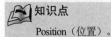

Position(位置)。

01 执行菜单栏中的File(文件)| Open Project(打开项目)命令,打开"打开"对话框,选择配套资源中的"工程文件 \ 第2章\ 位置动画 \ 位置动画练习.aep"文件。

02 在时间线面板中,将时间调整到00:00:00:00帧位置,选择"老鹰"层,然后按P键,展开Position(位置),单击Position(位置)左侧的码表按钮,设置Position(位置)的值为(800,700),在当前时间设置一个关键帧,如图2.61所示。

图2.61 00:00:00:00帧位置设置关键帧

03 将时间调整到00:00:01:00帧位置,修改Position(位置)的值为(450,165),以移动素材的位置,如图2.62所示。

图2.62 修改位置

04 修改完关键帧位置后,素材的位置也将跟着变化,此时,Composition(合成)窗口中的素材效果如图2.63所示。

图2.63 素材的变化效果

05 将时间调整到00:00:02:00帧位置,修改Position(位置)的值为(190,380),如图2.64所示。

图2.64 修改位置添加关键帧

06 修改完关键帧位置后,素材的位置也将跟着变化,此时,Composition(合成)窗口中的素材效果,如图2.65所示。

图2.65 素材的变化效果

07 使用同样的方法，调整时间并添加关键帧，修改位置值，这样，就完成了位置动画的制作，按空格键或小键盘上的0键，可以预览动画的效果。

2.8.6　Scale（缩放）

缩放属性用来控制素材的大小，可以通过直接拖动的方法来改变素材大小，也可以通过修改数值来改变素材的大小。利用负值的输入，还可以使用缩放命令来翻转素材，修改的方法有以下3种。

- 方法1：直接拖动缩放。在Composition（合成）窗口中，使用Selection（选择工具）选择素材，可以看到素材上出现8个控制点，拖动控制点就可以完成素材的缩放。其中，4个角的点可以水平垂直同时缩放素材；两个水平中间的点可以水平缩放素材；两个垂直中间的点可以垂直缩放素材，如图2.66所示。

图2.66　缩放效果

- 方法2：输入修改。展开层列表，或按S键，然后单击Scale（缩放）右侧的数值，激活后直接输入数值来修改素材大小，如图2.67所示。

图2.67　修改数值

- 方法3：利用对话框修改。展开层列表后，在

Scale（缩放）上单击鼠标右键，在弹出的快捷菜单中选择Edit Value（编辑值）命令，打开Scale（缩放）对话框，如图2.68所示，在该对话框中设置新的数值即可。

图2.68　缩放对话框

提示

如果当前层为3D层，还将显示一个Depth（深度）选项，表示素材的Z轴上的缩放，同时在Preserve（保持）右侧的下拉菜单中，Current Aspect Ratio（XYZ）将处于可用状态，表示在三维空间中保持缩放比例。

2.8.7　课堂案例——基础缩放动画

实例说明

本例主要讲解利用Scale（缩放）属性制作基础缩放动画效果，通过本例的制作，掌握Scale（缩放）属性的使用方法。完成的动画流程画面如图2.69所示。

工程文件：工程文件\第2章\基础缩放动画
视频：视频\2.8.7 课堂案例——基础缩放动画.avi

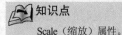

图2.69　基础缩放动画流程画面

知识点

Scale（缩放）属性。

01 执行菜单栏中的File（文件）|Open Project（打开项目）命令，选择配套资源中的"工程文件\第2章\基础缩放动画\缩放动画练习.aep"文件，将文件打开。

02 在时间线面板中，将时间调整到00:00:00:00帧的位置，选择"美"层，然后按S键展开Scale（缩放）属性，设置Scale（缩放）的值为（800，800），并单击Scale（缩放）左侧的码表按钮，在当前位置设置关键帧，如图2.70所示。

图2.70 修改缩放值

03 将时间调整到00:00:00:05帧的位置，设置Scale（缩放）的值为（100，100），系统会自动设置关键帧，如图2.71所示。

图2.71 00:00:00:05帧时间参数设置

04 下面利用复制、粘贴命令，快速制作其他文字的缩放效果。在时间线面板中单击"美"层Scale（缩放）名称位置，选择所有缩放关键帧，然后按Ctrl + C组合键拷贝关键帧，如图2.72所示。

图2.72 选择缩放关键帧

05 选择"景"层，确认当前时间为00:00:00:05帧时间处，按Ctrl + V组合键，将复制的关键帧粘贴在"景"层中，效果如图2.73所示。

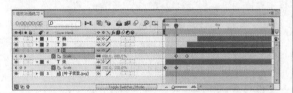

图2.73 粘贴后的效果

06 将时间调整到00:00:00:10帧位置，选择"如"层，按Ctrl + V组合键粘贴缩放关键帧；再将时间调整到00:00:00:15帧位置，选择"画"层，按Ctrl + V组合键粘贴缩放关键帧，以制作其他文字的缩放动画，如图2.74所示。

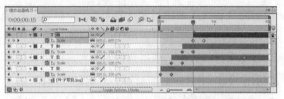

图2.74 制作其他缩放动画

07 这样就完成了基础缩放动画的整体制作，按小键盘上的0键，即可在合成窗口中预览动画。

2.8.8 Rotation（旋转）

旋转属性用来控制素材的旋转角度，依据定位点的位置，使用旋转属性，可以使素材产生相应的旋转变化，旋转操作可以通过以下3种方式进行。

- 方法1：利用Rotation Tool（旋转工具）。首先选择素材，然后单击工具栏中的Rotation Tool（旋转工具）按钮，或按W键，选择旋转工具，然后移动鼠标到Composition（合成）窗口中的素材上，可以看到光标呈状，光标放在素材上直接拖动鼠标，即可将素材旋转，如图2.75所示。

图2.75 旋转操作效果

- 方法2：输入修改。单击展开层列表，或按R键，然后单击Rotation（旋转）右侧的数值，激活后直接输入数值来修改素材旋转度数，如图2.76所示。

图2.76 输入数值修改旋转度数

提示

旋转的数值不同于其他的数值，它的表现方式为0x+0.0，在这里，加号前面的0x表示旋转的周数，如旋转1周，输入1x，即旋转360度，旋转2周，输入2x，依次类推。加号后面的0.0表示旋转的度数，它是一个小于360度的数值，如输入30.0，表示将素材旋转30度。输入正值，素材将按顺时针方向旋转；输入负值，素材将按逆时针旋转。

- 方法3：利用对话框修改。展开层列表后，在Rotation（旋转）上单击鼠标右键，在弹出的菜单中，选择Edit Value（编辑值）命令，打开Rotation（旋转）对话框，如图2.77所示，在该对话框中设置新的数值即可。

图2.77 旋转对话框

2.8.9 课堂案例——基础旋转动画

实例说明

本例主要讲解利用Rotation（旋转）属性制作齿轮动画效果，通过本例的制作，掌握Rotation（旋转）属性的应用方法。完成的动画流程画面如图2.78所示。

工程文件：工程文件\第2章\旋转动画
视频：视频\2.8.9 课堂案例——基础旋转动画.avi

图2.78 基础旋转动画流程画面

知识点

Rotation（旋转）属性。

01 执行菜单栏中的File（文件）|Open Project（打开项目）命令，选择配套资源中的"工程文件\第2章\旋转动画\旋转动画练习.aep"文件，将文件打开。

02 将时间调整到00:00:00:00帧的位置，选择"齿轮1""齿轮2""齿轮3""齿轮4"和"齿轮5"层，按R键打开Rotation（旋转）属性，设置Rotation（旋转）的值为0，单击Rotation（旋转）左侧的码表按钮，在当前位置设置关键帧，如图2.79所示。

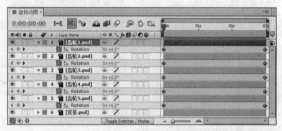

图2.79 00:00:00:00帧位置旋转参数设置

03 将时间调整到00:00:02:24帧的位置，设置"齿轮1"层的Rotation（旋转）的值为−1x；设置"齿轮2"层的Rotation（旋转）的值为−1x；设置"齿轮3"层的Rotation（旋转）的值为−1x；设置"齿轮4"层的Rotation（旋转）的值为1x；设置"齿轮5"层的Rotation（旋转）的值为1x；如图2.80所示。

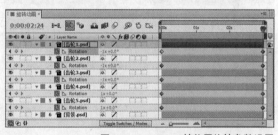

图2.80 00:00:02:24帧位置旋转参数设置

04 这样就完成了基础旋转动画的整体制作，按小键盘上的0键，即可在合成窗口中预览动画。

2.8.10 Opacity（透明度）

透明度属性用来控制素材的透明程度，一般来说，除了包含通道的素材具有透明区域，其他素材都以不透明的形式出现，要想将素材透明，就要使用透明度属性来修改，透明度的修改方式有以下2种。

- 方法1：输入修改。单击展开层列表，或按T键，然后单击Opacity（透明度）右侧的数值，激活后直接输入数值来修改素材透明度，如图2.81所示。

图2.81 修改透明度数值

- 方法2：利用对话框修改。展开层列表后，在Opacity（透明度）上单击鼠标右键，在弹出的菜单中，选择Edit Value（编辑值）命令，打开Opacity（透明度）对话框，如图2.82所示，在该对话框中设置新的数值即可。

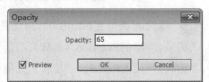

图2.82 透明度对话框

2.8.11 课堂案例——利用透明度制作画中画

实例说明

本例主要讲解通过对透明度属性的设置，制作画中画动画。通过制作本例，学习透明度属性的设置及使用方法。完成的动画流程画面如图2.83所示。

工程文件：工程文件\第2章\画中画
视频：视频\2.8.11 课堂案例——利用透明度制作画中画.avi

图2.83 画中画动画流程画面

知识点

Opacity（透明度）属性。

01 执行菜单栏中的Composition（合成）|New Composition（新建合成）命令，打开Composition Settings（合成设置）对话框，设置Composition Name（合成名称）为"画中画"，Width（宽）为720，Height（高）为480，Frame Rate（帧速率）为25，并设置Duration（持续时间）为00:00:04:00秒，如图2.84所示。

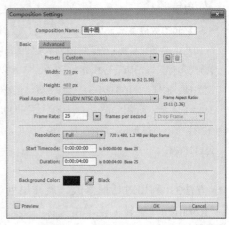

图2.84 合成设置

02 执行菜单栏中的File（文件）|Import（导入）|File（文件）命令，打开Import File（导入文件）对话框，选择配套资源中的"工程文件\第2章\画中画\背景1.jpg、背景2.jpg、背景3.jpg"素材，单击打开按钮，素材将导入到Project（项目）面板中。

03 在Project（项目）面板中，选择"背景1.jpg、背景2.jpg和背景3.jpg"素材，将其拖动到"画中画"合成的时间线面板中，如图2.85所示。

图2.85 添加素材

04 将时间调整到00:00:00:00帧的位置，选中"背景3"层，按T键打开Opacity（透明度）属性，单击Opacity（透明度）左侧的码表 按钮，在当前位置设置关键帧，将时间调整到00:00:02:15帧的位置，设置Opacity（透明度）的值为0，系统会自动添加关键帧，如图2.86所示。

图2.86 设置关键帧

⑤ 将时间调整到00:00:01:00帧的位置，选中"背景2"层，按T键打开Opacity（透明度）属性，设置Opacity（透明度）的值为0，单击Opacity（透明度）左侧的码表 ⏱ 按钮，在当前位置设置关键帧，将时间调整到00:00:02:15帧的位置，设置Opacity（透明度）的值为100，系统会自动添加关键帧，如图2.87所示。

图2.87 设置关键帧

⑥ 将时间调整到00:00:02:15帧的位置，选中"背景1"层，按T键打开Opacity（透明度）属性，设置Opacity（透明度）的值为0，单击Opacity（透明度）左侧的码表 ⏱ 按钮，在当前位置设置关键帧，将时间调整到00:00:03:24帧的位置，设置Opacity（透明度）的值为100，系统会自动添加关键帧，如图2.88所示。

图2.88 设置关键帧

⑦ 这样就完成了"画中画"动画的整体制作，按小键盘上的0键，可在合成窗口中预览动画效果。

2.9 本章小结

本章主要讲解基础动画的控制。After Effects最基本的动画制作离不开位置、缩放、旋转、透明度和定位点的设置。本章就从基础入手，让零起点读者轻松起步，迅速掌握动画制作核心技术，掌握After Effects动画制作的技巧。

2.10 课后习题

本章通过3个课后习题，着重讲解了Position（位置）、Rotation（旋转）属性的动画应用。

2.10.1 课后习题1——位移动画

📖 实例说明

本例主要讲解利用Position（位置）属性制作位移动画，完成的动画流程画面如图2.89所示。

工程文件：工程文件\第2章\位移动画
视频：视频\2.10.1 课后习题1——位移动画.avi

图2.89 位移动画流程画面

📖 知识点

Position（位置）属性。

2.10.2 课后习题2——行驶的汽车

📖 实例说明

本例主要讲解利用Rotation（旋转）属性制作行驶的汽车动画的效果，完成的动画流程画面如图2.90所示。

工程文件：工程文件\第2章\行驶的汽车
视频：视频\2.10.2 课后习题2——行驶的汽车.avi

图2.90 行驶的汽车动画流程画面

📖 知识点

1. Position（位置）属性。
2. Rotation（旋转）的使用。

2.10.3 课后习题3——制作卷轴动画

实例说明

本例主要讲解利用Position（位置）属性制作卷轴动画效果，完成的动画流程画面如图2.91所示。

工程文件：工程文件\第2章\制作卷轴动画
视频：视频\2.10.3 课后习题3——制作卷轴动画.avi

图2.91 卷轴动画流程画面

知识点

1. Position（位置）。

2. Opacity（透明度）。

第**3**章

实用的文字动画技术

内容摘要

　　文字可以说是视频制作的灵魂，可以起到画龙点睛的作用，它被用在制作影视片头字幕、广告宣传广告语、影视语言字幕等方面，掌握文字工具的使用，对于影视制作也是至关重要的一个环节。本章主要讲解文字及文字动画的制作技巧。

教学目标

- ●学习文字工具的使用
- ●掌握路径文字的制作
- ●了解字符及段落面板
- ●掌握不同文字属性的动画应用

3.1 文字工具介绍

在影视作品中，不是仅仅只有图像，文字也是很重要的一项内容。尽管After Effects是一个视频编辑软件，但其文字处理功能也是十分强大的。

3.1.1 创建文字

直接创建文字的方法有两种，可以使用菜单，也可以使用工具栏中的文字工具，创建方法如下。

- 方法1：使用菜单。执行菜单栏中的Layer（层）| New（新建）| Text（文字）命令，此时，Composition（合成）窗口中将出现一个光标效果，在时间线面板中，将出现一个文字层。使用合适的输入法，直接输入文字即可。
- 方法2：使用文字工具。单击工具栏中的Horizontal Type Tool（横排文字工具）▉按钮或Vertical Type Tool（直排文字工具）▉按钮，使用横排或直排文字工具，直接在Composition（合成）窗口中单击并输入文字。横排文字和直排文字的效果，如图3.1所示。

图3.1 横排和直排文字效果

- 方法3：按Ctrl + T 组合键，选择文字工具。反复按该组合键，可以在横排和直排文字间切换。

3.1.2 字符和段落面板

Character（字符）和Paragraph（段落）面板是进行文字修改的地方。利用Character（字符）面板，可以对文字的字体、字形、字号、颜色等属性进行修改；利用Paragraph（段落）面板可以对文字进行对齐、缩进等的修改。打开Character（字符）

和Paragraph（段落）面板的方法有以下两种。

- 方法1：利用菜单。执行菜单栏中的Window（窗口）| Character（字符）或Paragraph（段落）命令，即可打开Character（字符）或Paragraph（段落）面板。
- 方法2：利用工具栏。在工具栏中选择文字工具；或输入的文字处于激活状态时，在工具栏中单击Toggle the Character and Paragraph panels（打开字符和段落面板）▉按钮。字符和段落面板分别如图3.2和图3.3所示。

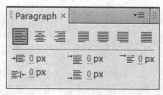

图3.2 字符面板　　　　　　图3.3 段落面板

3.2 文字属性介绍

创建文字后，在时间线面板中，将出现一个文字层，展开Text（文字）列表，将显示出文字属性选项，如图3.4所示。在这里可以修改文字的基本属性。下面讲解基本属性的修改方法，并通过实例详述常用属性的动画制作技巧。

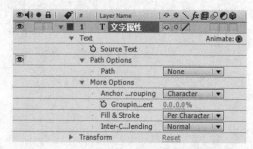

图3.4 文字属性列表选项

提示

在时间线面板中展开Text（文字）列表选项，More Options（更多选项）中，还有几个选项，这几个选项的应用比较简单，主要用来设置定位点的分组形式、组排列、填充与描边的关系、文字的混合模式，这里不再以实例讲解。下面主要用实例讲解Animate（动画）和Path Options（路径选项）的应用。

3.2.1 Animate（动画）

在Text（文字）列表选项右侧，有一个动画 Animate: ▶ 按钮，单击该按钮，将弹出一个菜单，该菜单包含了文字的动画制作命令，选择某个命令后，在Text（文字）列表选项中将添加该命令的动画选项，通过该选项，可以制作出更加丰富的文字动画效果。动画菜单如图3.5所示。

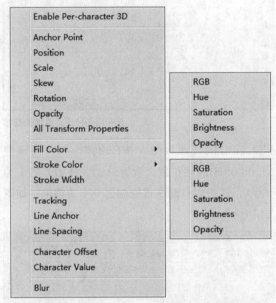

图3.5 动画菜单及说明

3.2.2 课堂案例——文字随机透明动画

📖 **实例说明**

前面讲解了动画 Animate: ▶ 菜单中各选项的功能，下面来利用菜单选项，制作一个随机文字透明动画。完成的动画流程画面如图3.6所示。

工程文件：工程 文件\第3章\文字随机透明动画
视频：视频\3.2.2 课堂案例——文字随机透明动画.avi

图3.6 文字随机透明动画流程画面

📘 **知识点**

1. Text（文字）。
2. Character（字符）面板。

01 执行菜单栏中的Composition（合成）| New Composition（新建合成）命令，打开 Composition Settings（合成设置）对话框，设置Composition Name（合成名称）为"文字随机透明动画"，Width（宽）为720，Height（高）为576，Frame Rate（帧速率）为25，并设置Duration（持续时间）为4秒，如图3.7所示。

图3.7 合成设置对话框

02 执行菜单栏中的Layer（层）| New（新建）| Text（文字）命令，输入文字"文字随机透明动画"，如图3.8所示。

图3.8 输入文字

03 在Character（字符）面板中，设置文字的字体为CTHeiTiSJ，字号为70，填充的颜色为绿色（R：20，G：120，B：180），描边的颜色为白色，字符间距为60，参数设置，如图3.9所示。此时合成窗口中的文字，修改后的效果，如图3.10所示。

图3.9 文字参数设置

图3.10 修改后的效果

04 在时间线面板中，展开文字层，然后单击Text（文字）右侧的动画 Animate: ▶ 按钮，在弹出的菜单中，选择Opacity（透明度）命令，如图3.11所示。

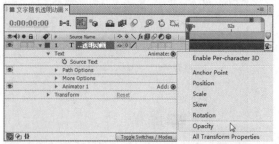

图3.11 选择透明度命令

05 在文字层列表选项中，出现一个Animator 1（动画1）的选项组，通过该选项组进行随机透明动画的制作。将该选项组下的Opacity（透明度）的值设置为0%，以便制作透明动画，如图3.12所示。

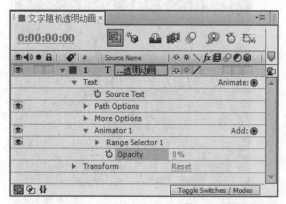

图3.12 设置透明度值

❓ 提示

默认情况下，利用动画菜单创建的动画组，系统会自动命名，分别为Animator 1、Animator 2、Animator 3……，用户也可以将它们重新命名，命名的方法是，选择名称后按Enter键激活名称，然后直接输入新名称即可。

06 将时间设置到00:00:00:00的位置。展开Animator 1（动画1）选项组中的Range Selector 1（范围选择器1）选项，单击Start（开始）左侧的码表 ⏱ 按钮添加一个关键帧，并设置Start（开始）的值为0%，如图3.13所示。

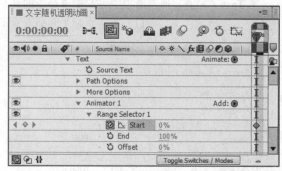

图3.13 0秒位置添加关键帧

07 在时间线面板中，按End键，将时间调整到00:00:03:24帧位置，设置Start（开始）的值为100%，系统将自动在该处创建一个关键帧，如图3.14所示。

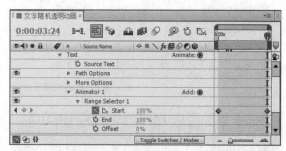

图3.14 修改参数

08 此时，拖动时间滑块或按小键盘上的0键，可以预览动画效果，其中的几帧画面效果如图3.15所示。

图3.15 文字逐渐透明动画中的几帧画面效果

09 从播放的动画预览中可以看到，文字只是一个逐渐透明显示动画，而不是一个随机透明动画，下面来修改随机效果。展开Range Selector 1（范围选择器1）选项组中的Advanced（高级）选项，设置Randomize Order（随机化）为On（开启），打开随机化命令，如图3.16所示。

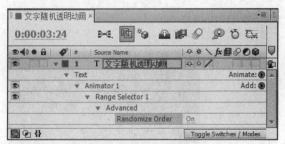

图3.16 打开随机化设置

⑩ 这样，就完成了文字随机透明动画的制作，按空格键或按小键盘上的0键，可以预览动画效果。

3.2.3 Path（路径）

在Path Options（路径选项）列表中，有一个Path（路径）选项，通过它可以制作一个路径文字，在Composition（合成）窗口创建文字并绘制路径，然后通过Path（路径）右侧的菜单，可以制作路径文字效果。

路径文字设置及显示效果，如图3.17所示。

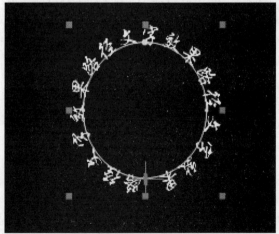

图3.17 路径文字设置及显示效果

在应用路径文字后，在Path Options（路径选项）列表中，将多出5个选项，用来控制文字与路径的排列关系，如图3.18所示。

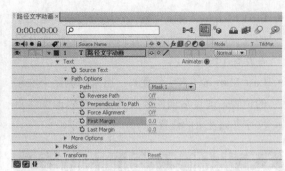

图3.18 增加的选项

这5个选项的应用及说明，如下所示。

- Reverse Path（反转路径）：该选项可以将路径上的文字进行反转，反转前后效果如图3.19所示。

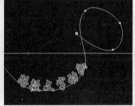

图3.19 反转前后效果对比

- Perpendicular To Path（与路径垂直）：该选项控制文字与路径的垂直关系，如果开启垂直功能，不管路径如何变化，文字始终与路径保持垂直，应用前后的效果对比，如图3.20所示。

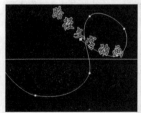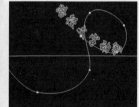

图3.20 与路径垂直应用前后效果对比

- Force Alignment（强制对齐）：强制将文字与路径两端对齐。如果文字过少，将出现文字分散的效果，应用前后的效果对比，如图3.21所示。

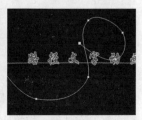

图3.21 强制对齐应用前后效果对比

- First Margin（首字位置）：用来控制开始文字的位置，通过后面的参数调整，可以改变首字在路径上的位置。

- Last Margin（末字位置）：用来控制结束文字的位置，通过后面的参数调整，可以改变终点文字在路径上的位置。

3.3 基础文字动画制作

前面学习了文字的基础知识，下面通过一些基础的文字动画，学习制作基础文字动画的方法。

3.3.1 课堂案例——跳动的路径文字

📖 实例说明

本例主要讲解利用Path Text（路径文字）特效制作跳动的路径文字效果，完成的动画流程画面，如图3.22所示。

工程文件：工程文件\第3章\跳动的路径文字
视频：视频\3.3.1 课堂案例——跳动的路径文字.avi

图3.22 跳动的路径文字动画流程画面

📖 知识点

1. Path Text（路径文字）。
2. Echo（拖尾）。
3. Drop Shadow（投影）。
4. Color Emboss（彩色浮雕）。

01 执行菜单栏中的Composition（合成）| New Composition（新建合成）命令，打开Composition Settings（合成设置）对话框，设置Composition Name（合成名称）为"跳动的路径文字"，Width（宽）为720，Height（高）为576，Frame Rate（帧速率）为25，并设置Duration（持续时间）为00:00:10:00秒。

02 执行菜单栏中的Layer（层）|New（新建）|Solid（固态层）命令，打开Solid Settings（固态层设置）对话框，设置Name（名称）为"路径文字"，Color（颜色）为黑色。

03 选中"路径文字"层，在工具栏中选择Pen Tool（钢笔工具）✒，在"路径文字"层上绘制一个路径，如图3.23所示。

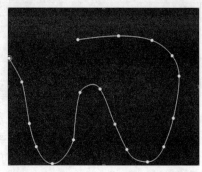

图3.23 绘制路径

04 为"路径文字"层添加Path Text（路径文字）特效。在Effects & Presets（效果和预置）面板中展开Obsolete（旧版本）特效组，然后双击Path Text（路径文字）特效，在Path Text（路径文字）对话框中输入"Rainbow"。

05 在Effect Controls（特效控制）面板中，修改Path Text（路径文字）特效的参数，从Custom Path（自定义路径）下拉菜单中选择Mask 1（蒙版1）选项；展开Fill and Stroke（填边和描边）选项组，设置Fill Color（填充颜色）为浅蓝色（R：0，G：255，B：246）；将时间调整到00:00:00:00帧的位置，设置Size（大小）的值为30，Left Margin（左侧空白）的值为0，单击Size（大小）和Left Margin（左侧空白）左侧的码表⏱按钮，在当前位置设置关键帧，如图3.24所示，合成窗口效果如图3.25所示。

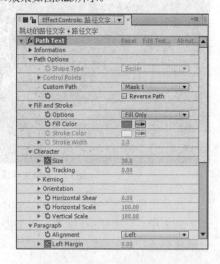

图3.24 设置大小和左侧空白的关键帧

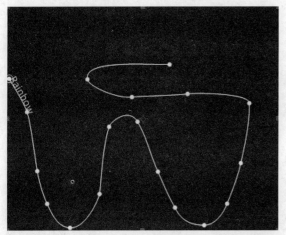

图3.25 设置大小和左侧空白后效果

06 将时间调整到00:00:02:00帧的位置，设置Size（大小）的值为80，系统会自动设置关键帧，如图3.26所示，合成窗口效果如图3.27所示。

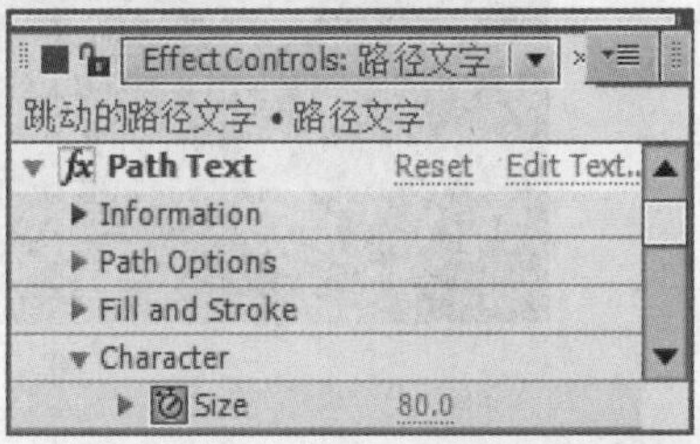

图3.28 设置左侧空白关键帧

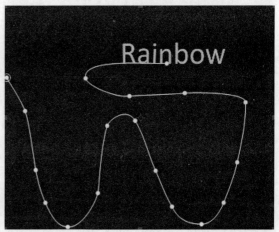

图3.29 设置左侧空白关键帧后效果

图3.26 设置大小关键帧

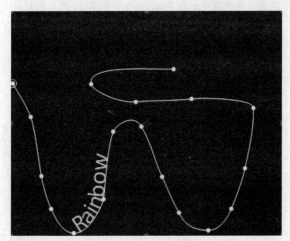

图3.27 设置大小后效果

07 将时间调整到00:00:06:15帧的位置，设置Left Margin（左侧空白）的值为2090，如图3.28所示，合成窗口效果如图3.29所示。

08 展开Advanced（高级）|Jitter Setting（抖动设置）选项组，将时间调整到00：00：00：00帧的位置，设置Baseline Jitter Max（基线最大抖动）、Kerning Jitter Max（字距最大抖动）、Rotation Jitter Max（旋转最大抖动）及Scale Jitter Max（缩放最大抖动）的值为0，单击Baseline Jitter Max（基线最大抖动）、Kerning Jitter Max（字距最大抖动）、Rotation Jitter Max（旋转最大抖动）及Scale Jitter Max（缩放最大抖动）左侧的码表 按钮，在当前位置设置关键帧，如图3.30所示。

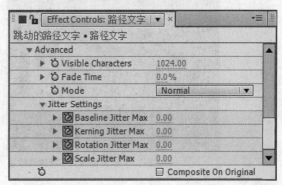

图3.30 设置0秒关键帧

61

⑨ 将时间调整到00:00:03:15帧的位置，设置Baseline Jitter Max（基线最大抖动）的值为122，Kerning Jitter Max（字距最大抖动）的值为164，Rotation Jitter Max（旋转最大抖动）的值为132，Scale Jitter Max（缩放最大抖动）的值为150，如图3.31所示。

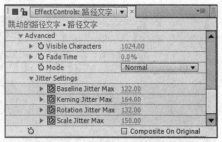

图3.31 设置3秒15帧关键帧

⑩ 将时间调整到00:00:06:00帧的位置，设置Baseline Jitter Max（基线最大抖动）、Kerning Jitter Max（字距最大抖动）、Rotation Jitter Max（旋转最大抖动）及Scale Jitter Max（缩放最大抖动）的值为0，系统会自动设置关键帧，如图3.32所示，合成窗口效果如图3.33所示。

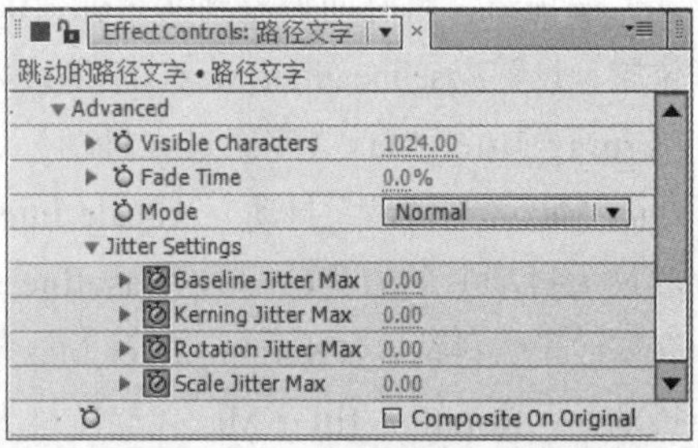

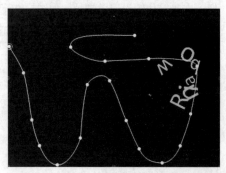

图3.32 设置6秒关键帧

图3.33 设置路径文字特效后效果

⑪ 为"路径文字"层添加Echo（拖尾）特效。在Effects & Presets（效果和预置）面板中展开Time（时间）特效组，然后双击Echo（拖尾）特效。

⑫ 在Effect Controls（特效控制）面板中，修改Echo（拖尾）特效的参数，设置Number of Echoes（重影数量）的值为12，Decay（衰减）的值为0.7，如图3.34所示，合成窗口效果如图3.35所示。

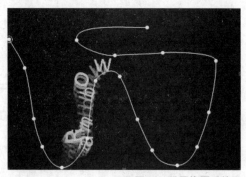

图3.34 设置拖尾参数

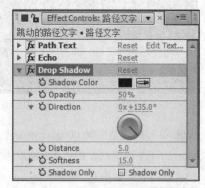

图3.35 设置拖尾后效果

⑬ 为"路径文字"层添加Drop Shadow（投影）特效。在Effects & Presets（效果和预置）面板中展开Perspective（透视）特效组，然后双击Drop Shadow（投影）特效。

⑭ 在Effect Controls（特效控制）面板中，修改Drop Shadow（投影）特效的参数，设置Softness（柔化）的值为15，如图3.36所示，合成窗口效果如图3.37所示。

图3.36 设置投影参数

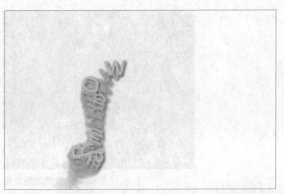

图3.37 设置投影后效果

⑮ 为"路径文字"层添加Color Emboss（彩色浮雕）特效。在Effects & Presets（效果和预置）面板中展开Stylize（风格化）特效组，然后双击Color Emboss（彩色浮雕）特效。

⑯ 在Effect Controls（特效控制）面板中，修改Color Emboss（彩色浮雕）特效的参数，设置Relief（起伏）的值为1.5，Contrast（对比度）的值为169，如图3.38所示，合成窗口效果如图3.39所示。

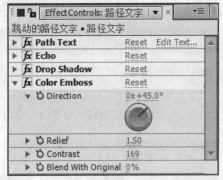

图3.38 设置彩色浮雕参数

图3.39 设置彩色浮雕后效果

⑰ 执行菜单栏中的Layer（层）|New（新建）|Solid（固态层）命令，打开Solid Settings（固态层设置）对话框，设置Name（名称）为"背景"，Color（颜色）为白色。

⑱ 为"背景"层添加Ramp（渐变）特效。在Effects & Presets（效果和预置）面板中展开Generate（创造）特效组，然后双击Ramp（渐变）特效。

⑲ 在Effect Controls（特效控制）面板中，修改Ramp（渐变）特效的参数，设置Start Color（起始颜色）为蓝色（R：11，G：170，B：252），End of Ramp（渐变结束）的值为（380，400），End Color的（结束颜色）为淡蓝色（R：221，G：253，B：253），如图3.40所示，合成窗口效果如图3.41所示。

图3.40 设置渐变参数

图3.41 设置渐变后效果

⑳ 在时间线面板中将"背景"层拖动到"路径文字"层下面。这样就完成了跳动的路径文字整体制作，按小键盘上的0键，即可在合成窗口中预览动画。

3.3.2 课堂案例——文字缩放动画

实例说明

本例主要讲解利用Scale（缩放）制作文字缩放效果，完成的动画流程画面，如图3.42所示。

工程文件：工程文件\第3章\缩放动画
视频：视频\3.3.2 课堂案例——文字缩放动画.avi

图3.42 文字缩放动画流程画面

知识点

1. Scale（缩放）设置。

2. 关键帧助理。

01 执行菜单栏中的File（文件）|Open Project（打开项目）命令，选择配套资源中的"工程文件\第3章\缩放动画\缩放动画练习.aep"文件，将文件打开。

02 执行菜单栏中的Layer（层）|New（新建）|Text（文本）命令，新建文字层，输入"GANG-STER"，在Character（字符）面板中，设置文字字体为Garamond，字号为35，字体颜色为白色。

03 将时间调整到00:00:00:00帧的位置，选中"GANGSTER"层，按S键打开Scale（缩放）属性，设置Scale（缩放）的值为（9500，9500），单击Scale（缩放）左侧的码表 按钮，在当前位置设置关键帧。

04 将时间调整到00:00:01:00帧的位置，设置Scale（缩放）的值为（100，100），系统会自动设置关键帧，如图3.43所示，合成窗口效果如图3.44所示。

图3.43 设置缩放关键帧

图3.44 设置缩放后效果

05 选中"GANGSTER"层的关键帧，执行菜单栏中的Animation（动画）|Keyframe Assistant（关键帧助理）|Exponential Scale（指数缩放）命令，如图3.45所示。

图3.45 添加关键帧效果

06 这样就完成了文字缩放动画的整体制作，按小键盘上的0键，即可在合成窗口中预览动画。

3.3.3 课堂案例——清新文字

实例说明

本例主要讲解利用Scale（缩放）属性制作清新文字效果，完成的动画流程画面，如图3.46所示。

工程文件：工程文件\第3章\清新文字
视频：视频\3.3.3 课堂案例——清新文字.avi

图3.46 清新文字动画流程画面

知识点

1. Scale（缩放）属性。

2. Opacity（透明度）属性。

3. Blur（模糊）。

01 执行菜单栏中的File（文件）|Open Project（打开项目）命令，选择配套资源中的"工程文件\第3章\清新文字\清新文字练习.aep"文件，将文件打开。

02 执行菜单栏中的Layer（图层）|New（新建）|Text（文本）命令，新建文字层，此时，Composition（合成）窗口中输入"FantasticEternity"。在Character（字符）面板中，设置文字字体为ChopinScript，字号为94，字体颜色为白色，参数如图3.47所示，合成窗口效果3.48所示。

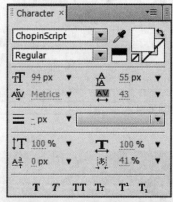

图3.47 设置字体参数

图3.48 设置参数后效果

03 选择文字层，在Effects & Presets（效果和预置）面板中展开Generate（创造）特效组，双击Ramp（渐变）特效。

04 在Effect Controls（特效控制）面板中修改Ramp（渐变）特效参数，设置Start of Ramp（渐变开始）的值为（88，82），Start Color（起始颜色）为绿色（H：156，S：255，B：86），End of Ramp（渐变结束）的值为（596，267），End Color（结束颜色）为白色，如图3.49所示，合成窗口效果3.50所示。

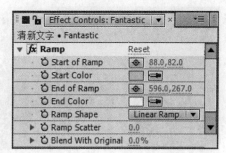

图3.49 设置渐变参数

图3.50 设置渐变后效果

05 选择文字层，在Effects & Presets（效果和预置）面板中展开Perspective（透视）特效组，双击Drop Shadow（投影）特效。

06 在Effect Controls（特效控制）面板中修改Drop Shadow（投影）特效参数，设置Shadow Color（投影颜色）为暗绿色（H：89，S：140，B：30），Distance（距离）的值为5，Softness（柔化）的值为18，如图3.51所示，合成窗口效果如图3.52所示。

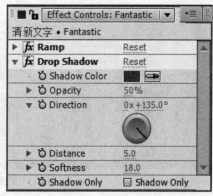

图3.51 设置阴影参数

图3.52 设置阴影后效果

07 在时间线面板中展开文字层，单击Text（文本）右侧的Animate（动画）按钮，在弹出的菜单中选择Scale（缩放）命令，设置Scale（缩放）的值为（300，300），单击Animate 1（动画1）右侧的三角形 ● 按钮，从菜单中选择Opacity（透明度）和Blur（模糊）选项，设置Opacity（透明度）的值为0%，Blur（模糊）的值为200，如图3.53所示，合成窗口效果如图3.54所示。

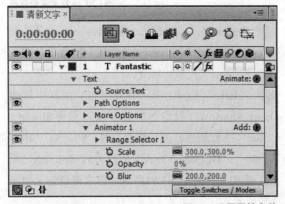

图3.53 设置属性参数

图3.54 设置参数后效果

08 展开Animator1（动画1）选项组|Range Selector1（范围选择器1）选项组|Advanced（高级）选项，在Units（单位）右侧的下拉列表中选择Index，在Shape（形状）右侧的下拉列表中选择Ramp Up，设

置Ease Low的值为100%，Randomize Order（随机化）为On（开启），如图3.55所示，合成窗口效果如图3.56所示。

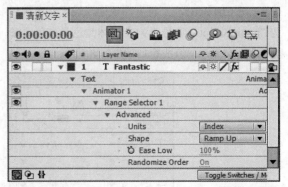

图3.55 设置高级参数

图3.56 设置参数后效果

09 调整时间到00:00:00:00帧的位置，展开Range Selector1（范围选择器）选项，设置End（结束）的值为10，Offset（偏移）的值为−10，单击Offset（偏移）左侧的 Ö 码表按钮，在此位置设置关键帧。

10 调整时间到00:00:02:00帧的位置，设置，Offset（偏移）的值为23，系统自动添加关键帧，如图3.57所示，合成窗口效果如图3.58所示。

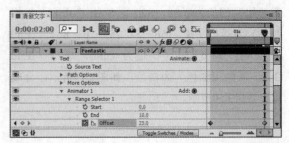

图3.57 添加关键帧

图3.58 设置关键帧后效果

⑪ 这样就完成了清新文字的整体制作，按小键盘上的0键，即可在合成窗口中预览动画。

3.4 影视文字特效

文字在影视特效中也是非常常用的，这些特效文字看着非常炫，制作起来其实并不难，下面通过几个实例，讲解常见影视文字特效的制作方法。

3.4.1 课堂案例——古诗散落

实例说明

本例主要讲解利用character（字符偏移）属性制作古诗散落效果。本例最终的动画流程效果如图3.59所示。

工程文件：工程文件\第3章\古诗散落
视频：视频\3.4.1 课堂案例——古诗散落.avi

图3.59 古诗散落动画流程效果

知识点

1.Character（字符偏移）属性。

2.Opacity（透明度）属性。

3.Position（位置）属性。

① 执行菜单栏中的File（文件）|Open Project（打开项目）命令，选择配套资源中的"工程文件\第3章\古诗散落\古诗散落练习.aep"文件，将文件打开。

② 执行菜单栏中的Layer（图层）|New（新建）|Text（文字）命令，新建文字层，输入"正得西方气，来开篱下花。素心常耐冷，晚节本无瑕。质傲清霜色，香含秋露华。白衣何处去？载酒问陶家"。设置文字

字体为FZLiBian-S02S，字号为30，行间距40，字间距0，字体颜色为黑色，并加粗，参数如图3.60所示，合成窗口效果如图3.61所示。

图3.60 设置字体参数　　图3.61 设置字体后效果

③ 将时间调整到00:00:00:00帧的位置，将"正得西方气……"文字层名称改为"菊"，展开"菊"文字层，单击Text（文字）右侧的三角形 ▶ 按钮，从菜单中选择Character Offset（字符偏移）命令，设置Character Offset（字符偏移）的值为44，单击Animator 1（动画1）右侧的三角形 ▶ 按钮，从Property（特性）菜单中选择并添加Position（位置）和Opacity（透明度）选项，设置Position（位置）的值为（0，-420），Opacity（透明度）的值为0%，如图3.62所示，合成窗口效果如图3.63所示。

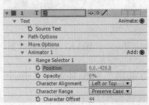 

图3.62 设置参数　　图3.63 设置参数后效果

④ 展开Text（文字）|Animator 1（动画1）|Range Selector 1（范围选择器1）|Advanced（高级）选项组，设置Shape（形状）右侧下拉菜单中选择Ramp Up（向上倾斜）选项，设置Ease Low（柔和低）的值为50%，Randomize Order（随机顺序）为On（开启），Random Seed（随机种子）的值为1，设置Offset（偏移）的值为-100，单击Offset（偏移）左侧的码表 ⏱ 按钮，在当前位置设置关键帧，如图3.64所示。

⑤ 将时间调整到00:00:03:15帧的位置，设置Offset（偏移）的值为100%，系统会自动设置关键帧，合成窗口效果如图3.65所示。

图3.64 设置文字参数   图3.65 设置后效果

⑥ 为"菊"文字层添加Echo（拖尾）特效。在Effects&Presets（效果和预置）面板中展开Time（时间）特效组，然后双击Echo（拖尾）特效。

⑦ 在Effect Controls（特效控制）面板中，修改Echo（拖尾）特效的参数，设置Number Of Echoes（重影数量）的值为56，Starting Intensity（开始强度）为0.7，Decay（衰减）的值为0.8，如图3.66所示，合成窗口效果如图3.67所示。

图3.66 参数设置   图3.67 设置后效果

⑧ 这样就完成了"古诗散落"的整体制作，按小键盘上的0键，即可在合成窗口中预览动画。

3.4.2 课堂案例——文字消散

📖 **实例说明**

本例主要讲解利用Blur（模糊）特效制作文字消散效果。本例最终的动画流程效果，如图3.68所示。

工程文件：工程文件\第3章\文字消散
视频：视频\3.4.2 课堂案例——文字消散.avi

图3.68 文字消散动画流程效果

📖 **知识点**

1.Blur（模糊）属性。

2.Opacity（透明度）属性。

3.Scale（缩放）属性。

4.Drop Shadow（阴影）特效。

① 执行菜单栏中的File（文件）|Open Project（打开项目）命令，选择配套资源中的"工程文件\第3章\文字消散\文字消散练习.aep"文件，将文件打开。

② 执行菜单栏中的Layer（图层）|New（新建）|Text（文字）命令，新建文字层，输入"等待他们的将是重回现实　还是迷失于梦境……"。设置文字字体为FZHuangCao-S09S，字号为45，行间距45，字间距-20，字体颜色为白色。

③ 将时间调整到00:00:04:00帧的位置，将"等待他们的将是重回现实　还是迷失于梦境……"文字层改名"梦境"，展开"梦境"文字层，单击Text（文字）右侧的三角形 ▶ 按钮，从菜单中选择Blur（模糊）命令，单击Animator 1（动画1）右侧的三角形 ▶ 按钮，从菜单中选择Property（特性）中的Scale（缩放）和Opacity（透明度）选项，设置Blur（模糊）的值为（20，20），Opacity（透明度）的值为0%，Scale（缩放）的值为（800，800）。

④ 展开Text（文字）|Animator 1（动画1）|Range Selector 1（范围选择器1）|Advanced（高级）选项组，设置Units（单位）右侧下拉菜单中选择Index（索引）选项，从Shape（形状）右侧下拉菜单中选择Ramp Up（向上倾斜）选项，设置Ease Low（柔和低）的值为100%，Randomize Order（随机顺序）为On（开启），Random Seed（随机种子）的值为257，设置End（结束）为-60，Offset（偏移）的值为60，单击Offset（偏移）左侧的码表 ⏱ 按钮，在当前位置设置关键帧。

⑤ 将时间调整到00:00:00:00帧的位置，设置Offset（偏移）的值为50，系统会自动设置关键帧，如图3.69所示，合成窗口效果如图3.70所示。

图3.69 修改参数

图3.70 修改参数后的效果

06 为"梦境"文字层添加Drop Shadow（阴影）特效。在Effects & Presets（效果和预置）面板中展开Perspective（透视）特效组，然后双击Drop Shadow（阴影）特效。

07 在Effect Controls（特效控制）面板中，修改Drop Shadow（阴影）特效的参数，设置Distance（距离）的值为8，Softness（柔化）为10，如图3.71所示，合成窗口效果3.72所示。

图3.71 参数设置　　　　图3.72 设置后效果

08 这样就完成了"文字消散"的整体制作，按小键盘上的0键，即可在合成窗口中预览动画。

3.4.3 课堂案例——打字效果

实例说明

本例首先利用路径文字输入一首诗，然后应用特效为其添加下落阴影，最后利用路径文字自身所带的可见字符选项，制作出打字的效果。本例最终的动画流程效果，如图3.73所示。

工程文件：工程文件\第3章\打字效果
视频：视频\3.4.3 课堂案例——打字效果.avi

图3.73 打字效果动画流程效果

知识点

1. Path Text（路径文字）特效。
2. Solid（固态层）的创建及使用。

01 执行菜单栏中的Composition（合成）| New Composition（新建合成）命令，打开Composition Settings（合成设置）对话框，设置Composition Name（合成名称）为"打字效果"，Width（宽）为720，Height（高）为576，Frame Rate（帧速率）为25，并设置Duration（持续时间）为8秒，如图3.74所示。

图3.74 合成设置

02 执行菜单栏中的File（文件）| Import（导入）| File（文件）命令，或在Project（项目）面板中双击，打开Import File（导入文件）对话框，选择配套资源中的"工程文件\第3章\打字效果\背景.jpg"素材，单击打开按钮，将图片导入。

03 从Project（项目）面板中，将"背景.jpg"图片拖入时间线面板中，以作为打字的背景，此时的Composition（合成）窗口图像效果，如图3.75所示。

04 为了输入文字。执行菜单栏中的Layer（图层）| New（新建）| Solid（固态层）命令，打开Solid Settings（固态层设置）对话框，设置参数如图3.76所示。

图3.75 图像效果　　　　图3.76 固态层设置

05 设置好参数后，单击OK（确定）按钮，完成固态层的新建，新建后的时间线面板，如图3.77所示。

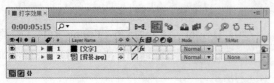

图3.77 创建固态层

06 在时间线面板中单击选择"文字"层，以确定选择文字层，在Effects & Presets（效果和预置）面板中展开Obsolete（旧版本）选项，然后双击Path Text（路径文字）特效，如图3.78所示。

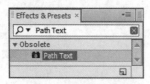

图3.78 双击路径文字特效

07 双击路径文字后，将打开Path Text（路径文字）对话框，在框中输入一首诗，然后设置字体为汉仪雪君体简，如图3.79所示。

08 设置好文字的字体后，单击OK（确定）按钮，完成文字的输入，此时在合成窗口中，将看到默认输入的文字效果，如图3.80所示。

图3.79 路径文字对话框　图3.80 输入文字效果

提示

在Path Text（路径文字）对话框中，如果勾选Show Font（显示字体）复选框，在设置字体时，可以直接预览到字体的变化；如果不勾选，则变换字体时，不会看到变化，只能确定以后在合成窗口中看到结果。

09 下面对文字进行设置。在Effect Controls（特效控制）面板中，为其设置参数，设置Shape Type（形状类型）为Bezier（贝塞尔曲线），Fill Color（填充色）为黑色，Size（大小）为40，Tracking（跟踪）数值为1，Line Spacing（行

间距）数值为120，如图3.81所示，并按P键，打开"文字"Position（位移），修改Position（位移）的值为（268，94）。效果如图3.82所示。

图3.81 文字参数设置　　　图3.82 设置后效果

10 将时间调整到00:00:01:00的位置。在时间线面板中，将文字层展开，设置Visible Characters（可见字符）的值为0，并为其设置关键帧，如图3.83所示，此时从合成窗口中可以看到，文字已经全部隐藏。

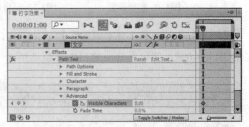

图3.83 添加关键帧

11 将时间调整到00:00:06:00帧的位置，在时间线面板中，设置Visible Characters（可见字符）的值为50，系统将自动添加关键帧，如图3.84所示，此时合成窗口中将显示所有的文字。

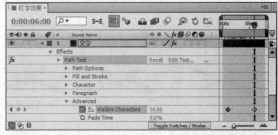

图3.84 设置可见字符的值为50

12 这样，就完成了"打字效果"的制作，按小键盘上的0键，可以预览动画效果。然后将文件保存并输出成动画效果，完成最后的制作。

3.4.4 课堂案例——气流文字

实例说明

本例讲解利用Compound Blur（复合模糊）特效与Displacement Map（置换贴图）特效，制作气流效果，利用Glow（发光）特效调整气流颜色，完成气流文字的制作。本例最终的动画流程效果如图3.85所示。

工程文件：工程文件\第3章\气流文字
视频：视频\3.4.4 课堂案例——气流文字.avi

图3.85 气流文字动画流程效果

知识点

1.Basic Text（基础文字）特效的使用。

2.Compound Blur（复合模糊）特效的使用。

3.Glow（发光）特效的使用。

01 执行菜单栏中的Composition（合成）| New Composition（新建合成）命令，打开Composition Settings（合成设置）对话框，设置Composition Name（合成名称）为"文字"，Width（宽）为720，Height（高）为576，Frame Rate（帧速率）为25，并设置Duration（持续时间）为00:00:02:00秒，如图3.86所示。

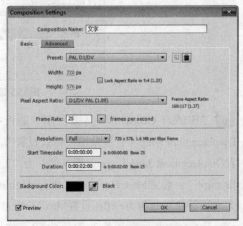

图3.86 建立"文字"合成

02 执行菜单栏中的File（文件）| Import（导入）| File（文件）命令，打开Import File（导入文件）对话框，选择配套资源中的"工程文件\第3章\气流文字\背景图1.psd、模糊贴图.mov、置换贴图.mov"素材，按打开按钮导入素材到项目面板。

03 打开"文字"合成的时间线面板，按Ctrl+Y组合键，打开Solid Settings（固态层设置）对话框，设置Name（名称）为"文字1"，设置Color（颜色）为黑色，如图3.87所示。

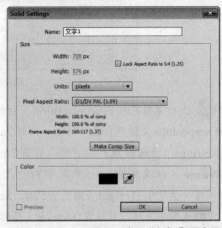

图3.87 建立"文字1"固态层

04 在Effects & Presets（效果和预置）面板中展开Obsolete（旧版本）特效组，双击Basic Text（基础文字）特效，如图3.88所示。

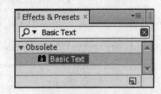

图3.88 添加基础文字特效

05 打开Basic Text（基础文字）对话框，设置Font（字体）为LiSu，输入"凋零的叶"，按OK（确定）按钮，建立文字层，如图3.89所示。

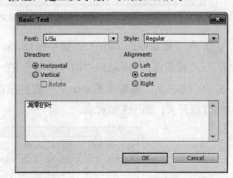

图3.89 设置参数

06 在Effect Controls（特效控制）面板中，为Basic

Text（基础文字）特效设置参数，设置Fill Color（填充颜色）为白色，设置Size（大小）的值为118，设置Tracking（追踪）的值为30，如图3.90所示。

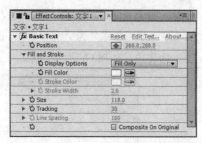

图3.90 设置参数

07 执行菜单栏中的Composition（合成）| New Composition（新建合成）命令，打开Composition Settings（合成设置）对话框，设置Composition Name（合成名称）为"凋零的叶"，Width（宽）为720，Height（高）为576，Frame Rate（帧速率）为25，并设置Duration（持续时间）为00:00:01:10，如图3.91所示。

图3.91 建立"气流文字"合成

08 将"模糊贴图.mov""置换贴图.mov""文字""背景图1"拖动到"凋零的叶"的时间线面板中，并关闭"模糊贴图.mov""置换贴图.mov"的可视开关，如图3.92所示。

图3.92 设置素材的属性

09 选择"文字"层，在Effects & Presets（效果和预置）面板中展开Blur & Sharpen（模糊与锐化）特效组，双击Compound Blur（复合模糊）特效，如图3.93所示。

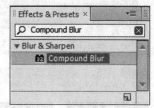

图3.93 添加特效

10 在Effect Controls（特效控制）面板中，为Compound Blur（复合模糊）特效设置参数，设置Blur Layer（模糊层）为"1.模糊贴图.mov"，设置Maximum Blur（最大模糊）的值为145，如图3.94所示。

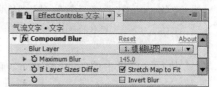

图3.94 设置参数

11 在Effects & Presets（效果和预置）面板中展开Distort（扭曲）特效组，双击Displacement Map（置换贴图）特效，如图3.95所示。

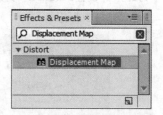

图3.95 添加特效

12 在Effect Controls（特效控制）面板中，为Displacement Map（置换贴图）特效设置参数，设置Displacement Map Layer（置换层）为"2.置换贴图.mov"，设置Max Horizontal Displacement（最大水平置换）的值为−10，设置Max Vertical Displacement（最大垂直置换）的值为10，如图3.96所示。

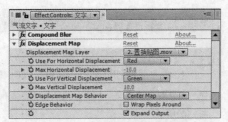

图3.96 对"特效"进行设置

⑬ 在Effects & Presets（效果和预置）面板中展开Stylize（风格化）特效组，双击Glow（发光）特效，如图3.97所示。

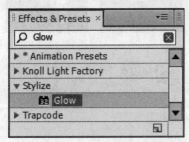

图3.97 添加特效

⑭ 在Effect Controls（特效控制）面板中，为Glow（发光）特效设置参数，设置Glow Threshold（发光阈值）为10%，设置Glow Radius（发光半径）的值为20，设置Glow Intensity（发光强度）的值为0.8，设置Glow Colors（发光颜色）为A & B Colors，设置Color Phase（颜色相位）的值为-100，设置Color A的颜色为粉色（R：255，G：25，B：110），设置Color B为深粉色（R：140，G：10，B：65），如图3.98所示。

图3.98 设置属性

⑮ 在"气流文字"合成的时间线中选择"文字"层，单击Mode（模式）属性中的Add（相加）选项，如图3.99所示。

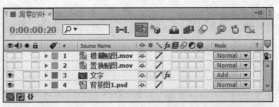

图3.99 设置图层的模式

⑯ 这样就完成了"气流文字效果"的整体制作，按小键盘上的0键，可以在合成窗口中预览动画。

3.5 本章小结

本章首先详细讲解了文字工具的使用，并讲解了字符和段落面板的参数设置，创建基础文字和路径文字的方法，然后讲解了文字属性相关参数的使用，最后通过多个文字动画实例，全面解析文字动画的制作方法和技巧。

3.6 课后习题

本章通过3个课后习题，包括聚散文字、飞舞文字和分身文字的制作，提高读者朋友各种特效文字动画的制作的水平。

3.6.1 课后习题1——聚散文字

📖 **实例说明**

本例主要讲解利用Animate Text（文字动画）属性制作聚散文字效果，完成的动画流程画面，如图3.100所示。

工程文件：工程文件\第3章\聚散文字
视频：视频\3.6.1 课后习题1——聚散文字.avi

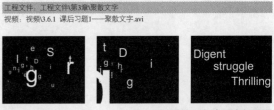

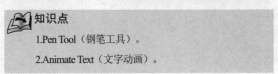

图3.100 零散文字动画流程画面

📖 **知识点**

1.Pen Tool（钢笔工具）。

2.Animate Text（文字动画）。

3.6.2 课后习题2——飞舞文字

实例说明

本例主要讲解飞舞文字动画的制作。本例利用文字自带的动画功能制作飞舞的文字，并配合Bevel Alpha（Alpha斜角）及Drop Shadow（投影）特效使文字产生立体效果。本例最终的动画流程效果，如图3.101所示。

工程文件：工程文件\第3章\飞舞文字
视频：视频\3.6.2 课后习题2——飞舞文字.avi

图3.101 飞舞文字动画流程画面

知识点

1.Ramp（渐变）特效。

2.Horizontal Type Tool（横排文字工具）。

3.6.3 课后习题3——分身文字

实例说明

本例主要讲解利用CC Particle World（CC粒子仿真世界）特效制作分身文字效果，完成的动画流程画面，如图3.102所示。

工程文件：工程文件\第3章\分身文字
视频：视频\3.6.3 课后习题3——分身文字.avi

图3.102 分身文字动画流程画面

知识点

CC Particle World（CC粒子仿真世界）特效。

第 **4** 章

蒙版与稳定跟踪技术

──────── 内容摘要 ────────

　　本章主要讲解蒙版与稳定跟踪技术。首先讲解了蒙版的原理，还讲解了蒙版的应用，包括矩形、椭圆形和自由形状蒙版的创建，蒙版形状的修改，节点的选择、调整、转换操作，蒙版属性的设置及修改，蒙版的模式、路径、羽化、透明和扩展的修改及设置，蒙版动画的制作技巧；然后讲解了摇摆器、运动草图及跟踪与稳定技术，通过这些内容的讲解，使读者掌握蒙版与稳定跟踪技术的应用技能。

──────── 教学目标 ────────

- 了解蒙版的原理
- 学习蒙版形状的修改及节点的转换调整
- 掌握运动跟踪与稳定的动画应用技巧
- 学习各种形状蒙版的创建方法
- 掌握摇摆器的使用
- 掌握运动草图动画的制作

4.1 蒙版的原理

蒙版就是通过蒙版层中的图形或轮廓对象，透出下面图层中的内容。简单地说蒙版层就像一张纸，而蒙版图像就像是在这张纸上挖出的一个洞，通过这个洞来观察外界的事物。如一个人拿着一个望远镜向远处眺望，而望远镜在这里就可以当作蒙版层，看到的事物就是蒙版层下方的图像。蒙版的原理如图4.1所示。

图4.1 蒙版原理图

一般来说，蒙版需要有两个层，而在After Effects 软件中，蒙版可以在一个图像层上绘制轮廓以制作蒙版，看上去像是一个层，但读者可以将其理解为两个层：一个是轮廓层，即蒙版层；另一个是被蒙版层，即蒙版下面的层。蒙版层的轮廓形状决定看到的图像形状，而被蒙版层决定看到的内容。

蒙版动画可以理解为一个人拿着望远镜眺望远方，在眺望时不停地移动望远镜，看到的内容就会有不同的变化，这样就形成了蒙版动画；当然，也可以理解为，望远镜静止不动，而画面在移动，即被蒙版层不停运动，以此来产生蒙版动画效果。

4.2 创建蒙版

蒙版主要用来制作背景的镂空透明和图像间的平滑过渡等，蒙版有多种形状，在After Effects软件自带的工具栏中，可以利用相关的蒙版工具来创建，如矩形、圆形和自由形状蒙版工具。

利用After Effects 软件自带的工具创建蒙版，首先要具备一个层，可以是固态层，也可以是素材层或其他层，在相关的层中创建蒙版。一般来说，在固态层上创建蒙版的较多，固态层本身就是一个很好的辅助层。

4.2.1 利用矩形工具创建矩形蒙版

矩形蒙版的创建很简单，在After Effects 软件中自带的有矩形蒙版的创建工具，其创建方法如下。

01 单击工具栏中的Rectangle Tool（矩形工具）□按钮，选择Rectangle Tool（矩形工具）□。

02 在Composition（合成）窗口中，按住鼠标拖动即可绘制一个矩形蒙版区域，如图4.2所示，在矩形蒙版区域中，将显示当前层的图像，矩形以外的部分变成透明。

图4.2 矩形蒙版的绘制

提示

选择创建蒙版的层，然后双击工具栏中的Rectangle Tool（矩形工具）□按钮，可以快速创建一个与层素材大小相同的矩形蒙版。在绘制矩形蒙版时，如果按住Shift键，可以创建一个正方形蒙版。

4.2.2 利用椭圆工具创建椭圆形蒙版

椭圆形蒙版的创建方法与矩形蒙版的创建方法基本一致，其具体操作如下。

01 单击工具栏中的Ellipse Tool（椭圆工具）○按钮，选择Ellipse Tool（椭圆工具）○。

02 在Composition（合成）窗口中，按住鼠标拖动即可绘制一个椭圆蒙版区域，如图4.3所示，在该区域中，将显示当前层的图像，椭圆以外的部分变成透明。

图4.3 椭圆蒙版的绘制

提示

选择创建蒙版的层，然后双击工具栏中的Ellipse Tool（椭圆工具）⬭按钮，可以快速创建一个与层素材大小相同的椭圆蒙版，而椭圆蒙版正好是该矩形的内切圆。在绘制椭圆蒙版时，如果按住Shift键，可以创建一个正圆形蒙版。

4.2.3 利用钢笔工具创建自由蒙版

要想随意创建多边形蒙版，就要用到Pen Tool（钢笔工具）✎，它不但可以创建封闭的蒙版，还可以创建开放的。利用钢笔工具的好处在于，它的灵活性更高，可以绘制直线，也可以绘制曲线，可以绘制直角多边形，也可以绘制弯曲的任意形状。

使用Pen Tool（钢笔工具）✎创建自由蒙版的过程如下。

① 单击工具栏中的Pen Tool（钢笔工具）✎按钮，选择Pen Tool（钢笔工具）✎。

② 在Composition（合成）窗口中，单击创建第1点，然后直接单击可以创建第2点，如果连续单击下去，可以创建一个直线的蒙版轮廓。

③ 如果按住鼠标并拖动，则可以绘制一个曲线点，以创建曲线，多次创建后，可以创建一个弯曲的曲线轮廓，当然，直线和曲线是可以混合应用的。

④ 如果想绘制开放蒙版，可以在绘制到需要的程度后，按Ctrl键的同时在合成窗口中单击鼠标，即可结束绘制。如果要绘制一个封闭的轮廓，则

可以将光标移到开始点的位置，当光标变成✎。状时，单击鼠标，即可将路径封闭。图4.4所示为多次单击创建的自由蒙版效果。

图4.4 利用钢笔工具绘制自由蒙版

4.3 改变蒙版的形状

创建蒙版也许不能一步到位，有时还需要对现有的蒙版进行再修改，以更适合图像轮廓要求，这时就需要对蒙版的形状进行改变。下面就来详细讲解蒙版形状的改变方法。

4.3.1 节点的选择

不管用哪种工具创建蒙版形状，都可以从创建的形状上发现小的矩形控制点，这些矩形控制点，就是节点。

选择的节点与没有选择的节点是不同的，选择的节点小方块将呈现实心矩形，而没有选择的节点呈镂空的矩形效果。

选择节点有以下多种方法。

- 方法1：单击选择。使用Selection Tool（选择工具）▶，在节点位置单击，即可选择一个节点。如果想选择多个节点，可以在按住Shift键的同时，分别单击要选择的节点即可。

- 方法2：使用拖动框。在合成窗口中，单击拖动鼠标，将出现一个矩形选框，被矩形选框框住的节点将被选择。图4.5所示为框选前后的效果。

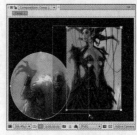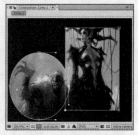

图4.5 框选操作过程及选中效果

4.3.2 节点的移动

移动节点，其实就是修改蒙版的形状，通过选择不同的点并移动，可以将矩形改变为不规则矩形。

移动节点的操作方法如下。

01 选择一个或多个需要移动的节点。

02 使用Selection Tool（选择工具）拖动节点到其他位置，操作过程，如图4.6所示。

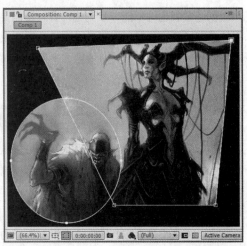

图4.6 移动节点操作过程

4.3.3 添加/删除节点的方法

绘制好的形状，还可以通过后期的节点添加或删除操作，来改变形状的结构，使用Add Vertex Tool（添加节点工具）在现有的路径上单击，可以添加一个节点，通过添加该节点，可以改变现有轮廓的形状；使用Delete Vertex Tool（删除节点工具），在现有的节点上单击，即可将该节点删除。

添加节点和删除节点的操作方法如下。

01 添加节点。在工具栏中，单击Add Vertex Tool（添加节点工具）按钮，将光标移动到路径上需要添加节点的位置。单击鼠标，即可添加一个节点，多次在不同的位置单击，可以添加多个节点，如图4.7所示，为添加节点前后的效果。

图4.7 添加节点的操作过程及添加后的效果

02 删除节点。单击工具栏中的Delete Vertex Tool（删除节点工具）按钮，将光标移动到要删除的节点位置，单击鼠标，即可将该节点删除，删除节点的操作过程及删除后的效果，如图4.8所示。

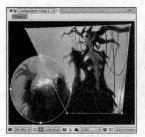

图4.8 删除节点的操作过程及删除后的效果

4.3.4 节点的转换技巧

在After Effects 软件中，节点可以分为两种。

- 角点。点的两侧都是直线，没有弯曲角度。
- 曲线点。点的两侧有两个控制柄，可以控制曲线的弯曲程度。

如图4.9所示，为两种点的不同显示状态。

图4.9 节点的显示状态

通过工具栏中的Convert Vertex Tool（转换点工具）N，可以将角点和曲线点进行快速转换，转换的操作方法如下。

- 角点转换成曲线点。使用工具栏中的Convert Vertex Tool（转换点工具）N，选择角点并拖动，即可将角点转换成曲线点，操作过程如图4.10所示。

图4.10 角点转换成曲线点的操作过程

- 曲线点转换成角点。使用工具栏中的Convert Vertex Tool（转换点工具）N，在曲线点单击，即可将曲线点转换成角点，操作过程如图4.11所示。

图4.11 曲线点转换成角点的操作过程

> **提示**
>
> 当转换成曲线点后，通过使用Selection Tool（选择工具）↖，可以手动调节曲线点两侧的控制柄，以修改蒙版的形状。

4.4 修改蒙版属性

蒙版属性主要包括蒙版的混合模式、锁定、羽化、透明度、蒙版区域的扩展和收缩等，下面来详细讲解这些属性的应用。

4.4.1 蒙版的混合模式

绘制蒙版形状后，在时间线面板，展开该层列表选项，将看到多出一个Masks（蒙版）属性，展开该属性，可以看到蒙版的相关参数设置选项，如图4.12所示。

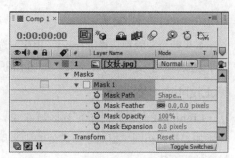

图4.12 蒙版层列表

其中，在Mask 1 右侧的下拉菜单中，显示了蒙版混合模式选项，如图4.13所示。

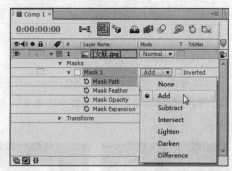

图4.13 混合模式选项

1.None（无）

选择此模式，路径不起蒙版作用，只作为路径存在，可以对路径进行描边、光线动画或路径动画的辅助。

2.Add（添加）

默认情况下，蒙版使用的是Add（添加）命令，如果绘制的蒙版中，有两个或两个以上的图形，可以清楚地看到两个蒙版以添加的形式显示效果，如图4.14所示。

3.Subtract（减去）

如果选择Subtract（减去）选项，蒙版的显示将变成镂空的效果，这与选择Mask 1 右侧的Inverted（反相）命令相同，如图4.15所示。

图4.14 添加效果　　　　图4.15 减去效果

4.Intersect（相交）

如果两个蒙版都选择Intersect（相交）选项，则两个蒙版将产生交叉显示的效果，如图4.16所示。

5.Lighten（变亮）

Lighten（变亮）对于可视区域来说，与Add（添加）模式相同，但对于重叠处的则采用透明度较高的那个值。

6.Darken（变暗）

Darken（变暗）对于可视区域来说，与Intersect（相交）模式相同，但对于蒙版重叠处，则采用透明度值较低的那个。

7.Difference（差异）

如果两个蒙版都选择Difference（差异）选项，则两个蒙版将产生交叉镂空的效果，如图4.17所示。

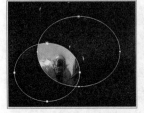 

图4.16 相交效果　　　图4.17 差异效果

4.4.2 修改蒙版的大小

在时间线面板中，展开蒙版列表选项，单击Mask Path（蒙版路径）右侧的Shape…（形状……）文字链接，将打开Mask shape（蒙版形状）对话框，如图4.18所示。在Bounding Box（矩形）选项组中，通过修改Top（顶）、Left（左）、Right（右）、Bottom（底）选项的参数，可以修改当前蒙版的大小，而通过Units（单位）右侧的下拉菜单，可以为修改值设置一个合适的单位。

通过Shape（形状）选项组，可以修改当前蒙版的形状，可以将其他的形状，快速改为矩形或椭圆形,选择Rectangle（矩形）复选框，将该蒙版形状修改成矩形；选择Ellipse（椭圆形）复选框，将该蒙版形状修改成椭圆形。

图4.18 Mask shape（蒙版形状）对话框

4.4.3 蒙版的锁定

为了避免操作中出现失误，可以将蒙版锁定，锁定后的蒙版将不能被修改，锁定蒙版的操作方法如下。

01 在时间线面板中，将蒙版属性列表选项展开。

02 单击锁定的蒙版层左面的□图标，该图标将变成带有一把锁的效果🔒，如图4.19所示，表示该蒙版被锁定。

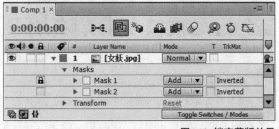

图4.19 锁定蒙版效果

4.4.4 课堂案例——利用轨道蒙版制作扫光文字效果

📖 实例说明

本例主要讲解利用轨道蒙版制作扫光文字效果，完成的动画流程画面如图4.20所示。

工程文件：工程文件\第4章\扫光文字效果

视频：视频\4.4.4 课堂案例——利用轨道蒙版制作扫光文字效果.avi

图4.20 扫光文字动画流程画面

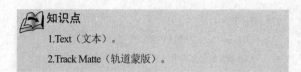

1.Text（文本）。

2.Track Matte（轨道蒙版）。

01　执行菜单栏中的File（文件）|Open Project（打开项目）命令，选择配套资源中的"工程文件\第4章\扫光文字效果\扫光文字效果练习.aep"文件，将文件打开。

02　执行菜单栏中的Layer（层）|New（新建）|Text（文本）命令，输入"A NIGHTMARE ON ELM STREET"，在Character（字符）面板中，设置文字字体为HYZongYiJ，字号为39，行距为14，字体颜色为红色（R：255，G：0，B：0；），如图4.21所示，设置后的效果如图4.22所示。

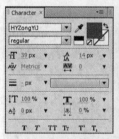

图4.21 设置字体　　　　图4.22 设置字体后效果

03　执行菜单栏中的Layer（层）|New（新建）|Solid（固态层）命令，打开Solid Settings（固态层设置）对话框，设置Name（名称）为"光"，Color（颜色）为白色。

04　选中"光"层，在工具栏中选择Pen Tool（钢笔工具）　，绘制一个长方形路径，按F键打开Mask Feather（蒙版羽化）属性，设置Mask Feather（蒙版羽化）的值为（16，16），如图4.23所示。

图4.23 设置蒙版形状

05　选中"光"层，将时间调整到00:00:00:00帧的位置，按P键打开Position（位置）属性，设置Position（位置）的值为（304，254），单击Position（位置）左侧的码表　按钮，在当前位置设置关键帧。

06　将时间调整到00:00:01:15帧的位置，设置Position（位置）的值为（840，332），系统会自动设置关键帧，如图4.24所示。

图4.24 设置位置关键帧

07　在时间线面板中，将"光"层拖动到"A NIGHTMARE ON ELM STREET"文字层下面，设置"光"层的Track Matte（轨道蒙版）为"Alpha Matte'A NIGHTMARE ON ELM STREET'"，如图4.25所示，合成窗口效果如图4.26所示。

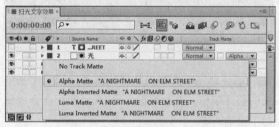

图4.25 设置蒙版

图4.26 设置蒙版后效果

08　选中"A NIGHTMARE ON ELM STREET"

层，按Ctrl+D组合键复制出另一个新的文字层并拖动到"光"层下面，如图4.27所示，合成窗口效果如图4.28所示。

图4.27 拖动文字层

图4.28 扫光效果

09 这样就完成了利用轨道蒙版制作扫光文字效果的整体制作，按小键盘上的0键，即可在合成窗口中预览动画。

4.4.5 课堂案例——利用形状层制作生长动画

实例说明

本例主要讲解利用Shape Layer（形状层）制作生长动画效果，完成的动画流程画面如图4.29所示。

工程文件：工程文件\第4章\生长动画
视频：视频\4.4.5 课堂案例——利用形状层制作生长动画.avi

图4.29 生长动画流程画面

知识点

1.Ellipse Tool（椭圆形工具）。
2.Shape Layer（形状层）。

01 执行菜单栏中的Composition（合成）| New Composition（新建合成）命令，打开Composition Settings（合成设置）对话框，设置Composition Name（合成名称）为"生长动画"，Width（宽）为720，Height（高）为576，Frame Rate（帧速率）为25，并设置Duration（持续时间）为00:00:05:00秒。

02 在工具栏中选择Ellipse Tool（椭圆形工具），在合成窗口中绘制一个椭圆路径，如图4.30所示。

图4.30 绘制椭圆形路径

03 选中"Shape Layer 1"层，设置Anchor Point（定位点）的值为（-57，-10），Position（位置）的值为（344，202），Rotation（旋转）的值为-90，如图4.31所示，合成窗口效果如图4.32所示。

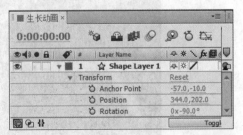

图4.31 设置参数

图4.32　设置参数后效果

04 在时间线面板中，展开Shape Layer 1（形状层1）|Contents（目录）|Ellipse1（椭圆形1）| Ellipse Path 1（椭圆形路径1）选项组，单击Size（大小）左侧的Constrain Proportions（约束比例）按钮，取消约束，设置Size（大小）的值为（60，172），如图4.33所示。

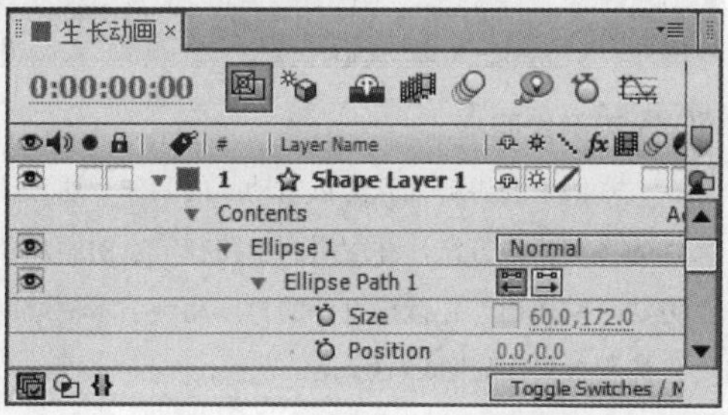

图4.33　设置Ellipse Path 1参数

05 展开Transform：Ellipse 1（变换：椭圆形1）选项组，设置Position（位置）的值为（−58，−96），如图4.34所示。

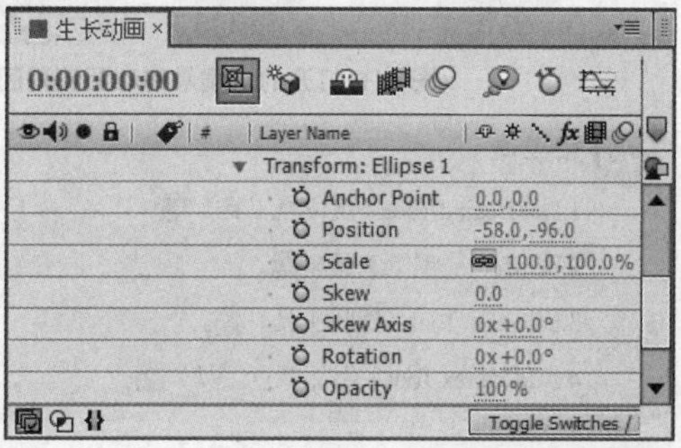

图4.34　设置变换：椭圆1参数

06 单击Contents（目录）右侧的三角形 Add: 按钮，从弹出的菜单中选择Repeater（中转）命令，然后展开Repeater 1（中转 1）选项组，设置

Copies（副本数量）的值为150，从Composite（合成）下拉菜单中选择Above（上）选项；将时间调整到00:00:00:00帧的位置，设置Offset（偏移）的值为150，单击Offset（偏移）左侧的码表按钮，在当前位置设置关键帧。

07 将时间调整到00:00:03:00帧的位置，设置Offset（偏移）的值为0，系统会自动设置关键帧，如图4.35所示。

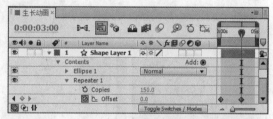

图4.35　设置偏移关键帧

08 展开Transform：Repeater 1（变形：中转 1）选项组，设置Position（位置）的值为（−4，0），Scale（缩放）的值为（−98，−98），Rotation（旋转）的值为12，Start Opacity（开始点透明度）的值为70%，如图4.36所示，合成窗口效果如图4.37所示。

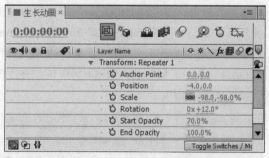

图4.36　设置变形：中转1选项组

图4.37　设置形状层参数后效果

09 选中"Shape Layer 1"层，单击工具栏中的 Fill: ▇（填充）色块，打开Gradient Editor（渐变编辑）对话框，单击Radial Gradient（径向渐变）▇按钮，设置从淡紫色（R：255，G：0，B：192）到淡橘色（R：255，G：164，B：104）的渐变，单击OK（确定）按钮，如图4.38所示。

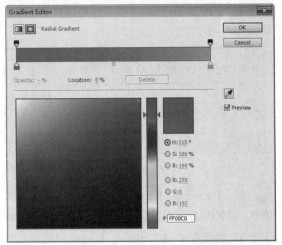

图4.38 Gradient Editor（渐变编辑）对话框

10 选中"Shape Layer 1"层，按Ctrl+D组合键复制出另外两个新的"Shape Layer"层，将两个图层分别重命名为"Shape Layer 2"和"Shape Layer 3"，修改图层Position（位置）、Scale（缩放）和Rotation（旋转）的参数，如图4.39所示，合成窗口效果如图4.40所示。

图4.39 设置参数

图4.40 设置参数后效果

11 这样就完成了利用形状层制作生长动画的整体制作，按小键盘上的0键，即可在合成窗口中预览动画。

4.4.6 课堂案例——打开的折扇

实例说明

本例主要讲解打开的折扇动画的制作。通过蒙版属性的多种修改方法，并应用到了路径节点的添加及调整方法，制作出一把慢慢打开的折扇动画，本例最终的动画流程效果，如图4.41所示。

工程文件：工程文件\第4章\打开的折扇
视频：视频\4.4.6 课堂案例——打开的折扇.avi

图4.41 打开的折扇最终动画流程画面效果

知识点

1.Pan Behind Tool（定位点工具）▇。

2.Pen Tool（钢笔工具）▇。

3.Selection Tool（选择工具）▇。

4.Add Vertex Tool（添加节点工具）▇。

01 执行菜单栏中的File（文件）|Import（导入）|File（文件）命令，打开Import File（导入文件）对话框，选择配套资源中的"工程文件\第4章\打开的折扇\折扇.psd"文件，如图4.42所示。

02 在Import File（导入文件）对话框中，单击打开按钮，将打开"折扇.psd"对话框，在Import Kind（导入类型）下拉列表中选择Composition（合成）命令，如图4.43所示。

图4.42 导入文件对话框

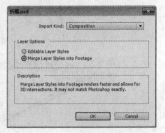
图4.43 合成命令

03 单击OK（好）按钮，将素材导入到Project（项目）面板中，导入后的合成素材效果，如图4.44所示。从图中可以看到导入的"折扇"合成文件和一个文件夹。

04 在Project（项目）面板中，选择"折扇"合成文件，按Ctrl+K组合键打开Composition Settings（合成设置）对话框，设置Duration（持续时间）为3秒。

05 双击打开"折扇"合成，从Composition（合成）窗口可以看到层素材的显示效果，如图4.45所示。

图4.44 导入的素材

图4.45 素材显示效果

06 此时，从时间线面板中，可以看到导入合成中所带的3个层，分别是"扇柄""扇面"和"背景"，如图4.46所示。

图4.46 层分布效果

07 选择"扇柄"层，然后单击工具栏中的

Pan Behind Tool（定位点工具）按钮，在Composition（合成）窗口中，选择中心点并将其移动到扇柄的旋转位置，如图4.47所示。也可以通过时间线面板中的"扇柄"层参数来修改定位点的位置，如图4.48所示。

图4.47 修改定位点的位置

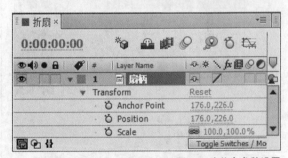
图4.48 定位点参数设置

08 将时间调整到00:00:00:00的位置，添加关键帧。在时间线面板中，单击Rotation（旋转）左侧的码表，在当前时间为Rotation（旋转）设置一个关键帧，并修改Rotation（旋转）的角度值为-129，如图4.49所示。这样就将扇柄旋转到合适的位置，此时的扇柄位置，如图4.50所示。

图4.49 关键帧设置

图4.50 旋转扇柄位置

⑨ 将时间调整到00:00:02:00帧位置，在时间线面板中，修改Rotation（旋转）的角度值为0，系统将自动在该处创建关键帧，如图4.51所示。此时，扇柄旋转后的效果，如图4.52所示。

图4.51 参数设置

图4.52 扇柄旋转效果

⑩ 此时，拖动时间滑块或播放动画，可以看到扇柄的旋转动画效果，其中的几帧画面，如图4.53所示。

图4.53 旋转动画中的几帧画面效果

⑪ 选择"扇面"层，单击工具栏中的Pen Tool（钢笔工具）按钮，绘制一个蒙版轮廓，如图4.54所示。

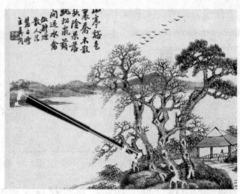

图4.54 绘制蒙版轮廓

⑫ 将时间调整到00:00:00:00帧位置，在时间线面板中，在"Mask 1"选项中，单击Mask Path（蒙版路径）左侧的码表，在当前时间添加一个关键帧，如图4.55所示。

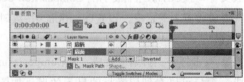

图4.55 00:00:00:00帧位置添加关键帧

⑬ 将时间调整到00:00:00:12帧位置，在Composition（合成）窗口中，利用Selection Tool（选择工具）选择节点并进行调整，并在路径适当的位置利用Add Vertex Tool（添加节点工具）添加节点，添加效果如图4.56所示。

⑭ 利用Selection Tool（选择工具），将添加的节点向上移动，以完整显示扇面，如图4.57所示。

图4.56 添加节点　图4.57 移动节点位置

⑮ 将时间调整到00:00:01:00帧位置，在Composition（合成）窗口中，利用前面的方法，使用Selection Tool（选择工具）选择节点并进

行调整，并在路径适当的位置利用Add Vertex Tool（添加节点工具）添加节点，以更好地调整蒙版轮廓，系统将在当前时间位置自动添加关键帧，调整后的效果，如图4.58所示。

图4.58 00:00:01:00帧位置的调整效果

⑯ 分别将时间调整到00:00:01:12帧和0:00:02:00帧位置，利用前面的方法调整并添加节点，制作扇面展开动画，两帧的调整效果，分别如图4.59、图4.60所示。

图4.59 调整效果　　　　图4.60 调整效果

⑰ 经过上面的操作，制作出了扇面的展开动画效果，此时，拖动时间滑块或播放动画可以看到扇面的展开动画效果，其中的几帧画面，如图4.61所示。

图4.61 扇面展开动画其中的几帧画面效果

⑱ 从播放的动画中可以看到，虽然扇面出现了动画展开效果，但扇柄（手握位置）并没有出现，不符合现实，下面来制作扇柄（手握位置）的动画效果。选择"扇面"层，然后单击工具栏中的Pen Tool（钢笔工具）按钮，使用钢笔工具在图像上绘制一个蒙版轮廓，如图4.62所示。

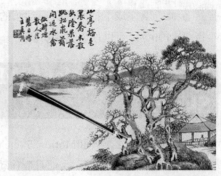

图4.62 绘制蒙版轮廓

⑲ 将时间设置到00:00:00:00帧位置，在时间线面板中，展开"扇面"层选项列表，在"Mask2"选项组中，单击Mask Path（蒙版路径）左侧的码表，在当前时间添加一个关键帧，如图4.63所示。

图4.63 添加关键帧

⑳ 将时间调整到00:00:01:00帧位置，参考扇柄旋转的轨迹，调整蒙版路径的形状，如图4.64所示。

㉑ 将时间调整到0:00:02:00帧位置，参考扇柄旋转的轨迹，使用Selection Tool（选择工具）选择节点并进行调整，并在路径适当的位置利用Add Vertex Tool（添加节点工具）添加节点，调整后的效果，如图4.65所示。

图4.64 调整效果　　　　图4.65 调整效果

㉒ 此时，从时间线面板可以看到所有关键帧的位置及效果，如图4.66所示。

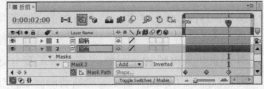

图4.66 关键帧效果

㉓ 至此，就完成了打开的折扇动画的制作，按小键盘上的0键，可以预览动画效果。

4.5 使用Wiggler和Motion Sketch

Wiggler（摇摆器）和Motion Sketch（运动草图）在动画制作中非常常用，而且制作动画也非常简单，基本上是半自动化的动画制作器，下面分别讲解这两个功能的使用方法。

4.5.1 了解Wiggler（摇摆器）

Wiggler（摇摆器）可以在现有关键帧的基础上，自动创建随机关键帧，并产生随机的差值，使属性产生偏差并制作成动画效果，这样可以通过摇摆器来控制关键帧的数量，还可以控制关键帧间的平滑效果及方向，是制作随机动画的理想工具。

执行菜单栏中的Window（窗口）| Wiggler（摇摆器）命令，打开Wiggler（摇摆器）面板，如图4.67所示。

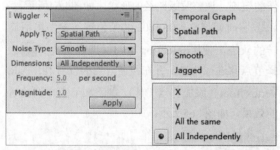

图4.67 Wiggler（摇摆器）面板及说明

Wiggler（摇摆器）面板中各选项的使用说明如下。

- Apply to（应用到）：在右侧的下拉菜单中，有两个选项命令供选择：Temporal Graph（空间动画轨迹）表示关键帧动画随空间变化；Spatial Path（时间曲线图）表示关键帧动画随时间进行变化。

- Noise Type（噪波类型）：在右侧的下拉菜单中，也有两个选项命令供选择：Smooth（平滑）表示关键帧动画间将产生平缓的变化过程；Jagged（锯齿）表示关键帧动画间将产生

大幅度的变化。

- Dimensions（轴向）：在右侧的下拉菜单中有4个选项命令供选择：X（x轴）表示动画产生在水平位置，即X轴向；Y（y轴）表示动画产生在垂直位置，即Y轴向；All the same（相同变化）表示在每个维数上产生相同的变化，可以看到动画在相同轴向上都有相同变化效果；All Independently（不同变化）表示在每个维数上产生不同的变化，可以看到动画在相同轴向上产生杂乱的变化效果。

- Frequency（频率）：表示系统每秒产生的动画频率，可以理解为增加多少个关键帧；数值越大，产生的关键帧越多，变化也越大。

- Magnitude（幅度）：表示动画变化幅度的大小，值越大，变化的幅度也越大。

4.5.2 课堂案例——制作随机动画

📖 实例说明

通过上面的讲解，认识了Wiggler（摇摆器）应用的基础知识。下面通过实例，来讲解摇摆器的应用，并利用摇摆器制作随机的动画。通过制作动画，学习关键帧的创建及选择，掌握摇摆器的应用。完成的动画流程画面如图4.68所示。

工程文件：工程文件\第4章\随机动画
视频：视频\4.5.2 课堂案例——制作随机动画.avi

图4.68 随机动画流程画面

📖 知识点
1. Rectangle Tool（矩形工具）▮。
2. Wiggler（摇摆器）面板。

① 执行菜单栏中的Composition（合成）| New Composition（新建合成）命令，打开 Composition Settings（合成设置）对话框，参数设置如图4.69所示。

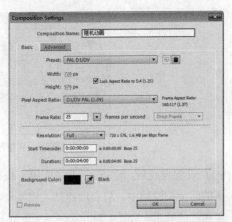

图4.69 Composition Settings（合成设置）对话框

02 执行菜单栏中的File（文件）| Import（导入）| File（文件）命令，打开Import File（导入文件）对话框，选择配套资源中的"工程文件\ 第4章 \随机动画\嬉戏.jpg"文件，然后将其添加到时间线中。

03 在时间线面板中，单击选择"嬉戏.jpg"层，然后按Ctrl + D组合键，为其复制一个副本，并将它的列表项展开，并重命名为"嬉戏1.jpg"，如图4.70所示。

图4.70 展开列表项

04 单击工具栏中的Rectangle Tool（矩形工具）按钮，然后在Composition（合成）窗口的中间位置，拖动绘制一个矩形蒙版，为了更好地看到绘制效果，将最下面的层隐藏，如图4.71所示。

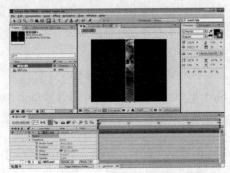

图4.71 绘制矩形蒙版区域

05 在时间线面板中，将设置时间为00:00:00:00帧的位置，分别单击Position（位置）和Scale（缩放）左侧的码表，在当前时间位置添加关键帧，如图4.72所示。

图4.72 00:00:00:00帧处添加关键帧

06 按End键，将时间调整到结束位置，即00:00:03:24帧位置，在时间线面板中，单击Position（位置）和Scale（缩放）属性左侧的Add or remove keyframe at current time（在当前时间添加或删除关键帧）按钮，在00:00:03:24时间帧处，添加一个延时帧，如图4.73所示。

图4.73 00:00:03:24帧处添加延时帧

07 下面来制作位置随机移动动画。在Position（位置）名称处单击，选择Position（位置）属性中的所有关键帧，如图4.74所示。

图4.74 选择关键帧

08 执行菜单栏中的Window（窗口）| Wiggler（摇摆器）命令，打开Wiggler（摇摆器）面板，在Apply to（应用到）右侧的下拉菜单中选择Spatial Path（时间曲线图）命令；在Noise Type（噪波类型）右侧的下拉菜单中选择Smooth（平滑）命令；在Dimensions（轴向）右侧的下拉菜单中

选择X（*x*轴）表示动画产生在水平位置；并设置Frequency（频率）的值为5，Magnitude（幅度）的值为300，如图4.75所示。

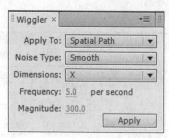

图4.75 摇摆器参数设置

09 设置完成后，单击Apply（应用）按钮，在选择的两个关键帧中，将自动建立关键帧，以产生摇摆动画的效果，如图4.76所示。

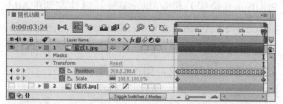

图4.76 使用摇摆器后的效果

10 此时，从Composition（合成）窗口中，可以看到蒙版矩形的直线运动轨迹，并可以看到很多的关键帧控制点，如图4.77所示。

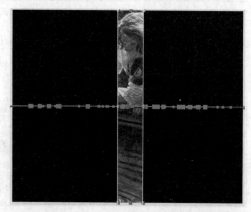

图4.77 关键帧控制点效果

11 利用上面的方法，选择Scale（缩放）右侧的两个关键帧，设置摇摆器的参数，将Magnitude（幅度）设置为120，以减小变化的幅度，如图4.78所示。

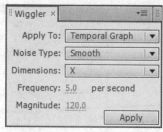

图4.78 摇摆器参数设置

12 设置完成后，单击Apply（应用）按钮，在选择的两个关键帧中，将自动建立关键帧，以产生摇摆动画的效果，如图4.79所示。

图4.79 缩放关键帧效果

13 将隐藏的层显示，然后设置上层的混合模式为Screen（屏幕）模式，以产生较亮的效果，如图4.80所示。

图4.80 修改层模式

14 这样，就完成了位置动画的制作，按空格键或小键盘上的0键，可以预览动画的效果。

4.5.3 了解Motion Sketch（运动草图）

运用运动草图命令，可以以绘图的形式随意地绘制运动路径，并根据绘制的轨迹自动创建关键帧，制作出运动动画效果。

执行菜单栏中的Window（窗口）| Motion Sketch（运动草图）命令，打开Motion Sketch（运动草图）面板，如图4.81所示。

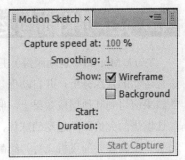

图4.81 运动草图面板及说明

图4.82 飘零树叶动画流程画面

 知识点

Motion Sketch（运动草图）面板。

在Motion Sketch（运动草图）面板中，各选项的使用说明如下。

- Capture Speed at（捕捉速度）：通过百分比参数，设置捕捉的速度，值越大，捕捉的动画越快，速度也越快。
- Smoothing（平滑）：设置动画的平滑程度，值越大动画越平滑。
- Show（显示）：用来设置捕捉时，图像的显示有两种情况：Wireframe（线框）表示在捕捉时，图像以线框的形式显示，只显示图像的边缘框架，以更好地控制动画的线路；Background（背景）表示在捕捉时，合成预览时显示下一层的图像效果，如果不选择该项，将显示黑色的背景。
- Start（开始）和Duration（持续时间）：Start（开始）表示当前时间滑块所在的位置，也是捕捉动画开始的位置。
- Duration（持续时间）表示当前合成文件的持续时间。
- Start Capture（开始捕捉）：单击该按钮，鼠标将变成十字形，在合成窗口中，按住鼠标拖动可以制作捕捉动画，动画将以拖动的线路为运动路径，沿拖动线路运动。

4.5.4 课堂案例——飘零树叶

实例说明

本例主要讲解利用Motion Sketch（运动草图）制作飘零树叶效果，掌握Motion Sketch（运动草图）的应用技巧。完成的动画流程画面如图4.82所示。

工程文件：工程文件\第4章\运动草图
视频：视频\4.5.4 课堂案例——飘零树叶.avi

01 执行菜单栏中的File（文件）|Open Project（打开项目）命令，选择配套资源中的"工程文件\第4章\运动草图\运动草图.aep"文件，将文件打开。

02 选择树叶层，执行菜单栏中的Window（窗口）| Motion Sketch（运动草图）命令，打开Motion Sketch（运动草图）面板，设置Capture Speed at（捕捉速度）为100%，Show（显示）为Wireframe（线框），如图4.83所示。

图4.83 参数设置

03 将时间调整到00:00:00:00帧的位置，选择"树叶"层，然后单击Motion Sketch（运动草图）面板中的Start Capture（开始捕捉） Start Capture 按钮，从Composition（合成）窗口右下角单击并拖动鼠标，绘制一个曲线路径，如图4.84所示。

图4.84 绘制路径

91

提示

在鼠标拖动绘制时，从时间线面板中，可以看到时间滑块随拖动在向前移动，并可以在Composition（合成）窗口预览绘制的路径效果。拖动鼠标的速度，直接影响动画的速度，拖动得越快，产生的动画速度也越快；拖动得越慢，产生动画的速度也越慢，如果想使动画与合成的持续时间相同，就要注意拖动的速度与时间滑块的运动过程。

04 拖动完成后，按空格键或小键盘上的0键，可以预览动画的效果，其中的几帧画面如图4.85所示。

图4.85 设置运动草图后的效果

05 为了减少动画的复杂程度，下面来修改动画的关键帧数量。在时间线面板中，选择树叶的Position（位置）属性上的所有关键帧，执行菜单栏中的Window（窗口）| Smoother（平滑器）命令，打开Smoother（平滑器）面板，设置Tolerance（容差）的值为6，如图4.86所示。

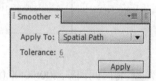

图4.86 平滑器面板

06 设置好容差后，单击Apply（应用）按钮，可以从展开的树叶列表选项中看到关键帧的变化效果，从合成窗口中，也可以看出曲线的变化效果，如图4.87所示。

图4.87 设置平滑后的效果

07 这样就完成了飘零树叶的整体制作，按小键盘上的0键，即可在合成窗口中预览动画。

4.6 运动跟踪与运动稳定

Track Motion（运动跟踪）是根据对指定区域进行运动的跟踪分析，并自动创建关键帧，将跟踪的结果应用到其他层或效果上，制作出动画效果。如让燃烧的火焰跟随运动的球体，给天空中的飞机吊上一个物体并随飞机飞行，给翻动镜框加上照片效果。不过，跟踪只对运动的影片进行跟踪，不会对单帧静止的图像实行跟踪。

运动稳定是对前期拍摄的影片进行画面稳定的处理，用来消除前期拍摄过程中出现的画面抖动问题，使画面变平稳。

运动跟踪和运动稳定在影视后期处理中应用相当广泛。不过，一般在前期的拍摄中，摄像师就要注意：拍摄时跟踪点的设置，设置合适的跟踪点，可以使后期的跟踪动画制作更加容易。

4.6.1 Tracker（跟踪）面板

After Effects对运动跟踪和运动稳定设置，主要在Tracker（跟踪）面板中进行，对动画进行运动跟踪的方法有以下2种。

- 方法1：在时间线面板中选择要跟踪的层，然后执行菜单栏中的Animation（动画）| Track Motion（运动跟踪）命令，即可对该层运用跟踪。
- 方法2：在时间线面板中选择要跟踪的层，单击Tracker（跟踪）面板中的Track Motion（运动跟踪） Track Motion 或Stabilize Motion（运动稳定） Stabilize Motion 按钮，即可对该层运用跟踪。

当对某层启用跟踪命令后，就可以在Tracker（跟踪）面板中设置相关的跟踪参数，Tracker（跟踪）面板如图4.88所示。

图4.88 跟踪面板

Tracker（跟踪）面板中的参数含义如下。

- Track Motion（运动跟踪）Track Motion 按钮：可以对选定的层运用运动跟踪效果。

- Stabilize Motion（运动稳定）Stabilize Motion 按钮：可以对选定的层运用运动稳定效果。

- Motion Source（跟踪源）：可以从右侧的下拉菜单中，选择要跟踪的层。

- Current Track（当前跟踪器）：当有多个跟踪时，从右侧的下拉菜单中，选择当前使用的跟踪器。

- Track Type（跟踪器类型）：从右侧的下拉菜单中，选择跟踪器的类型。包括Stabilize（稳定器）对画面稳定进行跟踪；Transform（转换）对位置、旋转或缩放进行跟踪；Parallel corner pin（平行四边形边角跟踪器）对平面中的倾斜和旋转进行跟踪，但无法跟踪透视，只需要有3个点即可进行跟踪；Perspective corner pin（透视边角跟踪器）对图像进行透视跟踪；Raw（表达式跟踪器）对位移进行跟踪，但是其跟踪计算结果只能保存在原图像属性中，在表达式中可以调用这些跟踪数据。

- Position（位置）：使用位置跟踪。

- Rotation（旋转）：使用旋转跟踪。

- Scale（缩放）：使用缩放跟踪。

- Edit Target（编辑目标）Edit Target... 按钮：打开Motion Target（跟踪目标）对话框，如图4.89所示，可以指定跟踪传递的目标层。

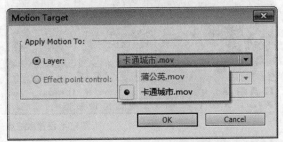

图4.89 跟踪目标对话框

- Options（选项）Options... 按钮：打开Motion Tracker Options（运动跟踪选项）对话框，对跟踪器进行更详细的设置，如图4.90所示。

图4.90 运动跟踪选项对话框

- Analyze（分析）：用来分析跟踪。包括◀I（向后逐帧分析）、◀（向后回放分析）、▶（向前播放分析）、I▶（向前逐帧分析）。

- Reset（复位）Reset 按钮：如果对跟踪不满意，单击该按钮，可以将跟踪结果清除，还原为初始状态。

- Apply（应用）Apply 按钮：如果对跟踪满意，单击该按钮，应用跟踪结果。

4.6.2 跟踪范围框

当对图像应用跟踪命令时，将打开该素材层的层窗口，并在素材上出现一个由两个方框和一个十字形标记点组成的跟踪对象，这就是跟踪范围框，该框的外方框为搜索区域，里面的方框为特征区域，十字形标记点为跟踪点，如图4.91所示。

图4.91 跟踪范围框

- 搜索区域：定义下一帧的跟踪范围。搜索区域的大小与要跟踪目标的运动速度有关，跟踪目标的运动速度越快，搜索区域就应该越大。
- 特征区域：定义跟踪目标的特征范围。After Effects 记录当前特征区域内的亮度、色相、形状等特征，在后续关键帧中以这些特征进行匹配跟踪。一般情况下，在前期拍摄时都会注意跟踪点的设置。
- 跟踪点：在图像中显示为一个十字形，此点为关键帧生成点，是跟踪范围框与其他层之间的链接点。

提示

在使用选择工具时，将光标放在跟踪范围框内的不同位置，将显示不同的效果。显示的不同，操作时对范围框的改变也不同：▶表示可以移动整个跟踪范围框；▷表示可以移动搜索区域；↘表示可以移动跟踪点的位置；▶表示可以移动特征区域和搜索区域；▶表示可以拖动改变方框的大小或形状。

4.6.3 课堂案例——位移跟踪动画

实例说明

下面制作一个位移跟踪动画，让一辆汽车跟踪一个驾车的圣诞老人作位移跟踪，通过本实例的制作，学习位移跟踪的设置方法。完成的动画流程画面，如图4.92所示。

工程文件：工程文件\第4章\位移跟踪动画
视频：视频\4.6.3 课堂案例——位移跟踪动画.avi

图4.92 位移跟踪动画流程画面

知识点

Tracker（跟踪）面板位移跟踪。

① 执行菜单栏中的File（文件）| Open Project（打开项目）命令，弹出"打开"对话框，选择配套资源中的"工程文件 \ 第4章 \ 位移跟踪动画 \ 位移跟踪动画练习.aep"文件。

② 为"圣诞夜.mov"添加运动跟踪。在时间线面板中，单击选择"圣诞夜.mov"层，然后执行菜单栏中的Animation（动画）| Track Motion（运动跟踪）命令，为"圣诞夜.mov"层添加运动跟踪。设置Motion Source（跟踪源）为"圣诞夜.mov"，参数设置如图4.93所示。

图4.93 参数设置

③ 将时间调整到00:00:00:00帧位置，然后在Composition（合成）窗口中移动跟踪范围框，并调整搜索区域和特征区域的位置，如图4.94所示。

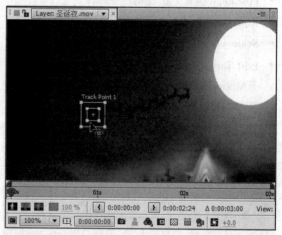

图4.94 设置跟踪点

④ 调整好搜索区域和特征区域的位置后，单击Analyze（分析）右侧的▶按钮，进行跟踪。

⑤ 对跟踪进行分析，分析完成后，可以通过拖动时间滑块来查看跟踪的效果，如果在某些位置跟踪出现错误，可以将时间滑块拖动到错误的位

置，再次调整跟踪范围框的位置及大小，然后单击Analyze（分析）右侧的▶（向前播放分析）按钮，对跟踪进行再次分析，直到合适为止。

⑥ 修改跟踪错误。本实例在跟踪过程中，当动画播放到00:00:00:09帧位置时，跟踪出现了明显的错误，如图4.95所示。这时，可以在该帧位置重新调整跟踪范围框的位置和大小，然后单击Analyze（分析）右侧的▶（向前播放分析）按钮，对跟踪进行再次分析，分析后的效果如图4.96所示。

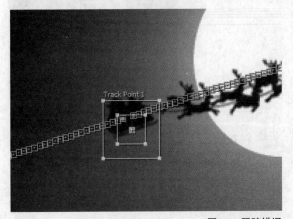

图4.96 跟踪错误

> **提示**
> 由于读者前期跟踪范围框的设置不一定与作者相同，所以错误出现的位置可能不同，但修改的方法是一样的，只需要拖动到错误的位置，修改跟踪范围框，然后再次分析即可，如果分析后还有错误，可以多次分析，直到满意为止。

⑦ 修改错误后，再次拖动时间滑块，可以看到跟踪已经达到满意效果，如图4.97所示。

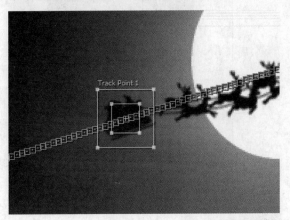

图4.97 修改跟踪错误

⑧ 跟踪完成后，单击 Tracker（跟踪）面板中的Edit Target（编辑目标）`Edit Target...` 按钮，选择需要添加跟踪结果的图层，如图4.98所示。

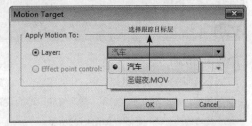

图4.98 跟踪错误

⑨ 添加完目标后，单击 Tracker（跟踪）面板中的Apply（应用）`Apply` 按钮，应用跟踪结果，如图4.99所示。直接单击OK（确定）按钮，效果如图4.100所示。

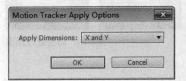

图4.99 设置轴向　　图4.100 画面效果

⑩ 修改汽车的位置及角度。从Composition（合成）窗口中可以看到，汽车的位置及角度并不是想象的那样。下面就来修改它的位置和角度，在时间线面板中，首先展开"汽车.png"层Transform（转换）参数列表，再在空白位置单击，取消所有关键帧的选择，将时间调整到00:00:00:00帧位置，然后单击Rotation（旋转）项，修改它的值为-16，如图4.101所示。

图4.101 修改效果

> **提示**
> 在修改Position（位置）参数时，单击Position（位置）项确认选择所有关键帧后，才可以修改位置参数，并且要使用在参数上直接拖动修改的方法修改参数，注意不要使用直接输入数值的方法，以免出现错误。

⑪ 这样，就完成了位移跟踪动画的制作，按空格键或小键盘上的0键，可以预览动画的效果。

4.6.4 课堂案例——旋转跟踪动画

📖 实例说明

下面制作一个标志跟踪动画，让其跟踪一个镜头作旋转跟踪，通过本实例的制作，学习旋转跟踪的设置方法。完成的动画流程画面，如图4.102所示。

工程文件：工程文件\第4章\旋转跟踪
视频：视频\4.6.4 课堂案例——旋转跟踪动画.avi

图4.102 动画流程画面

📖 知识点

Tracker（跟踪）面板旋转跟踪。

① 打开工程文件。执行菜单栏中的File（文件）| Open Project（打开项目）命令，弹出"打开"对话框，选择配套资源中的"工程文件\第4章\旋转跟踪\旋转跟踪动画练习.aep"文件。

② 为"旋转跟踪"层添加运动跟踪。在时间线面板中，单击选择"旋转跟踪"层，然后单击Tracker（跟踪）面板中的 Track Motion （运动跟踪）按钮，为"旋转跟踪"层添加运动跟踪。勾选Rotation（旋转）复选框，参数设置，如图4.103所示。

图4.103 参数设置

③ 按Home键，将时间调整到00:00:00:00帧位置，然后在Composition（合成）窗口中，调整Track Point 1（跟踪点1）和Track Point 2（跟踪点2）的位置，并调整搜索区域和特征区域的位置，如图4.104所示。

图4.104 跟踪点

④ 在Tracker（跟踪）面板中，单击Analyze（分析）右侧的 ▶ Analyze forward（向前播放分析）按钮，对跟踪进行分析，分析完成后，可以通过拖动时间滑块来查看跟踪的效果，如果在某些位置跟踪出现错误，可以将时间滑块拖动到错误的位置，再次调整跟踪范围框的位置及大小，然后单击Analyze（分析）右侧的 ▶ Analyze forward（向前播放分析）按钮，对跟踪进行再次分析，直到合适为止。分析后，在Composition（合成）窗口中可以看到产生了很多的关键帧，如图4.105所示。

图4.105 关键帧效果

⑤ 拖动时间滑块，可以看到跟踪已经达到满

意效果，这时可以单击Tracker（跟踪）面板中的Edit Target（编辑目标）按钮，打开Motion Target（跟踪目标）对话框，设置跟踪目标层为"标志.psd"，如图4.106所示。

图4.106 跟踪目标对话框

06　设置完成后，单击OK（确定）按钮，完成跟踪目标的指定，然后单击Tracker（跟踪）面板中Apply（应用）　Apply　按钮，应用跟踪结果，这时将打开Motion Tracker Apply Options（运动跟踪应用选项）对话框，如图4.107所示，直接单击OK（确定）按钮即可，画面如图4.108所示。

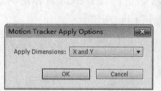 

图4.107 设置轴向　　　图4.108 画面效果

07　修改文字的角度。从Composition（合成）窗口中可以看到，文字的角度不太理想，在时间线面板中，首先展开"标志.psd"层Transform（转换）参数列表，先在空白位置单击，取消所有关键帧的选择，将时间调整到00:00:00:00帧位置，先修改Rotation（旋转），将标志摆正，再修改Anchor Point（定位点），将定位点的值改为（−140，40），如图4.109所示。

图4.109 参数设置

? 提示

在应用完跟踪命令后，在时间线面板中，展开参数列表时，跟踪关键帧处于选中状态，此时不能直接修改参数，因为这样会造成所有选择关键帧的连动作用，使动画产生错乱。这时，可以先在空白位置单击鼠标，取消所有关键帧的选择，再单独修改某个参数即可。

08　这样，就完成了旋转跟踪动画的制作，按空格键或小键盘上的0键，可以预览动画的效果。

4.6.5　课堂案例——透视跟踪动画

📖 实例说明

本例主要讲解利用Track Motion（运动跟踪）制作透视跟踪动画效果。通过本例的制作，学习Perspective corner pin（透视边角跟踪器）的使用。完成的动画流程画面如图4.110所示。

工程文件：工程文件\第4章\透视跟踪动画
视频：视频\4.6.5 课堂案例——透视跟踪动画.avi

图4.110 透视跟踪动画流程画面

📖 知识点

Perspective corner pin（透视边角跟踪器）。

01　执行菜单栏中的File（文件）|Open Project（打开项目）命令，选择配套资源中的"工程文件\第4章\透视跟踪动画\透视跟踪动画练习.aep"文件，将文件打开。

02　在时间线面板中，单击选择"书页.mov"层，然后单击Tracker（跟踪）面板中的　Track Motion　（运动跟踪）按钮，为"书页.mov"层添加运动跟踪。在Track Type（跟踪器类型）下拉菜单中，选择Perspective corner pin（透视边角跟踪器）选项，对图像进行透视跟踪，如图4.111所示。

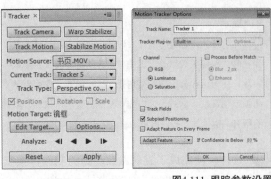

图4.111 跟踪参数设置

03 按Home键，将时间调整到00:00:00:00帧位置，然后在Composition（合成）窗口中，分别移动Track Point 1（跟踪点1）、Track Point 2（跟踪点2）、Track Point 3（跟踪点3）、Track Point 4（跟踪点4）的跟踪范围框到镜框四个角的位置，并调整搜索区域和特征区域的位置，如图4.112所示。

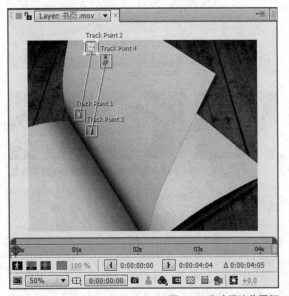

图4.112 移动跟踪范围框

04 Tracker（跟踪）面板中，单击Analyze（分析）右侧的▶（向前播放分析）按钮，对跟踪进行分析，分析完成后，可以通过拖动时间滑块来查看跟踪的效果，如果在某些位置跟踪出现错误，可以将时间滑块拖动到错误的位置，再次调整跟踪范围框的位置及大小，然后单击Analyze（分析）右侧的▶（向前播放分析）按钮，对跟踪进行再次分析，直到合适为止。分析后，在Composition（合成）窗口中可以看到产生了很多的关键帧，如图4.113所示。

图4.113 关键帧效果

05 拖动时间滑块，可以看到跟踪已经达到满意效果，这时可以单击Tracker（跟踪）面板中的 Edit Target... （编辑目标）按钮，打开Motion Target（跟踪目标）对话框，设置跟踪目标层为"炫目动画.mov"，如图4.114所示。

图4.114 跟踪目标对话框

06 设置完成后，单击OK（确定）按钮，完成跟踪目标的指定，然后单击Tracker（跟踪）面板中 Apply （应用）按钮。

07 这时，从时间线面板中，可以看到由于跟踪而自动创建的关键帧效果，如图4.115所示。

图4.115 关键帧效果

08 这样就完成了透视跟踪动画的整体制作，按小键盘上的0键，即可在合成窗口中预览动画。

4.6.6 课堂案例——稳定动画效果

实例说明

本例主要讲解利用Warp Stabilizer（画面稳定）特效稳定动画画面的方法，掌握Warp Stabilizer（画面稳定）特效的使用技巧。完成的动画流程画面，如图4.116所示。

工程文件：工程文件\第4章\稳定动画
视频：视频\4.6.6 课堂案例——稳定动画效果.avi

图4.116 稳定动画流程画面

知识点

Warp Stabilizer（画面稳定）特效。

(01) 执行菜单栏中的File（文件）|Open Project（打开项目）命令，选择配套资源中的"工程文件\第4章\稳定动画\稳定动画练习.aep"文件，将文件打开。

(02) 为"视频素材.avi"层添加Warp Stabilizer（画面稳定）特效。在Effects & Presets（效果和预置）面板中展开Distort（扭曲）特效组，然后双击Warp Stabilizer（画面稳定）特效，合成窗口效果如图4.117所示。

图4.117 添加特效后的效果

(03) 在Effect Controls（特效控制）面板中，可以看到Warp Stabilizer（画面稳定）特效的参数，系统会自动进行稳定计算，如图4.118所示，计算完成后的合成窗口效果，如图4.119所示。

图4.118 自动解算中 　　图4.119 解算后稳定处理

(04) 这样就完成了稳定动画效果的整体制作，按小键盘上的0键，即可在合成窗口中预览动画。

4.7 本章小结

本章主要讲解After Effects内置的动画辅助工具，蒙版、摇摆器、运动草图、运动跟踪与稳定技术，合理地运用动画辅助工具可以有效地提高动画的制作效率并达到预期的效果。

4.8 课后习题

本章通过两个课后习题，在巩固知识的同时，掌握动画的制作技能，以提高动画的制作效率并达到预期的动画效果。

4.8.1 课后习题1——利用矩形工具制作文字倒影

实例说明

本例主要讲解利用Rectangle Tool（矩形工具）□制作文字倒影效果，完成的动画流程画面如图4.120所示。

工程文件：工程文件\第4章\文字倒影
视频：视频\4.8.1 课后习题1——利用矩形工具制作文字倒影.avi

图4.120 文字倒影动画流程画面

Rectangle Tool（矩形工具）▢。

4.8.2 课后习题2——积雪字

实例说明

本例主要讲解利用CC Snowfall（CC下雪）特效制作积雪字效果，完成的动画流程画面如图4.121所示。

工程文件：工程文件\第4章\积雪字
视频：视频\4.8.2 课后习题2——积雪字.avi

图4.121 积雪字动画流程画面

知识点

1. CC Snowfall（CC下雪）。

2. Roughen Edges（粗糙边缘）。

3. Glow（发光）。

第**5**章

内置视频特效

────────── 内容摘要 ──────────

在影视作品中，一般离不开特效的使用，所谓视频特效，就是为视频文件添加特殊的处理，使其产生丰富多彩的视频效果，以更好地表现作品主题，达到视频制作的目的。在After Effects中内置了上百种视频特效，掌握各种视频特效的应用是进行视频创作的基础，只有掌握了各种视频特效的应用特点，才能轻松地制作炫丽的视频作品。本章重点讲解内置特效的使用方法。

────────── 教学目标 ──────────

- 学习视频特效的含义
- 掌握视频特效参数的调整
- 学习视频特效的使用方法
- 掌握常见内置特效动画的制作技巧

5.1 3D Channel（三维通道）特效组

3D Channel（三维通道）特效组主要对图像进行三维方面的修改，所修改的图像要带有三维信息，如Z通道、材质ID号、物体ID号、法线等，通过对这些信息的读取，可以进行特效的处理。

5.1.1 3D Channel Extract（提取3D通道）

该特效可以将图像中的3D通道信息提取并进行处理，包括Z-Depth（z轴深度）、Object ID（物体ID）、Texture UV（物体UV坐标）、Surface Normals（表面法线）、Coverage（覆盖区域）、Background RGB（背景RGB）、Unclamped RGB（未锁定的RGB）和Material ID（材质ID），其参数设置面板如图5.1所示。

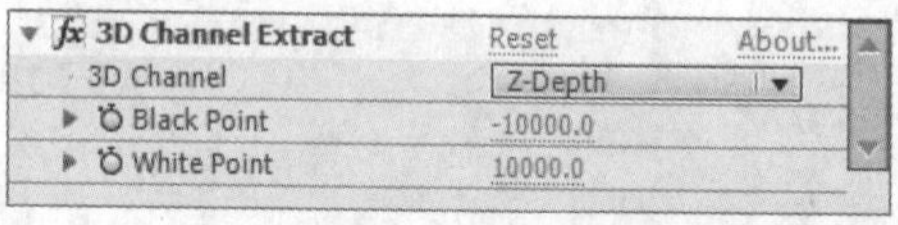

图5.1 提取3D通道参数设置面板

5.1.2 Depth Matte（深度蒙版）

该特效可以读取3D图像中的z轴深度，并沿z轴深度的指定位置截取图像，以产生蒙版效果，其参数设置面板如图5.2所示。

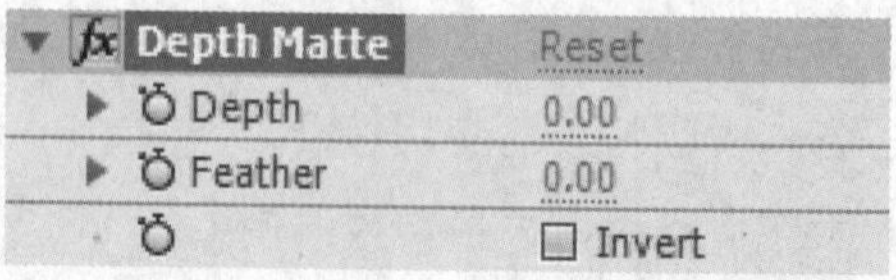

图5.2 深度蒙版参数设置面板

5.1.3 Depth of Field（场深度）

该特效可以模拟摄像机的景深效果，将图像沿z轴作模糊处理，其参数设置面板如图5.3所示。

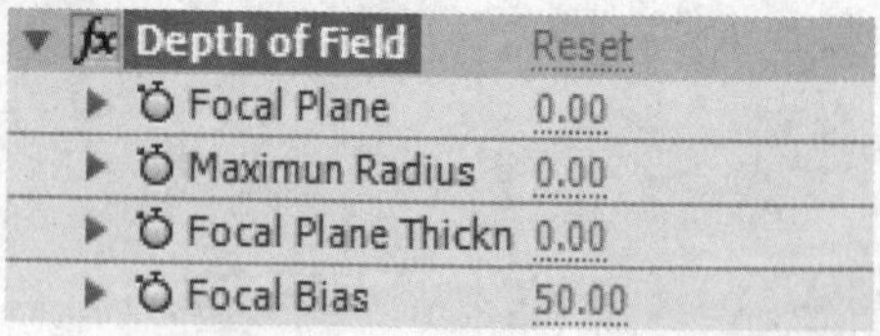

图5.3 场深度参数设置面板

5.1.4 EXtractoR（提取）

该特效可以显示图像中的通道信息，并对黑色与白色进行处理，其参数设置面板如图5.4所示。

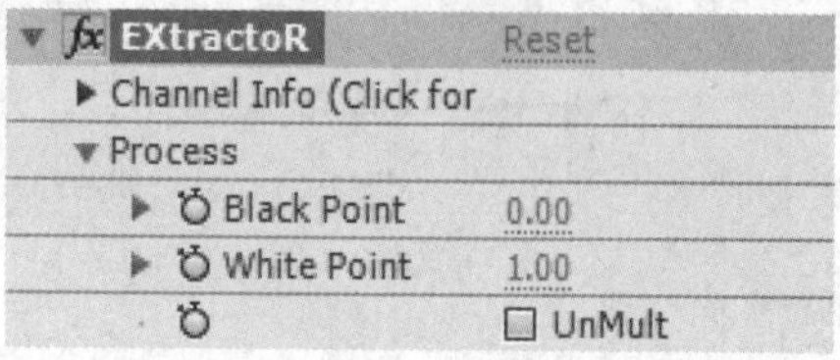

图5.4 提取参数设置面板

5.1.5 Fog 3D（3D雾）

该特效可以使图像沿Z轴产生雾状效果，制作出雾状效果，以雾化场景，其参数设置面板如图5.5所示。

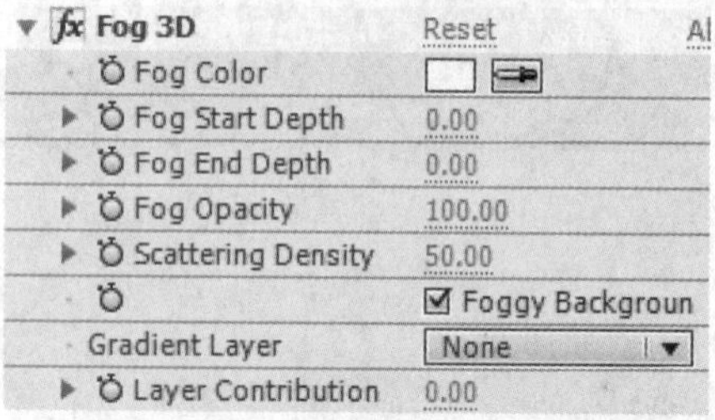

图5.5 3D雾参数设置面板

5.1.6 ID Matte（ID蒙版）

该特效通过读取图像的物体ID号或材质ID号信息，将3D通道中的指定元素分离出来，制作出蒙版效果，其参数设置面板如图5.6所示。

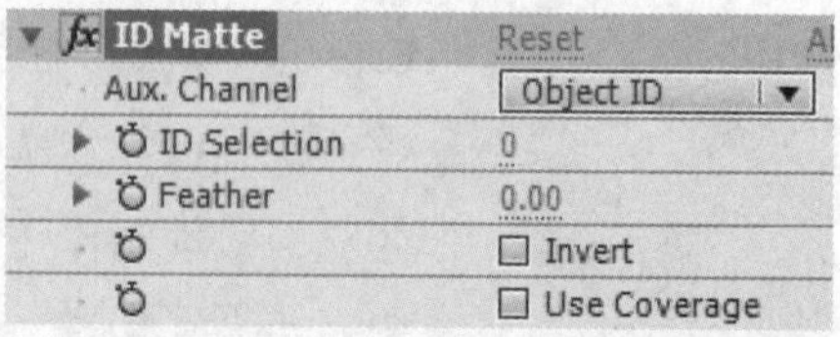

图5.6 ID蒙版参数设置面板

5.1.7 IDentifier（标识符）

该特效通过读取图像的ID号，将通道中的指定元素做标志，其参数设置面板如图5.7所示。

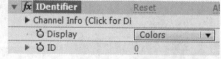

图5.7 标识符参数设置面板

5.2 Audio（音频）特效组

音频特效主要是对声音进行特效方面的处理，以此来制作不同效果的声音特效，如回声、降噪等。

5.2.1 Backwards（倒带）

该特效可以将音频素材进行倒带播放，即将音频文件从后往前播放，产生倒放效果，Backwards（倒带）参数设置面板如图5.8所示。

图5.8 倒带参数设置面板

5.2.2 Bass & Treble（低音与高音）

该特效可以将音频素材中的低音和高音部分的音频进行单独调整，将低音和高音中的音频增大或是降低，Bass & Treble（低音与高音）参数设置面板如图5.9所示。

图5.9 低音与高音参数设置面板

5.2.3 Delay（延时）

该特效可以设置声音在一定的时间后重复，制作出回声的效果，以添加音频素材的回声特效，Delay（延时）参数设置面板如图5.10所示。

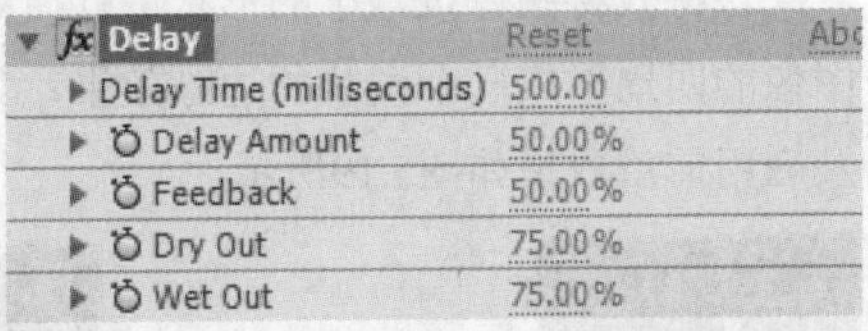

图5.10 延时参数设置面板

5.2.4 Flange & Chorus（变调和和声）

该特效包括两个独立的音频效果：Flange用来设置变调效果，通过拷贝失调的声音或者对原频率做一定的位移，通过对声音分离的时间和音调深度的调整，产生颤动、急促的声音。Chorus用来设置和声效果，可以为单个乐器或单个声音增加深度，听上去像是有很多声音混合，产生合唱的效果。Flange & Chorus（变调和和声）参数设置面板如图5.11所示。

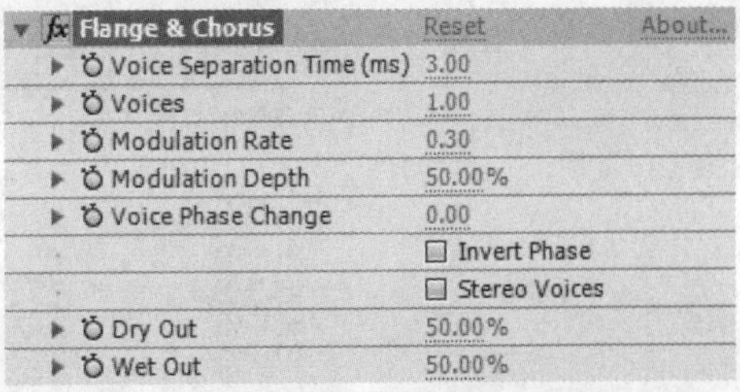

图5.11 变调和和声参数设置面板

5.2.5 High-Low Pass（高-低通滤波）

该特效通过设置一个音频值，只让高于或低于这个频率的声音通过，这样，可以将不需要的低音或高音过滤掉。High-Low Pass（高-低通滤波）参数设置面板如图5.12所示。

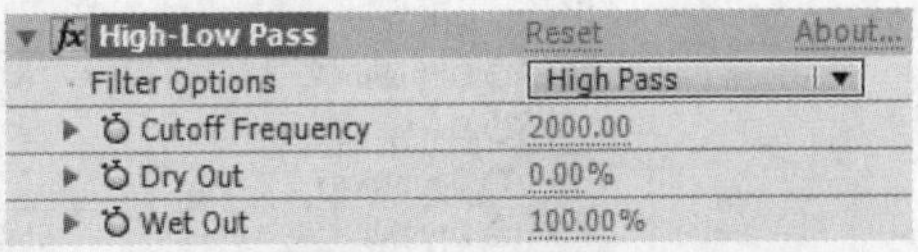

图5.12 高-低通滤波参数设置面板

5.2.6 Modulator（调节器）

该特效通过改变声音的变化频率和振幅来设置声音的颤音效果。Modulator（调节器）参数设置面板如图5.13所示。

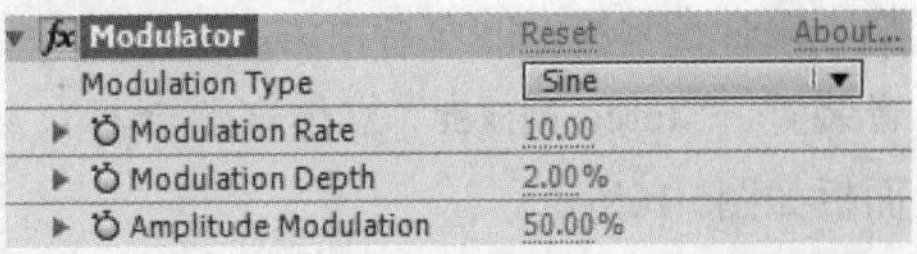

图5.13 调节器参数设置面板

5.2.7 Parametric EQ（参数均衡器）

该特效主要是用来精确调整一段音频素材的音调，而且还可以较好地隔离特殊的频率范围，强化或衰减指定的频率，对于增强音乐的效果特别有效。Parametric EQ（参数均衡器）参数设置面板如图5.14所示。

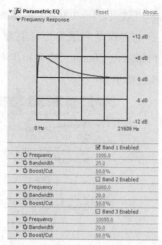

图5.14 参数均衡器参数设置面板

5.2.8 Reverb（混响）

该特效可以将一个音频素材制作出一种模仿室内播放音频声音的效果。Reverb（混响）参数设置面板如图5.15所示。

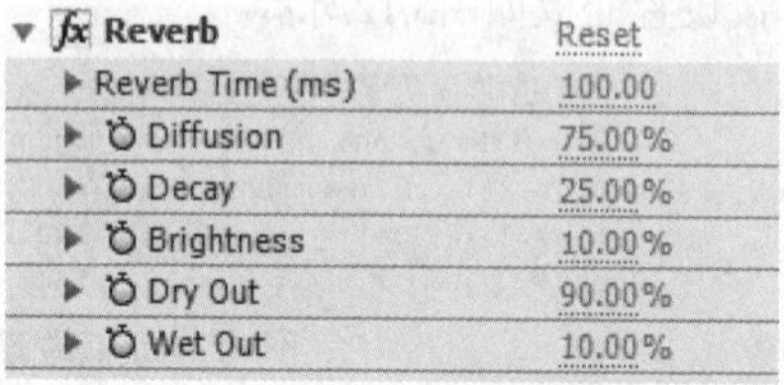

图5.15 混响参数设置面板

5.2.9 Stereo Mixer（立体声混合器）

该特效通过对一个层的音量大小和相位的调整，混合音频层上的左右声道，模拟左右立体声混音装置。Stereo Mixer（立体声混合器）参数设置面板如图5.16所示。

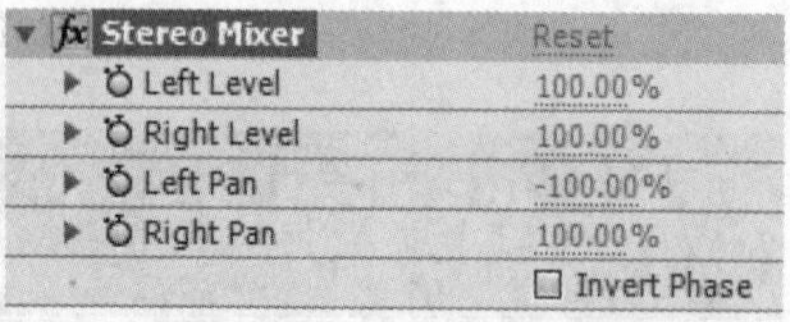

图5.16 立体声混合器参数设置面板

5.2.10 Tone（音调）

该特效可以轻松合成固定音调，产生各种常见的科技声音。如隆隆声、铃声、警笛声和爆炸声

等，可以通过修改5个音调产生和弦，以产生各种声音。Tone（音调）参数设置面板如图5.17所示。

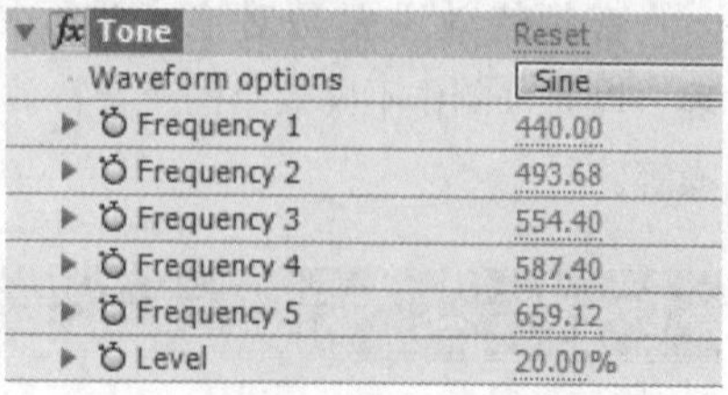

图5.17 音调参数设置面板

5.3 Blur & Sharpen（模糊与锐化）特效组

Blur & Sharpen（模糊与锐化）特效组主要是对图像进行各种模糊和锐化处理，各种特效的应用方法和含义介绍如下。

5.3.1 Bilateral Blur（左右对称模糊）

该特效将图像按左右对称的方向进行模糊处理，其参数设置及应用前后效果如图5.18所示。

图5.18 应用左右对称模糊的前后效果及参数设置

5.3.2 Box Blur（盒状模糊）

该特效将图像按盒子的形状进行模糊处理，在图像的四周形成一个盒状的边缘效果，其参数设置及应用前后效果如图5.19所示。

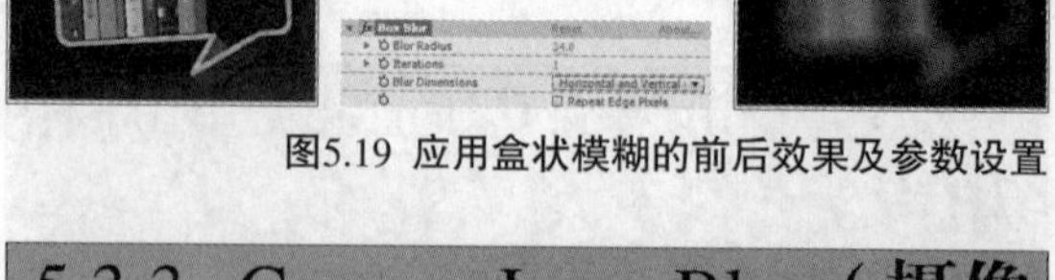

图5.19 应用盒状模糊的前后效果及参数设置

5.3.3 Camera Lens Blur（摄像机模糊）

该特效是运用摄像机原理，将物体进行模糊处

理，如图5.20所示。

图5.20 应用摄像机模糊的前后效果及参数设置

5.3.4 CC Cross Blur（CC交叉模糊）

该特效可以通过设置水平或垂直半径创建十字形模糊效果。该特效的参数设置及应用前后效果如图5.21所示。

图5.21 应用CC交叉模糊的前后效果及参数设置

5.3.5 CC Radial Blur（CC 放射模糊）

该特效可以将图像按多种放射状的模糊方式进行处理，使图像产生不同模糊效果，其参数设置及应用前后效果如图5.22所示。

图5.22 应用CC 放射模糊的前后效果及参数设置

5.3.6 CC Radial Fast Blur（CC快速放射模糊）

该特效可以产生比CC 放射模糊更快的模糊效果。该特效的参数设置及应用前后效果如图5.23所示。

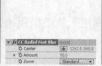

图5.23 应用CC 快速放射模糊的前后效果及参数

5.3.7 CC Vector Blur（CC矢量模糊）

该特效可以通过Type（模糊方式）对图像进行不同样式的模糊处理。该特效的参数设置及应用前后效果如图5.24所示。

图5.24 应用CC矢量模糊的前后效果及参数设置

5.3.8 Channel Blur（通道模糊）

该特效可以分别对图像的红、绿、蓝或Alpha这几个通道进行模糊处理。该特效的参数设置及应用前后效果如图5.25所示。

图5.25 应用通道模糊的前后效果及参数设置

5.3.9 Compound Blur（复合模糊）

该特效可以根据指定的层画面的亮度值，对应用特效的图像进行模糊处理，用一个层去模糊另一个层效果。该特效的参数设置及应用前后效果如图5.26所示。

图5.26 应用复合模糊的前后效果及参数设置

5.3.10 Directional Blur（方向模糊）

该特效可以指定一个方向，并使图像按这个指定的方向进行模糊处理，可以产生一种运动的效果。该特效的参数设置及应用前后效果如图5.27所示。

图5.27 应用方向模糊的前后效果及参数设置

5.3.11 Fast Blur（快速模糊）

该特效可以产生比高斯模糊更快的模糊效果。该特效的参数设置及应用前后效果如图5.28所示。

图5.28 应用快速模糊的前后效果及参数设置

5.3.12 Gaussian Blur（高斯模糊）

该特效是通过高斯运算在图像上产生大面积的模糊效果。该特效的参数设置及应用前后效果如图5.29所示。

图5.29 应用高斯模糊的前后效果及参数设置

5.3.13 Radial Blur（径向模糊）

该特效可以模拟摄像机快速变焦和旋转镜头时所产生的模糊效果。该特效的参数设置及应用前后效果如图5.30所示。

图5.30 应用径向模糊的前后效果及参数设置

5.3.14 Reduce Interlace Flicker（降低交错闪烁）

该特效用于降低过高的垂直频率，消除超过安全级别的行间闪烁，使图像更适合在隔行扫描设置（如NTSC视频）上使用。一般常用值在1~5之间，值过大会影响图像效果。其参数设置面板如图5.31所示。

图5.31 降低交错闪烁参数设置面板

5.3.15 Sharpen（锐化）

该特效可以提高相邻像素的对比程度，从而达到图像清晰度的效果。该特效的参数设置及应用前后效果如图5.32所示。

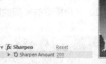

图5.32 应用锐化的前后效果及参数设置

5.3.16 Smart Blur（精确模糊）

该特效在你选择的距离内搜索计算不同的像素，然后使这些不同的像素产生相互渲染的效果，并对图像的边缘进行模糊处理。该特效的参数设置及应用前后效果如图5.33所示。

图5.33 应用精确模糊的前后效果及参数设置

5.3.17 Unsharp Mask（非锐化蒙版）

该特效与锐化命令相似，用来提高相邻像素的对比程度，从而达到图像清晰度的效果。和Sharpen不同的是，它不对颜色边缘进行突出，看上去是整体对比度增强。该特效的参数设置及应用前后效果如图5.34所示。

图5.34 应用非锐化蒙版的前后效果及参数设置

5.4 Channel（通道）特效组

Channel（通道）特效组用来控制、抽取、插入和转换一个图像的通道，对图像进行混合计算。各种特效的应用方法和含义如下。

5.4.1 Arithmetic（通道算法）

该特效利用对图像中的红、绿、蓝通道进行简单的运算，对图像色彩效果进行控制。该特效的参数设置及应用前后效果如图5.35所示。

图5.35 应用通道算法的前后效果及参数设置

5.4.2 Blend（混合）

该特效将两个层中的图像按指定方式进行混合，以产生混合后的效果。该特效应用在位于上方的图像上，有时叫该层为特效层，让其与下方的图像（混合层）进行混合，构成新的混合效果。该特效的参数设置及应用前后效果如图5.36所示。

图5.36 应用混合的前后效果及参数设置

5.4.3 Calculations（计算）

该特效与Blend（混合）有相似之处，但比混合有更多的选项操作，通过通道和层的混合产生多种特效效果。该特效的参数设置及应用前后效果如图5.37所示。

图5.37 应用计算的前后效果及参数设置

5.4.4 CC Composite（CC 组合）

该特效可以通过与源图像合成的方式来对图像进行调节。该特效的参数设置及应用前后效果，如图5.38所示。

图5.38 应用CC 组合的前后效果及参数设置

5.4.5 Channel Combiner（通道组合器）

该特效可以通过指定某层的图像的颜色模式或通道、亮度、色相等信息来修改源图像，也可以直接通过模式的转换或通道、亮度、色相等的转换，来修改源图像。其修改可以通过From（从）和To（到）的对应关系来进行。该特效的参数设置及图像前后效果如图5.39所示。

图5.39 应用通道组合器的前后效果及参数设置

5.4.6 Compound Arithmetic（复合算法）

该特效通过通道和模式应用及和其他视频轨道图像的复合，制作出复合的图像效果。该特效的参数设置及应用前后效果如图5.40所示。

图5.40 应用复合算法的前后效果及参数设置

5.4.7 Invert（反转）

该特效可以将指定通道的颜色反转成相应的补色。该特效的参数设置及应用前后效果如图5.41所示。

图5.41 应用反转的前后效果及参数设置

5.4.8 Minimax（最小最大值）

该特效能够以最小、最大值的形式减小或放大某个指定的颜色通道，并在许可的范围内填充指定的颜色。该特效的参数设置及应用前后效果如图5.42所示。

图5.42 应用最小最大值的前后效果及参数设置

5.4.9 Remove Color Matting（删除颜色蒙版）

该特效用来消除或改变蒙版的颜色，常用于删除带有Premultiplied Alpha通道的蒙版颜色。应用该特效的参数设置及应用前后效果如图5.43所示。该特效的参数Background Color（背景颜色）可以单击右侧的颜色块，打开拾色器来改变颜色，也可以利用吸管在图像中吸取颜色，以删除或修改蒙版中的颜色。

图5.43 应用删除颜色蒙版的前后效果及参数设置

5.4.10 Set Channels（通道设置）

该特效可以复制其他层的通道到当前颜色通道中。例如，从源层中选择某一层后，在通道中选择一个通道，就可以将该通道颜色应用到源层图像中。该特效的参数设置及应用前后效果如图5.44所示。

图5.44 应用通道设置的前后效果及参数设置

5.4.11 Set Matte（遮罩设置）

该特效可以将其他图层的通道设置为本层的遮罩，通常用来创建运动遮罩效果。该特效的参数设置及应用前后效果如图5.45所示。

图5.45 应用遮罩设置的前后效果及参数设置

5.4.12 Shift Channels（通道转换）

该特效用来在本层的RGBA通道之间转换，主要对图像的色彩和亮暗产生效果，也可以消除某种颜色。该特效的参数设置及应用前后效果如图5.46所示。

图5.46 应用通道转换的前后效果及参数设置

5.4.13 Solid Composite（固态合成）

该特效可以指定当前层的透明度，也可以指定一种颜色通过层模式和透明度的设置来合成图像。该特效的参数设置及应用前后效果如图5.47所示。

图5.47 应用固态合成的前后效果及参数设置

5.5 Color Correction（色彩校正）特效组

在图像处理过程中经常需要进行图像颜色调整工作，如调整图像的色彩、色调、明暗度及对比度等。本节将详细介绍有关图像色彩校正命令的使用方法。

5.5.1 Auto Color（自动颜色）

该特效将对图像进行自动色彩的调整，图像值如果和自动色彩的值相近，图像应用该特效后变化效果较小。该特效的参数设置及应用前后效果如图5.48所示。

图5.48 应用自动颜色的前后效果及参数设置

5.5.2 Auto Contrast（自动对比度）

该特效将对图像的自动对比度进行调整，如果图像值和自动对比度的值相近，应用该特效后图像变化效果较小。该特效的参数设置及应用前后效果如图5.49所示。

图5.49 应用自动对比度的前后效果及参数设置

5.5.3 Auto Levels（自动色阶）

该特效对图像进行自动色阶的调整，如果图像值和自动色阶的值相近，应用该特效后图像变化效果较小。该特效的参数设置及应用前后效果如图5.50所示。

图5.50 应用自动色阶的前后效果及参数设置

5.5.4 Black & White（黑白）

该特效主要用来处理各种黑白图像，创建各种风格的黑白效果，且可编辑性很强。它还可以通过简单的色调应用，如图5.51所示，将彩色图像或灰度图像处理成单色图像。

图5.51 应用黑白的前后效果及参数设置

5.5.5 课堂案例——制作黑白图像

📖 **实例说明**

本例主要讲解利用Black & White（黑白）特效制作黑白图像效果，完成的动画流程画面，如图5.52所示。

工程文件：工程文件\第5章\黑白图像
视频：视频\5.5.5 课堂案例——制作黑白图像.avi

图5.52 黑白图像动画流程画面

 知识点

1.Black & White（黑白）特效。

2.Rectangle Tool（矩形工具）■。

① 执行菜单栏中的File（文件）|Open Project（打开项目）命令，选择配套资源中的"工程文件\第5章\黑白图像\黑白图像练习.aep"文件，将文件打开，合成窗口效果8.53所示。

② 为"图.jpg"层添加Black & White（黑白）特效。在Effects & Presets（效果和预置）面板中展开Color Correction（色彩校正）特效组，然后双击Black & White（黑白）特效，合成窗口效果如图5.54所示。

图5.53 特效前效果　　　图5.54 特效后效果

③ 在时间线面板中，选中"图.jpg"层，在工具栏中选择Rectangle Tool（矩形工具）■，绘制一个矩形路径，设置Mask Feather（蒙版羽化）的值为（118，118）；将时间调整到00:00:00:00帧的位置，单击Mask Path（蒙版路径）左侧的码表 按钮，在当前位置设置关键帧，如图5.55所示。

④ 将时间调整到00:00:01:24帧的位置，选择左侧的两个锚点向右拖动，系统会自动设置关键帧，如图5.56所示。

图5.55 关键帧前　　　图5.56 关键帧后

⑤ 这样就完成了黑白图像的整体制作，按小键盘上的0键，即可在合成窗口中预览动画。

5.5.6 Brightness & Contrast（亮度和对比度）

该特效主要对图像的亮度和对比度进行调节。该特效的参数设置及应用前后效果如图5.57所示。

图5.57 应用亮度和对比度的前后效果及参数设置

5.5.7 Broadcast Colors（广播级颜色）

该特效主要对影片像素的颜色值进行测试，因为电脑本身与电视播放色彩有很大的差别，电视设备仅能表现某个幅度以下的信号，使用该特效就可以测试影片的亮度和饱和度是否在某个幅度以下的信号安全范围内，以免发生不理想的电视画面效果。该特效的参数设置及应用前后效果如图5.58所示。

图5.58 应用广播级颜色的前后效果及参数设置

5.5.8 CC Color Offset（CC色彩偏移）

该特效主要是对图像的Red（红）、Green（绿）、Blue（蓝）相位进行调节。该特效的参数设置及应用前后效果如图5.59所示。

图5.59 应用CC色彩偏移的前后效果及参数设置

5.5.9　CC Toner（CC调色）

该特效通过对图像的高光颜色、中间色调和阴影颜色的调节来改变图像的颜色。该特效的参数设置及应用前后效果如图5.60所示。

图5.60　应用CC调色的前后效果及参数设置

5.5.10　Change Color（改变颜色）

该特效可以通过Color To Change（颜色改变）右侧的色块或吸管来设置图像中的某种颜色，然后通过色相、饱和度和亮度等对图像进行颜色的改变。该特效的参数设置及应用前后效果如图5.61所示。

图5.61　应用改变颜色的前后效果及参数设置

5.5.11　Change to Color（转换颜色）

该特效通过颜色的选择可以将一种颜色直接改变为另一颜色，在用法上与Change Color（改变颜色）特效有很大的相似之处。该特效的参数设置及应用前后效果如图5.62所示。

图5.62　应用转换颜色的前后效果及参数设置

5.5.12　课堂案例——改变影片颜色

实例说明

本例主要讲解利用Change to Color（转换颜色）特效制作改变影片颜色效果，完成的动画流程画面如图5.63所示。

工程文件：工程文件\第5章\改变影片颜色
视频：视频\5.5.12 课堂案例——改变影片颜色.avi

图5.63　改变影片颜色动画流程画面

知识点

Change to Color（转换颜色）特效。

① 执行菜单栏中的File（文件）|Open Project（打开项目）命令，选择配套资源中的"工程文件\第5章\改变影片颜色\改变影片颜色练习.aep"文件，将文件打开。

② 为"动画学院大讲堂.mov"层添加Change to Color（转换颜色）特效。在Effects & Presets（效果和预置）面板中展开Color Correction（色彩校正）特效组，然后双击Change to Color（转换颜色）特效。

③ 在Effect Controls（特效控制）面板中，修改Change to Color（转换颜色）特效的参数，设置From（从）为蓝色（R：0，G：55，B：235），如图5.64所示，合成窗口效果如图5.65所示。

图5.64　设置参数　　　　图5.65　设置参数后效果

④ 这样就完成了改变影片颜色的整体制作，按小键盘上的0键，即可在合成窗口中预览动画。

5.5.13　Channel Mixer（通道混合）

该特效主要通过修改一个或多个通道的颜色值来调整图像的色彩。该特效的参数设置及应用前后效果如图5.66所示。

图5.66　应用通道混合的前后效果及参数设置

5.5.14 Color Balance（色彩平衡）

该特效通过调整图像暗部、中间色调和高光的颜色强度来调整素材的色彩均衡。该特效的参数设置及应用前后效果如图5.67所示。

图5.67 应用色彩平衡的前后效果及参数设置

5.5.15 Color Balance（HLS）（色彩平衡（HLS））

该特效与Color Balance（色彩平衡）很相似，不同的是该特效不是调整图像的RGB而是HLS，即调整图像的色相、亮度和饱和度各项参数，以改变图像的颜色。该特效的参数设置及应用前后效果如图5.68所示。

图5.68 应用色彩平衡的前后效果及参数设置

5.5.16 Color Link（颜色链接）

该特效将当前图像的颜色信息覆盖在当前层上，以改变当前图像的颜色，通过透明度的修改，可以使图像有透过玻璃看画面的效果。该特效的参数设置及应用前后效果如图5.69所示。

图5.69 应用颜色链接的前后效果及参数设置

5.5.17 Color Stabilizer（颜色稳定器）

该特效通过选择不同的稳定方式，然后在指定点通过区域添加关键帧对色彩进行设置。该特效的参数设置及应用前后效果如图5.70所示。

图5.70 应用颜色稳定器的前后效果及参数设置

5.5.18 Colorama（彩光）

该特效可以将色彩以自身为基准按色环颜色变化的方式周期变化，产生梦幻彩色光的填充效果。该特效的参数设置及应用前后效果如图5.71所示。

图5.71 应用彩光的前后效果及参数设置

5.5.19 Curves（曲线）

该特效可以通过调整曲线的弯曲度或复杂度，来调整图像的亮区和暗区的分布情况。该特效的参数设置及应用前后效果如图5.72所示。

图5.72 应用曲线的前后效果及参数设置

5.5.20 Equalize（补偿）

该特效可以通过Equalize中的RGB、Brightness（亮度）或Photoshop Style 3种方式对图像进行色彩补偿，使图像色阶平均化。该特效的参数设置及应用前后效果如图5.73所示。

图5.73 应用补偿的前后效果及参数设置

5.5.21 Exposure（曝光）

该特效用来调整图像的曝光程度，可以通过通道的选择来设置图像曝光的通道。该特效的参数设置及应用前后效果如图5.74所示。

图5.74 应用曝光的前后效果及参数设置

5.5.22 Gamma / Pedestal / Gain（伽马/基准/增益）

该特效可以对图像的各个通道值进行控制，以细致地改变图像的效果。该特效的参数设置及应用前后效果如图5.75所示。

图5.75 应用伽马/基准/增益的前后效果及参数

5.5.23 Hue / Saturation（色相/饱和度）

该特效可以控制图像的色彩和色彩的饱和度，还可以将多彩的图像调整成单色画面效果，做成单色图像。该特效的参数设置及前后效果如图5.76所示。

图5.76 应用色相/饱和度的前后效果及参数设置

5.5.24 Leave Color（保留颜色）

该特效可以通过设置颜色来指定图像中保留的颜色，将其他的颜色转换为灰度效果。为了突出紫色的花朵，将保留颜色设置为花朵的紫色，而其他颜色就转换成了灰度效果。该特效的参数设置及应用前后效果如图5.77所示。

图5.77 应用保留颜色的前后效果及参数设置

5.5.25 Levels（色阶）

该特效将亮度、对比度和伽马等功能结合在一起，对图像进行明度、阴暗层次和中间色彩的调整。该特效的参数设置及前后效果如图5.78所示。

图5.78 应用色阶的前后效果及参数设置

5.5.26 Levels（Individual Controls）（单独色阶控制）

该特效与Levels（色阶）应用方法相同，只是在控制图像的亮度、对比度和伽马值时，对图像的通道进行单独的控制，更细化了控制的效果。该特效的参数设置及前后效果如图5.79所示。

图5.79 应用单独色阶控制的前后效果及参数设置

5.5.27 Photo Filter（照片过滤器）

该特效可以将图像调整成照片级别，以使其看上去更加逼真。该特效的参数设置及应用前后效果如图5.80所示。

图5.80 应用照片过滤器的前后效果及参数设置

5.5.28 PS Arbitrary Map（Photoshop曲线图）

该特效应用在Photoshop的映像设置文件上，通过相位的调整来改变图像效果。该特效的参数设置及前后效果如图5.81所示。

图5.81 应用PS曲线图的前后效果及参数设置

5.5.29 Selective Color（可选颜色）

该特效可对图像中的指定颜色进行校正，以调整图像中不平衡的颜色，其最大的好处就是可以单独调整某一种颜色，而不影响其他颜色，如图5.82所示。

图5.82 应用可选颜色的前后效果及参数设置

5.5.30 Shadow / Highlight（阴影/高光）

该特效用于对图像中的阴影和高光部分进行调整，其参数设置及应用前后效果如图5.83所示。

图5.83 应用阴影/高光的前后效果及参数设置

5.5.31 Tint（色调）

该特效可以通过指定的颜色对图像进行颜色映射处理，其参数设置及应用前后效果如图5.84所示。

图5.84 应用色调的前后效果及参数设置

5.5.32 Tritone（调色）

该特效与CC Toner（CC调色）的应用方法相同。该特效的参数设置及前后效果如图5.85所示。

图5.85 应用CC调色的前后效果及参数设置

5.5.33 Vibrance（自然饱和度）

该特效在调节图像饱和度的时候会保护已经饱和的像素，即在调整时会大幅增加不饱和像素的饱和度，而对已经饱和的像素只做很少、很细微的调整，这样不但能够增加图像某一部分的色彩，而且还能使整幅图像饱和度正常，如图5.86所示。

图5.86 应用自然饱和度的前后效果及参数设置

5.6 Distort（扭曲）特效组

Distort（扭曲）特效组主要应用不同的形式对图像进行扭曲变形处理。各种特效的应用方法和含义如下。

5.6.1 Bezier Warp（贝塞尔曲线变形）

该特效在层的边界上沿一个封闭曲线来变形图像。图像每个角有3个控制点，角上的点为顶点，用来控制线段的位置，顶点两侧的两个点为切点，用来控制线段的弯曲曲率。该特效的参数设置及应用前后效果，如图5.87所示。

图5.87 应用贝塞尔曲线变形的前后效果及参数

5.6.2 Bulge（凹凸效果）

该特效可以使物体区域沿水平轴和垂直轴扭曲变形，制作类似通过透镜观察对象的效果。该特效的参数设置及应用前后效果，如图5.88所示。

图5.88 应用凹凸效果的前后效果及参数设置

5.6.3 CC Bend It（CC 2点弯曲）

该特效可以利用图像2个边角坐标位置的变化对图像进行变形处理，主要是用来根据需要定位图像，可以拉伸、收缩、倾斜和扭曲图形。该特效的参数设置及应用前后效果如图5.89所示。

图5.89 应用CC 2点弯曲的前后效果及参数设置

5.6.4 CC Bender（CC 弯曲）

该特效可以通过指定顶部和底部的位置对图像进行弯曲处理。该特效的参数设置及应用前后效果如图5.90所示。

图5.90 应用CC 弯曲的前后效果及参数设置

5.6.5 CC Blobbylize（CC 融化）

该特效主要是通过Blobbiness（滴状斑点）、Light（光）和Shading（阴影）3个特效组的参数来调节图像的滴状斑点效果。该特效的参数设置及应用前后效果如图5.91所示。

图5.91 应用CC 融化的前后效果及参数设置

5.6.6 CC Flo Motion（CC 液化流动）

该特效可以利用图像2个边角坐标位置的变化对图像进行变形处理。该特效的参数设置及应用前后效果如图5.92所示。

图5.92 应用CC 液化流动的前后效果及参数设置

5.6.7 CC Griddler（CC 网格变形）

该特效可以使图像产生错位的网格效果。该特效的参数设置及应用前后效果如图5.93所示。

图5.93 应用CC 网格变形的前后效果及参数设置

5.6.8 CC Lens（CC 镜头）

该特效可以使图像变形成为镜头的形状。该特效的参数设置及应用前后效果如图5.94所示。

图5.94 应用CC 镜头的前后效果及参数设置

5.6.9 CC Page Turn（CC 卷页）

该特效可以使图像产生书页卷起的效果。该特效的参数设置及应用前后效果如图5.95所示。

图5.95 应用CC 卷页的前后效果及参数设置

5.6.10 课堂案例——利用CC卷页制作卷页效果

📖 实例说明

本例主要讲解利用CC Page Turn（CC卷页）特效制作卷页效果，通过本例的制作，掌握CC Page Turn（CC卷页）特效的使用。本例最终的动画流程效果，如图5.96所示。

工程文件：工程文件\第5章\卷页效果
视频：视频\5.6.10 课堂案例——利用CC 卷页制作卷页效果.avi

图5.96 卷页动画流程效果

 知识点

　　CC Page Turn（CC 卷页）特效。

01 执行菜单栏中的File（文件）|Open Project（打开项目）命令，选择配套资源中的"工程文件\第5章\卷页效果\卷页效果练习.aep"文件，将文件打开。

02 为"书页1"层添加CC Page Turn（CC 卷页）特效。在Effects & Presets（效果和预置）面板中展开Distort（扭曲）特效组，然后双击CC Page Turn（CC 卷页）特效。

03 在Effect Controls（特效控制）面板中，修改CC Page Turn（CC 卷页）特效的参数，设置Fold Direction（折叠方向）的值为−104；将时间调整到00:00:00:00帧的位置，设置Fold Position（折叠位置）的值为（680，236），单击Fold Position（折叠位置）左侧的码表 按钮，在当前位置设置关键帧。

04 将时间调整到00:00:01:00帧的位置，设置Fold Position（折叠位置）的值为（−48，530），系统会自动设置关键帧，如图5.97所示，合成窗口效果如图5.98所示。

图5.97 设置关键帧　　图5.98 设置关键帧后效果

05 为"书页2"层添加CC Page Turn（CC 卷页）特效。在Effects & Presets（效果和预置）面板中展开Distort（扭曲）特效组，然后双击CC Page Turn（CC 卷页）特效。

06 在Effect Controls（特效控制）面板中，修改

CC Page Turn（CC 卷页）特效的参数，设置Fold Direction（折叠方向）的值为−104；将时间调整到00:00:01:00帧的位置，设置Fold Position（折叠位置）的值为（680，236），单击Fold Position（折叠位置）左侧的码表 按钮，在当前位置设置关键帧。

07 将时间调整到00:00:02:00帧的位置，设置Fold Position（折叠位置）的值为（−48，530），系统会自动设置关键帧，如图5.99所示，合成窗口效果如图5.100所示。

图5.99 设置书页2的关键帧　图5.100 设置书页2关键帧后效果

08 这样就完成了卷页效果的整体制作，按小键盘上的0键，即可在合成窗口中预览动画。

5.6.11 CC Power Pin（CC 四角缩放）

　　该特效可以利用图像4个边角坐标位置的变化对图像进行变形处理，主要是用来根据需要定位图像，可以拉伸、收缩、倾斜和扭曲图形，也可以用来模拟透视效果。当选择CC Power Pin（CC 四角缩放）特效时，在图像上将出现4个控制柄，可以通过拖动这4个控制柄来调整图像的变形。该特效的参数设置及应用前后效果如图5.101所示。

图5.101 应用CC 四角缩放的前后效果及参数设置

　　该特效可以利用图像上控制柄位置的变化对图像进行变形处理，在适当的位置为控制柄的中心创建关键帧，控制柄划过的位置会产生波纹效果的扭

曲。该特效的参数设置及应用前后效果如图5.102所示。

图5.102 应用CC波纹扩散的前后效果及参数设置

5.6.12 CC Slant（CC 倾斜）

该特效可以使图像产生平行倾斜的效果。该特效的参数设置及应用前后效果如图5.103所示。

图5.103 应用CC倾斜的前后效果及参数设置

5.6.13 CC Smear（CC 涂抹）

该特效通过调节2个控制点的位置及涂抹范围的多少和涂抹半径的大小来调整图像，使图像产生变形效果。该特效的参数设置及应用前后效果如图5.104所示。

图5.104 应用CC涂抹的前后效果及参数设置

5.6.14 CC Split（CC 分裂）

该特效可以使图像在2个分裂点之间产生分裂，通过调节Split（分裂）值的大小来控制图像分裂的大小。该特效的参数设置及应用前后效果如图5.105所示。

图5.105 应用CC分裂的前后效果及参数设置

5.6.15 CC Split2（CC 分裂2）

该特效与CC Split（CC 分裂）的使用方法相同，只是CC Split2（CC 分裂2）中可以分别调节分裂点两边的分裂程度。该特效的参数设置及应用前后效果如图5.106所示。

图5.106 应用CC分裂2的前后效果及参数设置

5.6.16 CC Tiler（CC 拼贴）

该特效可以将图像进行水平和垂直的拼贴，产生类似在墙上贴瓷砖的效果。该特效的参数设置及应用前后效果如图5.107所示。

图5.107 应用CC拼贴的前后效果及参数设置

5.6.17 Corner Pin（边角扭曲）

该特效可以利用图像4个边角坐标位置的变化对图像进行变形处理，主要是用来根据需要定位图像，可以拉伸、收缩、倾斜和扭曲图形，也可以用来模拟透视效果。当选择Corner Pin（边角扭曲）特效时，在图像上将出现4个控制柄，可以通过拖动这4个控制柄来调整图像的变形。该特效的参数设置及应用前后效果如图5.108所示。

图5.108 应用边角扭曲的前后效果及参数设置

5.6.18 Displacement Map（置换贴图）

该特效可以指定一个层作为置换贴图层，应用贴图置换层的某个通道值对图像进行水平或垂直方向的变形。应用该特效的参数设置及应用前后效果如图5.109所示。

图5.109 应用置换贴图的前后效果及参数设置

5.6.19 Liquify（液化）

该特效通过工具栏中的相关工具，直接拖动鼠标来扭曲图像，使图像产生自由的变形效果。该特效的参数设置如图5.110所示。

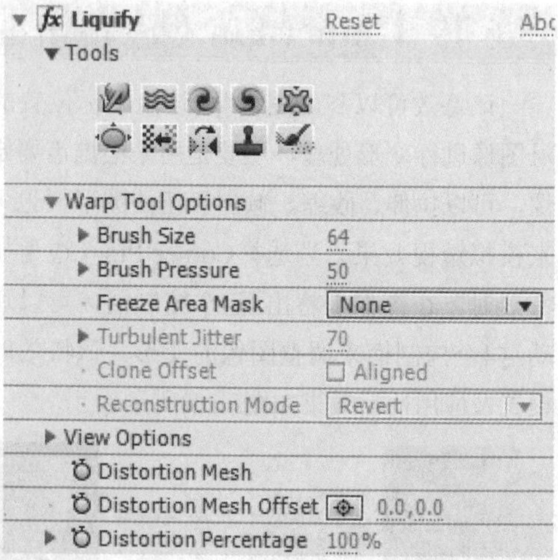

图5.110 液化参数设置面板

5.6.20 Magnify（放大镜）

该特效可以使图像产生类似放大镜的扭曲变形效果。应用该特效的参数设置及应用前后效果如图5.111所示。

图5.111 应用放大镜的前后效果及参数设置

5.6.21 课堂案例——利用放大镜制作放大动画

实例说明

本例主要讲解利用Magnify（放大镜）制作放大镜动画效果，完成的动画流程画面如图5.112所示。

工程文件：工程文件\第5章\放大动画
视频：视频\5.6.22 课堂案例——利用放大镜制作放大动画.avi

图5.112 放大动画流程画面

知识点

Magnify（放大镜）。

01 执行菜单栏中的File（文件）|Open Project（打开项目）命令，选择配套资源中的"工程文件\第5章\放大镜动画\放大镜动画练习.aep"文件，将文件打开。

02 选中"放大镜.tga"层，按S键打开Scale（缩放）属性，设置Scale（缩放）的值为（39，39）；将时间调整到00:00:00:00帧的位置，按P键打开Position（位置）属性，设置Position（位置）的值为（162，188），单击Position（位置）左侧的码表按钮，在当前位置设置关键帧。

03 将时间调整到00:00:02:24帧的位置，设置Position（位置）的值为（704，344），系统会自动设置关键帧，如图5.113所示。

图5.113 设置位置关键帧

04 为"图.jpg"层添加Magnify（放大镜）特效。在Effects & Presets（效果和预置）面板中展开Distort（扭曲）特效组，然后双击Magnify（放大镜）特效。

05 在Effect Controls（特效控制）面板中，修改Magnify（放大镜）特效的参数，设置Magnification

（放大）的值为200，Size（大小）的值为52；将时间调整到00:00:00:00帧的位置，设置Center（中心）的值为（116，146），单击Center（中心）左侧的码表 🕐 按钮，在当前位置设置关键帧。

06 将时间调整到00:00:02:24帧的位置，设置Center（中心）的值为（611，303），系统会自动设置关键帧，如图5.114所示，合成窗口效果如图5.115所示。

图5.114 设置放大镜参数　　图5.115 设置放大镜后效果

07 这样就完成了放大镜动画效果的整体制作，按小键盘上的0键，即可在合成窗口中预览动画。

5.6.22 Mesh Warp（网格变形）

该特效在图像上产生一个网格，通过控制网格上的贝塞尔点来使图像变形，对于网格变形的效果控制，更多的是在合成图像中通过鼠标拖曳网格的贝塞尔点来完成。该特效的参数设置及应用前后效果如图5.116所示。

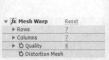

图5.116 应用网格变形的前后效果及参数

5.6.23 Mirror（镜像）

该特效可以按照指定的方向和角度将图像沿一条直线分割为两部分，制作出镜像效果。该特效的参数设置及应用前后效果如图5.117所示。

图5.117 应用镜像的前后效果及参数设置

5.6.24 Offset（偏移）

该特效可以对图像自身进行混合运动，产生半透明的位移效果。该特效的参数设置及应用前后效果如图5.118所示。

图5.118 应用偏移的前后效果及参数设置

5.6.25 Optics Compensation（光学变形）

该特效可以使画面沿指定点水平、垂直或对角线产生光学变形，制作类似摄像机的透视效果。该特效的参数设置及应用前后效果如图5.119所示。

图5.119 应用光学变形的前后效果及参数设置

5.6.26 Polar Coordinates（极坐标）

该特效可以将图像的直角坐标和极坐标进行相互转换，产生变形效果。该特效的参数设置及应用前后效果如图5.120所示。

图5.120 应用极坐标的前后效果及参数设置

5.6.27 Reshape（形变）

该特效可以借助几个蒙版，通过重新限定图像形状，产生变形效果。其参数设置面板如图5.121所示。

fx Reshape	Reset	Abo
Source Mask	None	▼
Destination Mask	None	▼
Boundary Mask	None	▼
▶ Ö Percent	30.0%	
Ö Elasticity	Stiff	▼
▶ Ö Correspondence Points		
Ö Interpolation Method	Discrete	▼

图5.121 形变参数设置面板

5.6.28 Ripple（波纹）

该特效可以使图像产生类似水面波纹的效果。该特效的参数设置及应用前后效果如图5.122所示。

图5.122 应用波纹的前后效果及参数设置

5.6.29 Smear（涂抹）

该特效通过一个蒙版来定义涂抹笔触，另一个蒙版来定义涂抹范围，通过改变涂抹笔触的位置和旋转角度产生一个类似蒙版的特效生成框，以此框来涂抹当前图像，产生变形效果。该特效的参数设置及应用前后效果如图5.123所示。

图5.123 应用涂抹的前后效果及参数设置

5.6.30 Spherize（球面化）

该特效可以使图像产生球形的扭曲变形效果。该特效的参数设置及应用前后效果如图5.124所示。

图5.124 应用球面化的前后效果及参数设置

5.6.31 Transform（变换）

该特效可以对图像的位置、尺寸、透明度、倾斜度和快门角度等进行综合调整，以使图像产生扭曲变形效果。该特效的参数设置及应用前后效果如图5.125所示。

图5.125 应用变换的前后效果及参数设置

5.6.32 Turbulent Displace（动荡置换）

该特效可以使图像产生各种凸起、旋转等动荡不安的效果。该特效的参数设置及应用前后效果如图5.126所示。

图5.126 应用动荡置换的前后效果及参数设置

5.6.33 Twirl（扭转）

该特效可以使图像产生一种沿指定中心旋转变形的效果。该特效的参数设置及应用前后效果如图5.127所示。

图5.127 应用扭转的前后效果及参数设置

5.6.34 Warp（变形）

该特效可以以变形样式为准，通过参数的修改将图像进行多方面的变形处理，产生如弧形、拱形等形状的变形效果。该特效的参数设置及应用前后效果如图5.128所示。

图5.128 应用变形的前后效果及参数设置

5.6.35 Wave Warp（波浪变形）

该特效可以使图像产生一种类似水波浪的扭曲效果。该特效的参数设置及应用前后效果如图5.129所示。

图5.129 应用波浪变形的前后效果及参数设置

5.7 Generate（创造）特效组

Generate（创造）特效组可以在图像上创造各种常见的特效。

5.7.1 4-Color Gradient（四色渐变）

该特效可以在图像上创建一个4色渐变效果，用来模拟霓虹灯、流光溢彩等梦幻的效果。该特效的参数设置及应用前后效果如图5.130所示。

图5.130 应用四色渐变的前后效果及参数设置

5.7.2 Advanced Lightning（高级闪电）

该特效可以模拟产生自然界中的闪电效果，并通过参数的修改，产生各种闪电的形状。该特效的参数设置及应用前后效果如图5.131所示。

图5.131 应用高级闪电的前后效果及参数设置

5.7.3 Audio Spectrum（声谱）

该特效可以利用声音文件，将频谱显示在图像上，可以通过频谱的变化，了解声音频率，可将声音作为科幻与数位的专业效果表示出来，更可提高音乐的感染力。该特效的参数设置及应用前后效果如图5.132所示。

图5.132 应用声谱的前后效果及参数设置

5.7.4 Audio Waveform（音波）

该特效可以利用声音文件，以波形振幅方式显示在图像上，并可通过自定路径，修改声波的显示方式，形成丰富多彩的声波效果。该特效的参数设置及应用前后效果如图5.133所示。

图5.133 应用音波前后效果及参数设置

5.7.5 课堂案例——利用音波制作电光线效果

📖 **实例说明**

本例主要讲解Audio Waveform（音波）特效制作电光线效果，通过本例的制作，掌握Audio Waveform（音波）特效的使用技巧。本例最终的动画流程效果，如图5.134所示。

工程文件　工程文件\第5章\电光线效果
视频：视频\5.7.5 课堂案例——利用音波制作电光线效果.avi

图5.134 电光线动画流程效果

📖 **知识点**

1. Solid（固态层）。

2. Audio Waveform（音波）特效。

01 执行菜单栏中的File（文件）|Open Project（打开项目）命令，选择配套资源中的"工程文件\第5章\电光线效果\电光线效果练习.aep"文件，将文件打开。

02 执行菜单栏中的Layer（层）|New（新建）|Solid（固态层）命令，打开Solid Settings（固态层设置）对话框，设置Name（名称）为"电光线"，Color（颜色）为黑色。

03 为"电光线"层添加Audio Waveform（音波）特效。在Effects & Presets（效果和预置）面板中展开Generate（创造）特效组，然后双击Audio

Waveform（音波）特效。

04 在Effect Controls（特效控制）面板中，修改Audio Waveform（音波）特效的参数，设置Audio Layer（音频层）菜单中选择"音频.mp3"，Start Point（开始点）的值为（64，366），End Point（结束点）的值为（676，370），Displayed Samples（显示采样）的值为80，Maximum Height（最大振幅）的值为300，Audio Duration（音频长度）的值为900，Thickness（宽度）的值为6，Inside Color（内部颜色）为白色，Outside Color（外围颜色）为青色（R：0，G：174，B：255），如图5.135所示，合成窗口效果如图5.136所示。

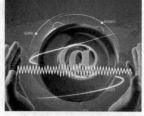

图5.135 设置音波参数　　图5.136 设置音波后效果

05 这样就完成了电光线效果的整体制作，按小键盘上的0键，即可在合成窗口中预览动画。完成的动画流程画面如图5.137所示。

图5.137 动画流程画面

5.7.6 Beam（激光）

该特效可以模拟激光束移动，制作出瞬间划过的光速效果。如流星、飞弹等。该特效的参数设置及应用前后效果如图5.138所示。

图5.138 应用激光的前后效果及参数设置

5.7.7 CC Glue Gun（CC喷胶器）

该特效可以使图像产生一种水珠的效果。该特

效的参数设置及应用前后效果如图5.139所示。

图5.139 应用CC喷胶器的前后效果及参数设置

5.7.8 CC Light Burst 2.5（CC光线爆裂2.5）

该特效可以使图像产生光线爆裂的效果，使其有镜头透视的感觉。该特效的参数设置及应用前后效果如图5.140所示。

图5.140 应用CC 光线爆裂2.5的前后效果及参数

5.7.9 CC Light Rays（CC 光芒放射）

该特效可以利用图像上不同的颜色产生不同的光芒，使其产生放射的效果。该特效的参数设置及应用前后效果如图5.141所示。

图5.141 应用CC 光芒放射的前后效果及参数

5.7.10 CC Light Sweep（CC 扫光效果）

该特效可以为图像创建光线，光线以某个点为中心，向一边以擦除的方式运动，产生扫光的效果。其参数设置及图像显示效果如图5.142所示。

图5.142 应用CC 扫光效果的前后效果及参数

5.7.11 CC Threads（CC线状穿梭）

该特效可以为图像建成线状穿梭效果，添加一个CC线状穿梭效果。其参数设置及图像显示效果如图5.143所示。

图5.143 应用CC线状穿梭的前后效果及参数设置

5.7.12 Cell Pattern（细胞图案）

该特效可以将图案创建成单个图案的拼合体，添加一种类似于细胞的效果。该特效的参数设置及应用前后效果如图5.144所示。

图5.144 应用细胞图案的前后效果及参数设置

5.7.13 Checkerboard（棋盘格）

该特效可以为图像添加一种类似于棋盘格的效果。该特效的参数设置及应用前后效果如图5.145所示。

图5.145 应用棋盘格的前后效果及参数设置

5.7.14 Circle（圆）

该特效可以为图像添加一个圆形或环形的图案，并可以利用圆形图案制作蒙版效果。该特效的参数设置及应用前后效果如图5.146所示。

图5.146 应用圆的前后效果及参数设置

5.7.15 Ellipse（椭圆）

该特效可以为图像添加一个椭圆圆形的图案，并可以利用椭圆圆形图案制作蒙版效果。该特效的参数设置及应用前后效果如图5.147所示。

图5.147 应用椭圆的前后效果及参数设置

5.7.16 Eyedropper Fill（滴管填充）

该特效可以直接利用取样点在图像上吸取某种颜色，使用图像本身的某种颜色进行填充，并可调整颜色的混合程度。该特效的参数设置及应用前后效果如图5.148所示。

图5.148 应用滴管填充的前后效果及参数设置

5.7.17 Fill（填充）

该特效可以向图层的蒙版中填充颜色，并通过参数修改填充颜色的羽化和透明度。该特效的参数设置及应用前后效果如图5.149所示。

图5.149 应用填充的前后效果及参数设置

5.7.18 Fractal（分形）

该特效可以用来模拟细胞体，制作分形效果。Fractal在几何学中的含义是不规则的碎片形。该特效的参数设置及应用前后效果如图5.150所示。

图5.150 应用分形的前后效果及参数设置

5.7.19 Grid（网格）

该特效可以为图像添加网格效果。该特效的参数设置及应用前后效果如图5.151所示。

图5.151 应用网格的前后效果及参数设置

5.7.20 Lens Flare（镜头光晕）

该特效可以模拟强光照射镜头，在图像上产生光晕效果。该特效的参数设置及应用前后效果如图5.152所示。

图5.152 应用镜头光晕的前后效果及参数设置

5.7.21 Paint Bucket（油漆桶）

该特效可以在指定的颜色范围内填充设置好的颜色，模拟油漆填充效果。该特效的参数设置及应用前后效果如图5.153所示。

图5.153 应用油漆桶的前后效果及参数设置

5.7.22 Radio Waves（无线电波）

该特效可以为带有音频文件的图像创建无线电波，无线电波以某个点为中心，向四周以各种图形的形式扩散，产生类似电波的图像。其参数设置及图像显示效果如图5.154所示。

图5.154 应用无线电波的前后效果及参数设置

5.7.23 课堂案例——旋转的星星

实例说明

本例主要讲解利用Radio Waves（无线电波）特效制作旋转的星星效果，通过本例的制作，掌握Radio Waves（无线电波）特效的使用技巧。本例最终的动画流程效果，如图5.155所示。

工程文件：工程文件\第5章\旋转的星星
视频：视频\5.7.23 课堂案例——旋转的星星.avi

图5.155 旋转的星星动画流程效果

知识点

1.Solid（固态层）。

2.Radio Waves（无线电波）特效。

3.Starglow（星光）特效。

01 执行菜单栏中的Composition（合成）| New Composition（新建合成）命令，打开Composition Settings（合成设置）对话框，设置Composition Name（合成名称）为"星星"，Width（宽）为720，Height（高）为576，Frame Rate（帧速率）为25，并设置Duration（持续时间）为00:00:10:00秒。

02 执行菜单栏中的Layer（层）|New（新建）|Solid（固态层）命令，打开Solid Settings（固态层设置）对话框，设置Name（名称）为"五角星"，Color（颜色）为黑色。

03 为"五角星"层添加Radio Waves（无线电波）特效。在Effects & Presets（效果和预置）面板中展开Generate（创造）特效组，然后双击Radio

Waves（无线电波）特效。

04 在Effect Controls（特效控制）面板中，修改Radio Waves（无线电波）特效的参数，设置Render Quality（渲染质量）的值为10；展开Polygon（多边形）选项组，设置Sides（边数）的值为6，Curve Size（曲线大小）的值为0.5，Curvyness（弯曲度）的值为0.25，选中Star（星形）复选框，设置Star Depth（星形深度）的值为−0.3；展开Wave Motion（波形运动）选项组，设置Spin（扭转）的值为40；展开Stroke（描边）选项组，设置Color（颜色）为白色，如图5.156所示，合成窗口效果如图5.157所示。

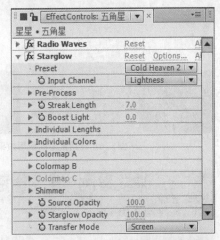

图5.156 设置无线电波参数

图5.157 设置无线电波参数后效果

05 为"五角星"层添加Starglow（星光）特效。在Effects & Presets（效果和预置）面板中展开Trapcode特效组，然后双击Starglow（星光）特效。

06 在Effect Controls（特效控制）面板中，修改Starglow（星光）特效的参数，在Preset（预设）下拉菜单中选择Cold Heaven 2（冷天2）选项，设置Streak Length（光线长度）的值为7，如图5.158所示，合成窗口效果如图5.159所示。

图5.158 设置星光参数

图5.159 设置星光参数后效果

07 这样就完成了旋转的星星整体动画的制作，按小键盘上的0键，即可在合成窗口中预览动画。

5.7.24 Ramp（渐变）

该特效可以产生双色渐变效果，能与原始图像相融合产生渐变特效。该特效的参数设置及应用前后效果如图5.160所示。

图5.160 应用渐变的前后效果及参数设置

5.7.25 Scribble（乱写）

该特效可以根据蒙版形状，制作出各种潦草的乱写效果，并自动产生动画。该特效的参数设置及应用前后效果如图5.161所示。

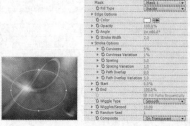

图5.161 应用乱写的前后效果及参数设置

5.7.26 课堂案例——利用乱写制作手绘效果

实例说明

本例主要讲解利用Scribble（乱写）特效制作手绘效果，通过本例的制作，掌握Scribble（乱写）特效的使用技巧。本例最终的动画流程效果如图5.162所示。

工程文件：工程文件\第5章\手绘效果
视频：视频\5.7.26 课堂案例——利用乱写制作手绘效果.avi

图5.162 手绘动画流程效果

知识点

1.Solid（固态层）。

2.Pen Tool（钢笔工具）。

3.Scribble（乱写）特效。

01 执行菜单栏中的File（文件）|Open Project（打开项目）命令，选择配套资源中的"工程文件\第5章\手绘效果\手绘效果练习.aep"文件，将文件打开。

02 执行菜单栏中的Layer（层）|New（新建）|Solid（固态层）命令，打开Solid Settings（固态层设置）对话框，设置Name（名称）为"心"，Color（颜色）为白色。

03 选择"心"层，在工具栏中选择Pen Tool（钢

笔工具），在文字层上绘制一个心形路径，如图5.163所示。

图5.163 绘制路径

04 为"心"层添加Scribble（乱写）特效。在Effects & Presets（效果和预置）面板中展开Generate（创造）特效组，然后双击Scribble（乱写）特效。

05 在Effect Controls（特效控制）面板中，修改Scribble（乱写）特效的参数，从Mask（蒙版）下拉菜单中选择Mask 1（蒙版 1）选项，设置Color（颜色）的值为红色（R：255，G：20，B：20），Angle（角度）的值为129 。Stroke Width（描边宽度）的值为1.6；将时间调整到00:00:01:22帧的位置，设置Opacity（透明度）的值为100%，单击Opacity（透明度）左侧的码表按钮，在当前位置设置关键帧。

06 将时间调整到00:00:02:06帧的位置，设置Opacity（透明度）的值为1%，系统会自动设置关键帧，如图5.164所示。

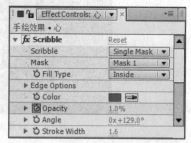

图5.164 设置透明度关键帧

07 将时间调整到00:00:00:00帧的位置，设置End（结束）的值为0%，单击End（结束）左侧的码表按钮，在当前位置设置关键帧。

08 将时间调整到00:00:01:00帧的位置，设置End（结束）的值为100%，系统会自动设置关键帧，如图5.165所示，合成窗口效果如图5.166所示。

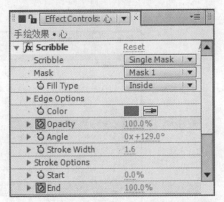

图5.165 设置结束关键帧

图5.166 设置结束后效果

09 这样就完成了手绘效果的整体制作，按小键盘上的0键，即可在合成窗口中预览动画。

5.7.27 Stroke（描边）

该特效可以沿指定路径或蒙版产生描绘边缘，可以模拟手绘过程。该特效的参数设置及应用前后效果如图5.167所示。

图5.167 应用描边的前后效果及参数设置

5.7.28 Vegas（勾画）

该特效类似Photoshop软件中的查找边缘，能够将图像的边缘描绘出来，还可以按照蒙版进行描绘，当然，还可以通过指定其他层来描绘当前图像。该特效的参数设置及应用前后效果如图5.168所示。

图5.168 应用勾画的前后效果及参数设置

5.7.29 课堂案例——利用勾画制作心电图效果

实例说明

本例主要讲解利用Vegas（勾画）特效制作心电图效果，通过本例的制作，掌握Vegas（勾画）特效的使用方法。本例最终的动画流程效果，如图5.169所示。

工程文件：工程文件\第5章\心电图动画
视频：视频\5.7.29 课堂案例——利用勾画制作心电图效果.avi

图5.169 心电图动画流程效果

知识点

1.Ramp（渐变）特效。

2.Grid（网格）特效。

3.Vegas（勾画）特效。

01 执行菜单栏中的Composition（合成）| New Composition（新建合成）命令，打开Composition Settings（合成设置）对话框，设置Composition Name（合成名称）为"心电图动画"，Width（宽）为720，Height（高）为576，Frame Rate（帧速率）为25，并设置Duration（持续时间）为00:00:10:00秒。

02 执行菜单栏中的Layer（层）|New（新建）|Solid（固态层）命令，打开Solid Settings（固态层设置）对话框，设置Name（名称）为"渐变"，

Color（颜色）为黑色。

03 为"渐变"层添加Ramp（渐变）特效。在Effects & Presets（效果和预置）面板中展开Generate（创造）特效组，然后双击Ramp（渐变）特效。

04 在Effect Controls（特效控制）面板中，修改Ramp（渐变）特效的参数，设置Start Color（开始色）为深蓝色（R：0，G：45，B：84），End Color（结束色）为墨绿色（R：0，G：63，B：79），如图5.170所示，合成窗口效果如图5.171所示。

图5.170 设置渐变参数

图5.171 设置渐变后效果

05 执行菜单栏中的Layer（层）|New（新建）|Solid（固态层）命令，打开Solid Settings（固态层设置）对话框，设置Name（名称）为"网格"，Color（颜色）为黑色。

06 为"网格"层添加Grid（网格）特效。在Effects & Presets（效果和预置）面板中展开Generate（创造）特效组，然后双击Grid（网格）特效。

07 在Effect Controls（特效控制）面板中，修改Grid（网格）特效的参数，设置Anchor（定位点）的值为（360，277），Size From（大小来自）下

拉菜单中选择Width & Height Sliders（宽度和高度滑动）选项，Width（宽）为15，Height（高）为55，Border（边框）为1.5，如图5.172所示，合成窗口效果如图5.173所示。

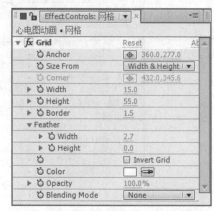

图5.172 设置网格参数

图5.173 设置网格后效果

08 执行菜单栏中的Layer（层）|New（新建）|Solid（固态层）命令，打开Solid Settings（固态层设置）对话框，设置Name（名称）为"描边"，Color（颜色）为黑色。

09 在时间线面板中，选中"描边"层，在工具栏中选择Pen Tool（钢笔工具），在文字层上绘制一个路径，如图5.174所示。

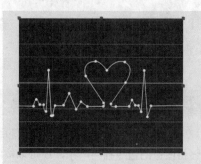

图5.174 绘制路径

⑩　为"描边"层添加Vegas（勾画）特效。在Effects & Presets（效果和预置）面板中展开Generate（创造）特效组，然后双击Vegas（勾画）特效，如图5.175所示。

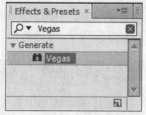

图5.175　添加勾画特效

⑪　在Effect Controls（特效控制）面板中，修改Vegas（勾画）特效的参数，设置从Stroke（描边）下拉菜单中选择Mask/Path（蒙版和路径）选项；展开Mask/Path（蒙版和路径）选项组，从Path（路径）下拉菜单中选择Mask 1（蒙版1）；展开Segments（线段）选项组，设置Segments（线段）的值为1，Length（长度）的值为0.5；将时间调整到00:00:00:00帧的位置，设置Rotation（旋转）的值为0，单击Rotation（旋转）左侧的码表按钮，在当前位置设置关键帧，如图5.176所示。

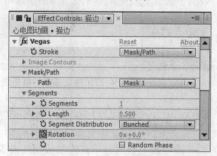

图5.176　设置0秒关键帧

⑫　将时间调整到00:00:09:22帧的位置，设置Rotation（旋转）的值为323，系统会自动设置关键帧，如图5.177所示。

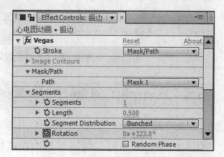

图5.177　设置9秒22帧关键帧

⑬　展开Rendering（渲染）选项组，从Bleng Mode（混合模式）下拉菜单中选择Transparent（透明）选项，设置Color（颜色）为绿色（R：0，G：150，B：25），Hardness（硬度）的值为0.14，Srart Opacity（开始点透明度）的值为0，Mid-point Opacity（中间点透明度）的值为1，Mid-point Position（中间点位置）的值为0.366，End Opacity（结束点透明度）的值为1，如图5.178所示，合成窗口效果如图5.179所示。

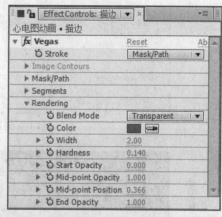

图5.178　设置勾画参数

图5.179　设置勾画参数后效果

⑭　为"描边"层添加Glow（发光）特效。在Effects & Presets（效果和预置）面板中展开Stylize（风格化）特效组，然后双击Glow（发光）特效。

⑮　在Effect Controls（特效控制）面板中，修改Glow（发光）特效的参数，设置Glow Threshold（发光阈值）的值为43，Glow Radius（发光半径）的值为13，Glow Intensity（发光强度）的值为1.5，从Glow Colors（发光颜色）下拉菜单中选

择A & B Colors（A和B颜色）选项，Colors A（颜色A）为白色，Colors B（颜色B）为亮绿色（R：111，G：255，B：128），如图5.180所示，合成窗口效果如图5.181所示。

图5.180 设置发光参数

图5.181 设置发光后效果

⑯ 这样就完成了心电图效果的整体制作，按小键盘上的0键，即可在合成窗口中预览动画。

5.7.30 Write-on（书写）

该特效是用画笔在一层中绘画，模拟笔迹和绘制过程，它一般与表达式合用，能表示出精彩的图案效果。该特效的参数设置及应用前后效果如图5.182所示。

图5.182 应用书写的前后效果及参数设置

5.8 Matte（蒙版）特效组

Matte（蒙版）特效组包含Matte Choker（蒙版阻塞）和Simple Choker（简易阻塞）两种特效，利用蒙版特效可以将带有Alpha通道的图像进行收缩或描绘的应用。

5.8.1 Matte Choker（蒙版阻塞）

该特效主要用于对带有Alpha通道的图像控制，可以收缩和描绘Alpha通道图像的边缘，修改边缘的效果。该特效的参数设置及应用前后效果如图5.183所示。

图5.183 应用蒙版阻塞的前后效果及参数设置

5.8.2 Unnamed layer（指定蒙版）

该特效主要用于颜色对图像混合的控制，该特效的参数设置及应用前后效果如图5.184所示。

图5.184 应用指定蒙版的前后效果及参数设置

5.8.3 Refine Matte（精炼蒙版）

该特效主要通过丰富的参数属性来调整蒙版与背景之间的衔接过渡，使画面过渡得更加柔和，该特效的参数设置及应用前后效果如图5.185所示。

图5.185 应用精炼蒙版的前后效果及参数设置

5.8.4 Simple Choker（简易阻塞）

该特效与Matte Choker（蒙版阻塞）相似，只能作用于Alpha通道，使用增量缩小或扩大蒙版的边界，以此来创建蒙版效果。该特效的参数设置及应用前后效果如图5.186所示。

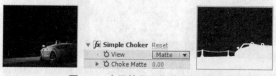

图5.186 应用简易阻塞的前后效果及参数设置

5.9 Noise & Grain（噪波和杂点）特效组

Noise & Grain（噪波和杂点）特效组主要对图像进行杂点颗粒的添加设置。各种特效的应用方法和含义如下。

5.9.1 Add Grain（添加杂点）

该特效可以将一定数量的杂色以随机的方式添加到图像中。该特效的参数设置及应用前后效果如图5.187所示。

图5.187 应用添加杂点的前后效果及参数设置

5.9.2 Dust & Scratches（蒙尘与划痕）

该特效可以为图像制作类似蒙尘和划痕的效果。该特效的参数设置及应用前后效果如图5.188所示。

图5.188 应用蒙尘与划痕的前后效果及参数设置

5.9.3 Fractal Noise（分形噪波）

该特效可以轻松制作出各种的云雾效果，并

可以通过动画预置选项，制作出各种常用的动画画面，其功能相当强大。该特效的参数设置及应用前后效果如图5.189所示。

图5.189 应用分形噪波的前后效果及参数设置

5.9.4 Match Grain（匹配杂点）

该特效与Add Grain（添加杂点）很相似，不过该特效可以通过取样其他层的杂点和噪波，添加当前层的杂点效果，并可以进行再次的调整。该特效的参数设置及应用前后效果如图5.190所示。

图5.190 应用匹配杂点的前后效果及参数设置

5.9.5 Median（中间值）

该特效可以通过混合图像像素的亮度来减少图像的杂色，并通过指定的半径值内图像中性的色彩替换其他色彩。此特效在消除或减少图像的动感效果时非常有用。该特效的参数设置及应用前后效果如图5.191所示。

图5.191 应用中间值的前后效果及参数设置

5.9.6 Noise（噪波）

该特效可以在图像颜色的基础上，为图像添加噪波杂点。该特效的参数设置及应用前后效果如图5.192所示。

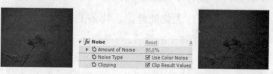

图5.192 应用噪波的前后效果及参数设置

5.9.7 Noise Alpha（噪波Alpha）

该特效能够在图像的Alpha通道中添加噪波效果。该特效的参数设置及应用前后效果如图5.193所示。

图5.193 应用噪波Alpha的前后效果及参数设置

5.9.8 Noise HLS（噪波HLS）

该特效可以通过调整色相、亮度和饱和度来设置噪波的产生位置。该特效的参数设置及应用前后效果如图5.194所示。

图5.194 应用噪波HLS的前后效果及参数设置

5.9.9 Noise HLS Auto（自动噪波HLS）

该特效与Noise HLS（噪波HLS）的应用方法很相似，只是通过参数的设置可以自动生成噪波动画。该特效的参数设置及应用前后效果如图5.195所示。

图5.195 应用自动噪波HLS的前后效果及参数设置

5.9.10 Remove Grain（降噪）

该特效常用于人物的降噪处理，是一个功能相当强大的工具，在降噪方面独树一帜，通过简单的参数修改，或者不修改参数，都可以对带有杂点、噪波的照片进行美化处理。该特效的参数设置及应用前后效果如图5.196所示。

图5.196 应用降噪的前后效果及参数设置

5.9.11 Turbulent Noise（扰动噪波）

该特效与Fractal Noise（分形噪波）的使用方法及参数设置相同，在这里就不再赘述。该特效的参数设置及应用前后效果如图5.197所示。

图5.197 应用扰动噪波的前后效果及参数设置

5.10 Obsolete（旧版本）特效组

Obsolete（旧版本）特效组保存之前版本的一些特效，包括Basic 3D（基础3D）、Basic Text（基础文字）、Lightning（闪电）和Path Text（路径文字）特效。

5.10.1 Basic 3D（基础3D）

该特效用于在三维空间内变换图像。该特效的参数设置及应用前后效果如图5.198所示。

图5.198 应用基础3D的参数及前后效果

5.10.2 Basic Text（基础文字）

该特效可以创建基础文字。该特效的参数设置及应用前后效果如图5.199所示。

图5.199 应用基础文字的前后效果及参数设置

5.10.3　Lightning（闪电）

该特效用于模拟电弧与闪电。该特效的参数设置及应用前后效果如图5.200所示。

图5.200　应用闪电前后效果及参数设置

5.10.4　Path Text（路径文字）

该特效用于沿着路径描绘文字。该特效的参数设置及应用前后效果如图5.201所示。

图5.201　应用路径文字的参数

5.11　Perspective（透视）特效组

Perspective（透视）特效组可以为二维素材添加三维效果，主要用于制作各种透视效果。

5.11.1　3D Camera Tracker（3D摄像机追踪）

该特效可以追踪3D立体效果，其参数设置及应用前后效果如图5.202所示。

图5.202　应用3D摄像机追踪的前后效果及参数设置

5.11.2　3D Glasses（3D眼镜）

该特效可以将两个层的图像合并到一个层中，并产生三维效果。该特效的参数设置及应用前后效果如图5.203所示。

图5.203　应用3D眼镜的前后效果及参数设置

5.11.3　Bevel Alpha（Alpha斜角）

该特效可以使图像中Alpha通道边缘产生立体的边界效果。该特效的参数设置及应用前后效果如图5.204所示。

图5.204　应用Alpha斜角的前后效果及参数设置

5.11.4　Bevel Edges（斜边）

该特效可以使图像边缘产生一种立体效果，其边缘产生的位置是由Alpha通道来决定。该特效的参数设置及应用前后效果如图5.205所示。

图5.205　应用斜边的前后效果及参数设置

5.11.5 CC Cylinder（CC 圆柱体）

该特效可以使图像呈圆柱体状卷起，使其产生立体效果。该特效的参数设置及应用前后效果如图5.206所示。

图5.206 应用CC 圆柱体的前后效果及参数设置

5.11.6 CC Sphere（CC 球体）

该特效可以使图像呈球体状卷起，其参数设置及应用前后效果如图5.207所示。

图5.207 应用CC 球体的前后效果及参数设置

5.11.7 CC Spotlight（CC 聚光灯）

该特效可以为图像添加聚光灯效果，使其产生逼真的被灯光照射的效果。该特效的参数设置及应用前后效果如图5.208所示。

图5.208 应用CC 聚光灯的前后效果及参数设置

5.11.8 Drop Shadow（投影）

该特效可以为图像添加阴影效果，一般应用在多层文件中。该特效的参数设置及应用前后效果如图5.209所示。

图5.209 应用投影的前后效果及参数设置

5.11.9 Radial Shadow（径向阴影）

该特效同Drop Shadow（投影）特效相似，也可以为图像添加阴影效果，但比投影特效在控制上有更多的选择，Radial Shadow（径向阴影）根据模拟的灯光投射阴影，看上去更加符合现实中的灯光阴影效果。该特效的参数设置及应用前后效果如图5.210所示。

图5.210 应用径向阴影的前后效果及参数设置

5.12 Simulation（模拟）特效组

模拟特效组主要用来表现碎裂、液态、粒子、星爆、散射和气泡等仿真效果。

5.12.1 Card Dance（卡片舞蹈）

该特效是一个根据指定层的特征分割画面的三维特效，在该特效的x、y、z轴上调整图像的Position（位置）、Rotation（旋转）、Scale（缩放）等的参数，可以使画面产生卡片舞蹈的效果。该特效的参数设置及应用前后效果如图5.211所示。

图5.211 应用卡片舞蹈的前后效果及参数设置

5.12.2 课堂案例——利用卡片舞蹈制作梦幻汇集

📖 实例说明

本例主要讲解利用Card Dance（卡片舞蹈）特效制作梦幻汇集效果，完成的动画流程画面如图5.212所示。

工程文件：工程文件\第5章\梦幻汇集
视频：视频\5.12.2 课堂案例——利用卡片舞蹈制作梦幻汇集.avi

图5.212 梦幻汇集动画流程画面

📖 知识点

Card Dance（卡片舞蹈）特效。

01 执行菜单栏中的File（文件）|Open Project（打开项目）命令，选择配套资源中的"工程文件\第5章\梦幻汇集\梦幻汇集练习.aep"文件，将文件打开。

02 为"背景"层添加Card Dance（卡片舞蹈）特效。在Effects & Presets（效果和预置）面板中展开Simulation（模拟）特效组，然后双击Card Dance（卡片舞蹈）特效。

03 在Effect Controls（特效控制）面板中，修改Card Dance（卡片舞蹈）特效的参数，从Rows & Columns（行与列）下拉菜单中选择Columns Follows Rows（列跟随行），设置Rows（行）的值为25，分别从Gradient Layer 1、2（渐变图层1、2）下拉菜单中选择"背景.jpg"层，如图5.213所示。

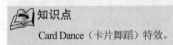

图5.213 设置卡片舞蹈参数

04 将时间调整到00:00:00:00帧的位置，展开X Position（x轴位置）选项组，从Source（来源）下拉菜单中选择Red 1（红1）选项，设置Multiplier（倍增）的值为24，Offset（偏移）的值为11，同时单击Multiplier（倍数）和Offset（偏移）左侧的码表⏱按钮，在当前位置设置关键帧，合成窗口效果如图5.214所示。

图5.214 设置0秒关键帧效果

05 将时间调整到00:00:04:11帧的位置，设置Multiplier（倍数）的值为0，Offset（偏移）的值为0，系统会自动设置关键帧，如图5.215所示。

图5.215 设置4秒11帧的关键帧

06 展开Z Position（z轴位置）选项组，将时间调整到00:00:00:00帧的位置，设置Offset（偏移）的值为10，单击Offset（偏移）左侧的码表⏱按钮，在当前位置设置关键帧。

07 将时间调整到00:00:04:11帧的位置，设置Offset（偏移）的值为0，系统会自动设置关键帧，如图5.216所示，合成窗口效果如图5.217所示。

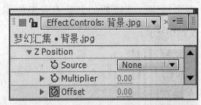

图5.216 设置z轴位置的参数

图5.217 设置z轴位置后效果

135

08 这样就完成了梦幻汇集的整体制作，按小键盘上的0键，即可在合成窗口中预览动画。

5.12.3 Caustics（焦散）

该特效可以模拟水中反射和折射的自然现象。该特效的参数设置及应用前后效果如图5.218所示。

图5.218 应用焦散的前后效果及参数设置

5.12.4 CC Ball Action（CC 滚珠操作）

该特效是一个根据不同图层的颜色变化，使图像产生彩色的珠子的特效。该特效的参数设置及应用前后效果如图5.219所示。

图5.219 应用CC 滚珠操作的前后效果及参数设置

5.12.5 CC Bubbles（CC 吹泡泡）

该特效可以使画面变形为带有图像颜色信息的许多泡泡。该特效的参数设置及应用前后效果如图5.220所示。

图5.220 应用CC 吹泡泡的前后效果及参数设置

5.12.6 课堂案例——泡泡上升动画

📖 **实例说明**

本例主要讲解利用CC Bubbles（CC 吹泡泡）制作泡泡上升动画效果，完成的动画流程画面，如图5.221所示。

工程文件：工程文件\第5章\泡泡上升动画
视频：视频\5.12.6 课堂案例——泡泡上升动画.avi

图5.221 泡泡上升动画流程画面

📖 **知识点**

1.Solid（固态层）。

2.CC Bubbles（CC 吹泡泡）特效。

01 执行菜单栏中的File（文件）|Open Project（打开项目）命令，选择配套资源中的"工程文件\第5章\泡泡上升动画\泡泡上升动画练习.aep"文件，将文件打开。

02 执行菜单栏中的Layer（层）|New（新建）|Solid（固态层）命令，打开Solid Settings（固态层设置）对话框，设置Name（名称）为"载体"，Color（颜色）为淡黄色（R：254，G：234，B：193）。

03 为"载体"层添加CC Bubbles（CC 吹泡泡）特效。在Effects & Presets（效果和预置）面板中展开Simulation（模拟）特效组，然后双击CC Bubbles（CC 吹泡泡）特效，合成窗口效果如图5.222所示。

图5.222 添加吹泡泡后的效果

04 这样就完成了泡泡上升动画的整体制作，按小键盘上的0键，即可在合成窗口中预览动画。

5.12.7 CC Drizzle（CC 雨滴）

该特效可以使图像产生雨滴落到水面波纹涟漪的画面效果。该特效的参数设置及前后效果如图

5.223所示。

图5.223 应用CC 雨滴的前后效果及参数设置

5.12.8 CC Hair（CC 毛发）

该特效可以在图像上产生类似于毛发的物体，通过设置制作出多种效果。该特效的参数设置及应用前后效果如图5.224所示。

图5.224 应用CC 毛发的前后效果及参数设置

5.12.9 CC Mr. Mercury（CC 水银滴落）

通过对一个图像添加该特效，可以将图像色彩等因素变形为水银滴落的粒子状态。该特效的参数设置及应用前后效果，如图5.225所示。

图5.225 应用CC 水银滴落的前后效果及参数设置

5.12.10 CC Particle Systems II（CC 粒子仿真系统）

使用该特效可以产生大量运动的粒子，通过对粒子颜色、形状及产生方式的设置，制作出需要的运动效果。该特效的参数设置及应用前后效果如图5.226所示。

图5.226 应用CC 粒子仿真系统的前后效果及设置

5.12.11 CC Particle World（CC 仿真粒子世界）

该特效与CC Particle Systems II（CC 仿真粒子系统II）特效相似。该特效的参数设置及应用前后效果，如图5.227所示。

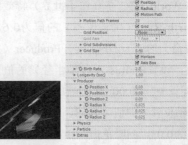

图5.227 应用CC 粒子仿真世界的前后效果及设置

5.12.12 课堂案例——利用CC 仿真粒子世界制作飞舞小球

实例说明

本例主要讲解利用CC Particle World（CC 仿真粒子世界）特效制作飞舞小球效果，完成的动画流程画面如图5.228所示。

工程文件：工程文件\第5章\飞舞小球
视频：视频\5.12.12 课堂案例——利用CC 仿真粒子世界制作飞舞小球.avi

图5.228 飞舞小球动画流程画面

知识点

1.Solid（固态层）。

2.CC Particle World（CC 仿真粒子世界）特效。

01 执行菜单栏中的Composition（合成）| New Composition（新建合成）命令，打开Composition Settings（合成设置）对话框，设置Composition Name（合成名称）为"飞舞小球"，Width（宽）为720，Height（高）为576，Frame Rate（帧速率）为25，并设置Duration（持续时间）为00:00:05:00秒。

02 执行菜单栏中的Layer（层）|New（新建）|Solid（固态层）命令，打开Solid Settings（固态层设置）对话框，设置Name（名称）为"粒子"，Color（颜色）为蓝色（R：0，G：198，B：255）。

03 为"粒子"层添加CC Particle World（CC粒子仿真世界）特效。在Effects & Presets（效果和预置）面板中展开Simulation（模拟）特效组，然后双击CC Particle World（CC仿真粒子世界）特效。

04 在Effect Controls（特效控制）面板中，修改CC Particle World（CC仿真粒子世界）特效的参数，设置Birth Rate（生长速率）的值为0.6，Longevity（寿命）的值为2.09；展开Producer（发生器）选项组，设置Radius Z（z轴半径）的值为0.435；将时间调整到00:00:00:00帧的位置，设置Position X（x轴位置）的值为-0.53，Position Y（y轴位置）的值为0.03，同时单击Position X（x轴位置）和Position Y（y轴位置）左侧的码表按钮，在当前位置设置关键帧。

05 将时间调整到00:00:03:00帧的位置，设置Position X（x轴位置）的值为0.78，Position Y（y轴位置）的值为0.01，系统会自动设置关键帧，如图5.229所示，合成窗口效果如图5.230所示。

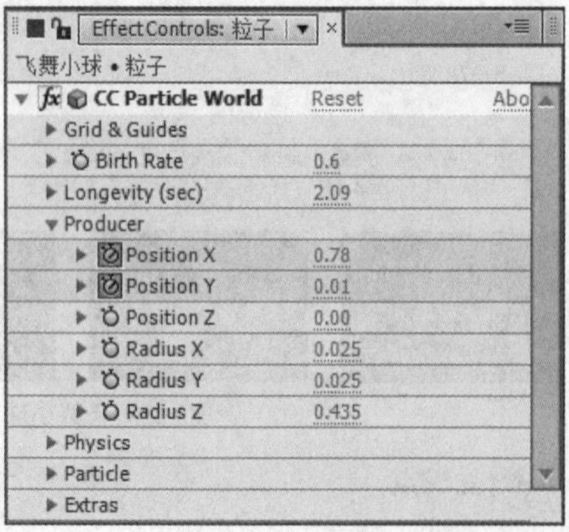

图5.230 设置位置参数后效果

06 展开Physics（物理学）选项组，从Animation（动画）下拉菜单中选择Viscouse（黏性）选项，设置Velocity（速度）的值为1.06，Gravity（重力）的值为0；展开Particle（粒子）选项组，从Particle Type（粒子类型）下拉菜单中选择Lens Convex（凸透镜）选项，设置Birth Size（生长大小）的值为0.357，Death Size（消逝大小）的值为0.587，如图5.231所示，合成窗口效果如图5.232所示。

图5.231 设置物理学参数

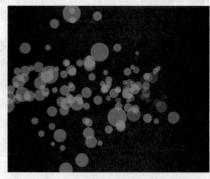

图5.229 设置位置参数

图5.232 设置CC粒子仿真世界后效果

07 选中"粒子"层，按Ctrl+D组合键复制出另一个图层，将该图层更改为"粒子2"，为"粒子2"文字层添加Fast Blur（快速模糊）特效。在Effects & Presets（效果和预置）面板中展开Blur & Sharpen（模糊与锐化）特效组，然后双击Fast Blur（快速模糊）特效。

08 在Effect Controls（特效控制）面板中，修改Fast Blur（快速模糊）特效的参数，设置Blurriness（模糊）的值为15。

09 选中"粒子2"层，在Effect Controls（特效控制）面板中，修改CC Particle World（CC 仿真粒子世界）特效的参数，设置Birth Rate（生长速率）的值为1.7，Longevity（寿命）的值为1.87；将时间调整到00:00:00:00帧的位置，设置Position X（x轴位置）的值为−0.53，Position Y（y轴位置）的值为0.03，同时单击Position X（x轴位置）和Position Y（y轴位置）左侧的码表⏱按钮，在当前位置设置关键帧。

10 展开Physics（物理学）选项组，设置Velocity（速度）的值为0.84，Gravity（重力）的值为0，如图5.233所示，合成窗口效果如图5.234所示。

图5.233 设置物理学参数

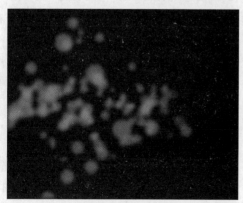

图5.234 设置"粒子2"参数后效果

11 这样就完成了飞舞小球效果的整体制作，按小键盘上的0键，即可在合成窗口中预览动画。

5.12.13 CC Pixel Polly（CC 像素多边形）

该特效可以使图像分割，制作出画面碎裂的效果。该特效的参数设置及应用前后效果如图5.235所示。

图5.235 应用CC 像素多边形的前后效果及设置

5.12.14 CC Rainfall（CC 下雨）

该特效可以模拟真实的下雨效果。该特效的参数设置及应用前后效果如图5.236所示。

图5.236 应用CC 下雨的前后效果及参数设置

5.12.15 CC Scatterize（CC 散射）

该特效可以将图像变为很多的小颗粒，并加以旋转，使其产生绚丽的效果。该特效的参数设置及应用前后效果如图5.237所示。

图5.237 应用CC 散射的前后效果及参数设置

5.12.16 课堂案例——利用CC散射制作碰撞动画

📖 **实例说明**

本例主要讲解利用CC Scatterize（CC散射）特效制作碰撞效果，完成的动画流程画面如图5.238所示。

工程文件：工程文件\第5章\碰撞动画

视频：视频\5.12.16 课堂案例——利用CC散射制作碰撞动画.avi

图5.238 碰撞动画流程画面

 执行菜单栏中的File（文件）|Open Project（打开项目）命令，选择配套资源中的"工程文件\第5章\碰撞动画\碰撞动画练习.aep"文件，将文件打开。

02 执行菜单栏中的Layer（层）|New（新建）|Text（文本）命令，输入"Captain America 2"，在Character（字符）面板中，设置文字字体为Franklin Gothic Heavy，字号为71，字体颜色为白色。

03 选中"Captain America 2"层，按Ctrl+D组合键复制出另一个新的文字层，将该图层重命名为"Captain America 3"，如图5.239所示。

图5.239 复制文字层

04 为"Captain America 2"层添加CC Scatterize（CC散射）特效。在Effects & Presets（效果和预置）面板中展开Simulation（模拟）特效组，然后双击CC Scatterize（CC散射）特效，如图5.240所示。

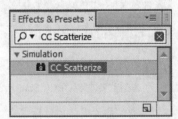

图5.240 添加散射特效

05 在Effect Controls（特效控制）面板中，修改CC Scatterize（CC散射）特效的参数，从Transfer Mode（转换模式）下拉菜单中选择Alpha Add（通道相加）选项；将时间调整到00:00:01:01帧的位置，设置Scatter（扩散）的值为0，单击Position（位置）左侧的码表 ⏱ 按钮，在当前位置设置关键帧。

06 将时间调整到00:00:02:01帧的位置，设置Scatter（扩散）的值为167，系统会自动设置关键帧，如图5.241所示，合成窗口效果如图5.242所示。

图5.241 设置关键帧

图5.242 设置散射效果后

07 选中"Captain America 2"层，将时间调整到00:00:01:00帧的位置，按T键打开Opacity（透明度）属性，设置Opacity（透明度）的值为0%，单击Opacity（透明度）左侧的码表 ⏱ 按钮，在当前位置设置关键帧。

08 将时间调整到00:00:01:01帧的位置，设置Opacity（透明度）的值为100%，系统会自动设置关键帧。

09 将时间调整到00:00:01:11帧的位置，设置Opacity（透明度）的值为100%。

10 将时间调整到00:00:01:18帧的位置，设置Opacity（透明度）的值为0%，如图5.243所示。

图5.243 设置透明度关键帧

⑪ 为"Captain America 3"层添加Ramp（渐变）特效。在Effects & Presets（效果和预置）面板中展开Generate（创造）特效组，然后双击Ramp（渐变）特效。

⑫ 在Effect Controls（特效控制）面板中，修改Ramp（渐变）特效的参数，设置Start of Ramp（渐变开始）的值为（362，438），End of Ramp（渐变结束）的值为（362，508），从Ramp Shape（渐变类型）下拉菜单中选择Linear Ramp（线性渐变）选项，如图5.244所示，合成窗口效果如图5.245所示。

图5.244 设置渐变参数

⑬ 选中"Captain America 3"层，设置Anchor Point（定位点）的值为（266，-14）；将时间调整到00:00:00:00帧的位置，设置Scale（缩放）的值为（3407，3407），单击Scale（缩放）左侧的码表按钮，在当前位置设置关键帧。

⑭ 将时间调整到00:00:01:01帧的位置，设置Scale（缩放）的值为（100，100），系统会自动

设置关键帧，如图5.246所示，合成窗口效果如图5.247所示。

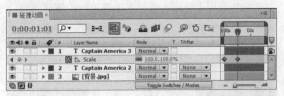

图5.246 设置缩放关键帧

图5.247 设置缩放后效果

⑮ 这样就完成了碰撞动画的整体制作，按小键盘上的0键，即可在合成窗口中预览动画。

5.12.17 CC Snowfall（CC下雪）

该特效可以模拟自然界中的下雪效果。该特效的参数设置及应用前后效果如图5.248所示。

图5.248 应用CC下雪的前后效果及参数设置

5.12.18 CC Star Burst（CC星爆）

该特效是一个根据指定层的特征分割画面的三维特效，在该特效的x、y、z轴上调整图像的Position（位置）、Rotation（旋转）、Scale（缩放）等的参数，可以使画面产生卡片舞蹈的效果。该特效的参数设置及应用前后效果，如图5.249所示。

图5.249 应用CC星爆的前后效果及参数设置

5.12.19 Foam（水泡）

该特效用于模拟水泡、水珠等流动的液体效果。该特效的参数设置及应用前后效果如图5.250所示。

图5.250 应用水泡的前后效果及参数设置

5.12.20 Particle Playground（粒子运动场）

使用该特效可以产生大量相似物体独立运动的画面效果，并且它还是一个功能强大的粒子动画特效。该特效的参数设置及应用前后效果如图5.251所示。

图5.251 应用粒子运动场的前后效果及参数设置

5.12.21 Shatter（碎片）

该特效可以使图像产生爆炸分散的碎片。该特效的参数设置及应用前后效果如图5.252所示。

图5.252 应用碎片的前后效果及参数设置

5.13 Stylize（风格化）特效组

Stylize（风格化）特效组主要模仿各种绘画技巧，使图像产生丰富的视觉效果。各种特效的应用

方法和含义如下。

5.13.1 Brush Strokes（画笔描边）

该特效对图像应用画笔描边效果，使图像产生一种类似画笔绘制的效果。该特效的参数设置及应用前后效果如图5.253所示。

图5.253 应用画笔描边的前后效果及参数设置

5.13.2 Cartoon（卡通）

该特效通过填充图像中的物体，从而产生卡通效果。该特效的参数设置及应用前后效果如图5.254所示。

图5.254 应用卡通的前后效果及参数设置

5.13.3 CC Block Load（CC 障碍物读取）

该特效可以控制图像的读取方式。该特效的参数设置及应用前后效果如图5.255所示。

图5.255 应用CC 障碍物读取的前后效果及参数设置

5.13.4 CC Burn Film（CC 燃烧效果）

该特效可以模拟火焰燃烧时边缘变化的效果，从而使图像消失。该特效的参数设置及应用前后效果如图5.256所示。

图5.256 应用CC 燃烧效果的前后效果及参数设置

5.13.5　CC Glass（CC 玻璃）

该特效通过查找图像中物体的轮廓，从而产生玻璃凸起的效果。该特效的参数设置及应用前后效果如图5.257所示。

图5.257　应用CC 玻璃的前后效果及参数设置

5.13.6　CC Kaleida（CC 万花筒）

该特效可以将图像进行不同角度的变换，使画面产生各种不同的图案。该特效的参数设置及应用前后效果如图5.258所示。

图5.258　应用CC 万花筒的前后效果及参数设置

5.13.7　课堂案例——万花筒效果

实例说明

本例主要讲解利用CC Kaleida（CC 万花筒）特效制作万花筒动画效果，通过本例的制作，掌握CC Kaleida（CC 万花筒）特效的使用技巧。完成的动画流程画面如图5.259所示。

工程文件：工程文件\第5章\万花筒动画
视频：视频\5.13.7 课堂案例——万花筒效果.avi

图5.259　万花筒动画流程画面

知识点

CC Kaleida（CC 万花筒）特效。

 执行菜单栏中的File（文件）|Open Project

（打开项目）命令，选择配套资源中的"工程文件\第5章\万花筒动画\万花筒动画练习.aep"文件，将文件打开。

02 为"花.jpg"层添加CC Kaleida（CC 万花筒）特效。在Effects & Presets（效果和预置）面板中展开Stylize（风格化）特效组，然后双击CC Kaleida（CC 万花筒）特效。

03 将时间调整到00:00:00:00帧的位置，在Effect Controls（特效控制）面板中，修改CC Kaleida（CC 万花筒）特效的参数，设置Size（大小）的值为20，Rotation（旋转）的值为0，单击Size（大小）和Rotation（旋转）左侧的码表按钮，在当前位置设置关键帧。

04 将时间调整到00:00:02:24帧的位置，设置Size（大小）的值为37，Rotation（旋转）的值为212，系统会自动设置关键帧，如图5.260所示，合成窗口效果如图5.261所示。

图5.260　设置万花筒参数

图5.261　设置万花筒后效果

05 这样就完成了万花筒效果的整体制作，按小键盘上的0键，即可在合成窗口中预览动画。

5.13.8 CC Mr.Smoothie（CC 平滑）

该特效应用通道来设置图案变化，通过相位的调整来改变图像效果。该特效的参数设置及应用前后效果如图5.262所示。

图5.262 应用CC 平滑的前后效果及参数设置

5.13.9 CC Plastic（CC 塑料）

该特效应用灯光来设置图案变化，通过灯光强度调整来改变图像效果。该特效的参数设置及应用前后效果如图5.263所示。

图5.263 应用CC 塑料的前后效果及参数设置

5.13.10 CC RepeTile（边缘拼贴）

该特效可以将图像的边缘进行水平和垂直的拼贴，产生类似于边框的效果。该特效的参数设置及应用前后效果如图5.264所示。

图5.264 应用边缘拼贴的前后效果及参数设置

5.13.11 CC Threshold（CC 阈值）

该特效可以将图像转换成高对比度的黑白图像效果，并通过级别的调整来设置黑白所占的比例。该特效的参数设置及应用前后效果如图5.265所示。

图5.265 应用CC 阈值的前后效果及参数设置

5.13.12 CC Threshold RGB（CC 阈值RGB）

该特效只对图像的RGB通道进行运算填充。该特效的参数设置及应用前后效果如图5.266所示。

图5.266 应用CC 阈值 RGB的前后效果及参数设置

5.13.13 Color Emboss（彩色浮雕）

该特效通过锐化图像中物体的轮廓，从而产生彩色的浮雕效果。该特效的参数设置及应用前后效果如图5.267所示。

图5.267 应用彩色浮雕的前后效果及参数设置

5.13.14 Emboss（浮雕）

该特效与Color Emboss（彩色浮雕）的效果相似，只是产生的图像浮雕为灰色，没有丰富的彩色效果。该特效的参数设置及应用前后效果如图5.268所示。

图5.268 应用浮雕的前后效果及参数设置

5.13.15 Find Edges（查找边缘）

该特效可以对图像的边缘进行勾勒，从而使图像产生类似素描或底片效果。该特效的参数设置及应用前后效果如图5.269所示。

图5.269 应用查找边缘的前后效果及参数设置

5.13.16　课堂案例——利用查找边缘制作水墨画

实例说明

　　本例主要讲解利用Find Edges（查找边缘）特效制作水墨画效果，通过本例的制作，掌握Find Edges（查找边缘）特效的使用方法。完成的动画流程画面如图5.270所示。

工程文件：工程文件\第5章\水墨画效果
视频：视频\5.13.16 课堂案例——利用查找边缘制作水墨画.avi

图5.270 水墨画动画流程画面

知识点

1.Position（位置）属性。
2.Find Edges（查找边缘）特效。
3.Rectangle Tool（矩形工具）。

01 执行菜单栏中的File（文件）|Open Project（打开项目）命令，选择配套资源中的"工程文件\第5章\水墨画效果\水墨画效果练习.aep"文件，将文件打开。

02 选中"背景"层，将时间调整到00:00:00:00帧的位置，按P键打开Poisition（位置）属性，设置Position（位置）数值为（427，288），单击Position（位置）左侧的码表 ⏱ 按钮，在当前位置设置关键帧。

03 将时间调整到00:00:03:00帧的位置，设置Position（位置）数值为（293，288），系统会自动设置关键帧，如图5.271所示。

图5.271 设置位置关键帧

04 为"背景"层添加Find Edges（查找边缘）特效。在Effects & Presets（效果和预置）面板中展开Stylize（风格化）特效组，然后双击Find Edges（查找边缘）特效。

05 为"背景"层添加Tint（浅色调）特效。在Effects & Presets（效果和预置）面板中展开Color Correction（色彩校正）特效组，然后双击Tint（色调）特效。

06 在Effect Controls（特效控制）面板中，修改Tint（色调）特效的参数，设置Map Black To（映射黑色到）为棕色（R：61，G：28，B：28），Amount to Tint（色调数量）的值为77%，如图5.272所示，合成窗口效果如图5.273所示。

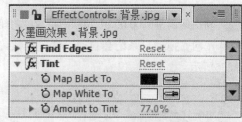

图5.272 设置浅色调参数

图5.273 设置浅色调后效果

07 选中"字.tga"层，按S键打开Scale（缩放）属性，设置Scale（缩放）的值为（75，75）；在工具栏中选择Rectangle Tool（矩形工具），绘制一个矩形路径，按F键打开Mask Feather（蒙版羽化）的值为（50，50）；将时间调整到00:00:00:00帧的位置，按M键打开Mask Path（蒙版路径）属性，单击Mask Path（蒙版路径）左侧的码表 ⏱ 按钮，在当前位置设置关键帧，如图5.274所示。

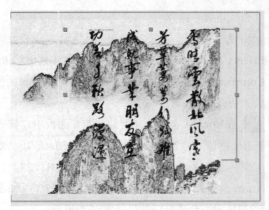

图5.274 设置0秒蒙版形状

08 将时间调整到00:00:01:14帧的位置，将矩形路径从左向右拖动，系统会自动设置关键帧，如图5.275所示。

图5.275 设置1秒14帧蒙版形状

09 这样就完成了水墨画效果的整体制作，按小键盘上的0键，即可在合成窗口中预览动画。

5.13.17 Glow（发光）

该特效可以寻找图像中亮度比较大的区域，然后对其周围的像素进行加亮处理，从而产生发光效果。该特效的参数设置及应用前后效果如图5.276所示。

图5.276 应用发光的前后效果及参数设置

5.13.18 Mosaic（马赛克）

该特效可以将画面分成若干的网格，每一格都用本格内所有颜色的平均色进行填充，使画面产生分块式的马赛克效果。该特效的参数设置及应用前

后效果如图5.277所示。

图5.277 应用马赛克的前后效果及参数设置

5.13.19 Motion Tile（运动拼贴）

该特效可以将图像进行水平和垂直的拼贴，产生类似在墙上贴瓷砖的效果。该特效的参数设置及应用前后效果如图5.278所示。

图5.278 应用运动拼贴的前后效果及参数设置

5.13.20 Posterize（色彩分离）

该特效可以将图像中的颜色信息减小，产生颜色的分离效果，可以模拟手绘效果。该特效的参数设置及应用前后效果如图5.279所示。

图5.279 应用色彩分离的前后效果及参数设置

5.13.21 Roughen Edges（粗糙边缘）

该特效可以将图像的边缘粗糙化，制作出一种粗糙效果。该特效的参数设置及应用前后效果如图5.280所示。

图5.280 应用粗糙边缘的前后效果及参数设置

5.13.22 Scatter（扩散）

该特效可以将图像分离成颗粒状，产生分散效果。该特效的参数设置及应用前后效果如图5.281

所示。

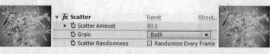

图5.281 应用扩散的前后效果及参数设置

5.13.23 Strobe Light（闪光灯）

该特效可以模拟相机的闪光灯效果，使图像自动产生闪光动画效果，这在视频编辑中非常常用。该特效的参数设置及应用前后效果如图5.282所示。

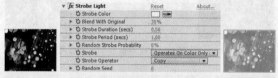

图5.282 应用闪光灯的前后效果及参数设置

5.13.24 Texturize（纹理）

该特效可以在一个素材上显示另一个素材的纹理。应用时将两个素材放在不同的层上，两个相邻层的素材必须在时间上有重合的部分，在重合的部分就会产生纹理效果。该特效的参数设置及应用前后效果如图5.283所示。

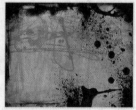
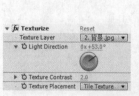

图5.283 应用纹理的前后效果及参数设置

5.13.25 Threshold（阈值）

该特效可以将图像转换成高对比度的黑白图像效果，并通过级别的调整来设置黑白所占的比例。该特效的参数设置及应用前后效果如图5.284所示。

图5.284 应用阈值的前后效果及参数设置

5.14 Text（文字）特效组

Text（文字）特效组主要是辅助文字工具来添加更多更精彩的文字特效。

5.14.1 Numbers（数字效果）

该特效可以生成多种格式的随机或顺序数，可以编辑时间码、十六进制数字、当前日期等，并且可以随时间变动刷新，或者随机乱序刷新。该特效的参数设置及应用前后效果如图5.285所示。

图5.285 应用数字效果的前后效果及参数设置

5.14.2 Timecode（时间码）

该特效可以在当前层上生成一个显示时间的码表效果，以动画形式显示当前播放动画的时间长度。该特效的参数设置及应用前后效果如图5.286所示。

图5.286 应用时间码的前后效果及参数设置

5.15 Time（时间）特效组

Time（时间）特效组主要用来控制素材的时间特性，并以素材的时间作为基准。各种特效的应用方法和含义如下。

5.15.1 CC Force Motion Blur （CC 强力运动模糊）

该特效可以使运动的物体产生模糊效果，其参数设置及应用前后效果如图5.287所示。

图5.287 应用CC 强力运动模糊的前后效果及参数设置

5.15.2 CC Time Blend（CC 时间混合）

该特效可以通过转换模式的变化，产生不同的混合现象。该特效的参数设置及应用前后效果如图5.288所示。

图5.288 应用CC 时间混合的前后效果及参数设置

5.15.3 CC Time Blend FX（CC 时间混合FX）

该特效与CC Time Blend（CC 时间混合）特效的使用方法相同，只是需要在Instence右侧的下拉菜单中选择Paste选项，各项参数才可使用。该特效的参数设置及应用前后效果如图5.289所示。

图5.289 应用CC 时间混合 FX的前后效果及参数设置

5.15.4 CC Wide Time（CC 时间工具）

该特效可以设置图像前方与后方的重复数量，使其产生连续的重复效果，该特效只对运动的素材起作用。该特效的参数设置及应用前后效果如图5.290所示。

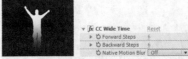

图5.290 应用CC 时间工具的前后效果及参数设置

5.15.5 Echo（重复）

该特效可以将图像中不同时间的多个帧组合起来同时播放，产生重复效果，该特效只对运动的素材起作用。该特效的参数设置及应用前后效果如图5.291所示。

图5.291 应用重复的前后效果及参数设置

5.15.6 Posterize Time（多色调分色时期）

该特效是将素材锁定到一个指定的帧率，从而产生跳帧播放的效果。该特效的参数设置及应用前后效果如图5.292所示。

图5.292 应用多色调分色时期的前后效果及参数设置

5.15.7 Time Difference（时间差异）

通过特效层与指定层之间像素的差异比较，而产生该特效效果。该特效的参数设置及应用前后效果如图5.293所示。

图5.293 应用时间差异的前后效果及参数设置

5.15.8 Time Displacement（时间置换）

该特效可以在特效层上，通过其他层图像的时间帧转换图像像素使图像变形，产生特效。可以在同一画面中反映出运动的全过程。应用的时候要设置映射图层，然后基于图像的亮度值，将图像上明亮的区域替换为几秒钟以后该点的像素。该特效的参数设置及应用前后效果如图5.294所示。

图5.294 应用时间置换的前后效果及参数设置

5.15.9 Timewarp（时间变形）

该特效可以基于图像运动、帧融合和所有帧进行时间画面变形，使前几秒或后几帧的图像显示在当前窗口中。该特效的参数设置面板如图5.295所示。

图5.295 时间变形参数设置面板

5.16 Transition（转换）特效组

Transition（转换）特效组主要用来制作图像

间的过渡效果。各种特效的应用方法和含义如下。

5.16.1 Block Dissolve（块状溶解）

该特效可以使图像间产生块状溶解的效果。该特效的参数设置及应用前后效果如图5.296所示。

图5.296 应用块状溶解的前后效果及参数设置

5.16.2 Card Wipe（卡片擦除）

该特效可以将图像分解成很多的小卡片，以卡片的形状来显示擦除图像效果。该特效的参数设置及应用前后效果如图5.297所示。

图5.297 应用卡片擦除的前后效果及参数设置

5.16.3 CC Glass Wipe（CC玻璃擦除）

该特效可以使图像产生类似玻璃效果的扭曲现象。该特效的参数设置及应用前后效果如图5.298所示。

图5.298 应用CC玻璃擦除的前后效果及参数设置

5.16.4 课堂案例——利用CC玻璃擦除特效制作转场动画

实例说明

本例主要讲解利用CC Glass Wipe（CC玻璃擦除）特效制作转场动画效果，通过本例的制作，掌握CC

Glass Wipe（CC玻璃擦除）特效的使用技巧。完成的动画流程画面如图5.299所示。

工程文件：工程文件\第5章\转场动画
视频：视频\5.16.4 课堂案例——利用CC玻璃擦除特效制作转场动画.avi

图5.299 转场动画流程画面

 知识点

　　CC Glass Wipe（CC玻璃擦除）特效。

(01) 执行菜单栏中的File（文件）|Open Project（打开项目）命令，选择配套资源中的"工程文件\第5章\转场动画\转场动画练习.aep"文件，将文件打开。

(02) 选择"图1.jpg"层。在Effects & Presets（效果和预置）面板中展开Transition（转换）特效组，然后双击CC Glass Wipe （CC 玻璃擦除）特效。

(03) 在Effect Controls（特效控制）面板中，修改CC Glass Wipe （CC 玻璃擦除）特效的参数，从Layer to Reveal（显示层）下拉菜单中选择"图2"选项，从Gradient Layer（渐变层）下拉菜单中选择"图1"选项，设置Softness（柔化）的值为23，Displacement Amount（置换值）的值为13；将时间调整到00:00:00:00帧的位置，设置Completion（完成）的值为0%，单击Completion（完成）左侧的码表 按钮，在当前位置设置关键帧。

(04) 将时间调整到00:00:01:13帧的位置，设置Completion（完成）的值为100%，系统会自动设置关键帧，如图5.300所示，合成窗口效果如图5.301所示。

图5.300 设置CC玻璃擦除参数

图5.301 设置CC玻璃擦除参数后效果

(05) 这样就完成了利用CC Glass Wipe（CC玻璃擦除）特效制作转场动画的整体制作，按小键盘上的0键，即可在合成窗口中预览动画。

5.16.5 CC Grid Wipe（CC 网格擦除）

　　该特效可以将图像分解成很多的小网格，以网格的形状来显示擦除图像效果。该特效的参数设置及应用前后效果如图5.302所示。

图5.302 应用CC 网格擦除的前后效果及参数设置

5.16.6 CC Image Wipe（CC 图像擦除）

　　该特效是通过特效层与指定层之间像素的差异比较，而产生以指定层的图像产生擦除的效果。该特效的参数设置及应用前后效果如图5.303所示。

图5.303 应用CC 图像擦除的前后效果及参数设置

5.16.7 CC Jaws（CC 锯齿）

该特效可以以锯齿形状将图像一分为二进行切换，产生锯齿擦除的图像效果。应用该特效的参数设置及应用前后效果，如图5.304所示。

图5.304 应用CC 锯齿的前后效果及参数设置

5.16.8　CC Light Wipe（CC 光线擦除）

该特效运用圆形的发光效果对图像进行擦除。该特效的参数设置及应用前后效果如图5.305所示。

图5.305 应用CC 光线擦除的前后效果及参数设置

5.16.9　课堂案例——利用CC 光线擦除制作转场效果

📖 **实例说明**

本例主要讲解利用CC Light Wipe（CC 光线擦除）特效制作转场效果，通过本例的制作，掌握CC Light Wipe（CC 光线擦除）特效的使用技巧。完成的动画流程画面如图5.306所示。

工程文件：工程文件\第5章\过渡转场
视频：视频\5.16.9 课堂案例——利用CC 光线擦除制作转场效果.avi

图5.306 转场动画流程画面

📖 **知识点**

CC Light Wipe（CC 光线擦除）特效。

① 执行菜单栏中的File（文件）|Open Project（打开项目）命令，选择配套资源中的"工程文件\第5章\过渡转场\过渡转场练习.aep"文件，将文件打开。

② 选择"图1.jpg"层，在Effects & Presets（效果和预置）面板中展开Transition（转换）特效组，然后双击CC Light Wipe（CC 光线擦除）特效。

③ 在Effect Controls（特效控制）面板中，修改CC Light Wipe（CC 光线擦除）特效的参数，从Shape（形状）下拉菜单中选择Doors（门）选项，选中Color from Source（颜色来源）复选框；将时间调整到00:00:00:00帧的位置，设置Completion（完成）的值为0%，单击Completion（完成）左侧的码表🕐按钮，在当前位置设置关键帧。

④ 将时间调整到00:00:02:00帧的位置，设置Completion（完成）的值为100%，系统会自动设置关键帧，如图5.307所示，合成窗口效果如图5.308所示。

图5.307 设置CC 光线擦除参数

图5.308 设置CC 光线擦除后效果

05 这样就完成了利用CC光线擦除制作转场效果的整体制作，按小键盘上的0键，即可在合成窗口中预览动画。

5.16.10 CC Line Sweep（CC线扫描）

该特效可以以一条直线为界线进行切换，产生线性擦除的效果。应用该特效的参数设置及应用前后效果，如图5.309所示。

图5.309 应用CC线扫描的前后效果及参数设置

5.16.11 CC Radial ScaleWipe（CC径向缩放擦除）

该特效可以使图像产生旋转缩放擦除效果，其参数设置及应用前后效果如图5.310所示。

图5.310 应用CC径向缩放擦除的前后效果及参数设置

5.16.12 CC Scale Wipe（CC缩放擦除）

该特效通过调节拉伸中心点的位置以及拉伸的方向，使其产生拉伸的效果。该特效的参数设置及应用前后效果如图5.311所示。

图5.311 应用CC缩放擦除的前后效果及参数设置

5.16.13 CC Twister（CC扭曲）

该特效可以使图像产生扭曲的效果，应用Backside（背面）选项，可以将图像进行扭曲翻转，从而显示出选择图层的图像。该特效的参数设

置及应用前后效果如图5.312所示。

图5.312 应用CC扭曲的前后效果及参数设置

5.16.14 CC WarpoMatic（CC溶解）

该特效可以使图像间通过如亮度、对比度产生不同的融合过渡效果。该特效的参数设置及应用前后效果如图5.313所示。

图5.313 应用CC溶解的前后效果及参数设置

5.16.15 Gradient Wipe（梯度擦除）

该特效可以使图像间产生梯度擦除的效果，其参数设置及应用前后效果如图5.314所示。

图5.314 应用梯度擦除的前后效果及参数设置

5.16.16 Iris Wipe（形状擦除）

该特效可以产生多种形状从小到大擦除图像的效果。该特效的参数设置及应用前后效果如图5.315所示。

图5.315 应用形状擦除的前后效果及参数设置

5.16.17 Linear Wipe（线性擦除）

该特效可以模拟线性擦除的效果。该特效的参数设置及应用前后效果如图5.316所示。

图5.316　应用线性擦除的前后效果及参数设置

5.16.18 Radial Wipe（径向擦除）

该特效可以模拟表针旋转擦除的效果。该特效的参数设置及应用前后效果如图5.317所示。

图5.317　应用径向擦除的前后效果及参数设置

5.16.19　课堂案例——利用径向擦除制作笔触擦除动画

📖实例说明

本例主要讲解利用Radial Wipe（径向擦除）特效制作笔触擦除动画效果，通过本例的制作，掌握Radial Wipe（径向擦除）特效的使用技巧。完成的动画流程画面如图5.318所示。

工程文件：工程文件\第5章\笔触擦除动画
视频：视频\5.16.19 课堂案例——利用径向擦除制作笔触擦除动画.avi

图5.318　笔触擦除动画流程画面

📖知识点

Radial Wipe（径向擦除）特效。

01 执行菜单栏中的File（文件）|Open Project（打开项目）命令，选择配套资源中的"工程文件\第5章\笔触擦除动画\笔触擦除动画练习.aep"文件，将文件打开。

02 选择"笔触.tga"层，在Effects & Presets（效果和预置）面板中展开Transition（转换）特效组，然后双击Radial Wipe（径向擦除）特效。

03 在Effect Controls（特效控制）面板中，修改Radial Wipe（径向擦除）特效的参数，从Wipe（擦

除）下拉菜单中选择Counterclockwise（逆时针）选项，Feather（羽化）的值为50；将时间调整到00:00:00:00帧的位置，设置Transition Completion（转换程度）的值为100%，单击Transition Completion（转换程度）左侧的码表⏱按钮，在当前位置设置关键帧。

04 将时间调整到00:00:01:15帧的位置，设置Transition Completion（转换程度）的值为0%，系统会自动设置关键帧，如图5.319所示，合成窗口效果如图5.320所示。

图5.319　设置径向擦除参数

图5.320　设置径向擦除后效果

05 这样就完成了"利用径向擦除制作笔触擦除动画"的整体制作，按小键盘上的0键，即可在合成窗口中预览动画。

5.16.20 Venetian Blinds（百叶窗）

该特效可以使图像间产生百叶窗过渡的效果。该特效的参数设置及应用前后效果如图5.321所示。

图5.321　应用百叶窗的前后效果及参数设置

5.17 Utility（实用）特效组

Utility（实用）特效组主要调整素材颜色的输出和输入设置。

5.17.1 CC Overbrights（CC亮度信息）

该特效主要应用于图像的各种通道信息来提取图片的亮度。该特效的参数设置及应用前后效果如图5.322所示。

图5.322 应用CC亮度信息的前后效果及参数设置

5.17.2 Cineon Converter（转换Cineon）

该特效主要应用于标准线性到曲线对称的转换。该特效的参数设置及应用前后效果如图5.323所示。

图5.323 应用转换Cineon的前后效果及参数设置

5.17.3 Color Profile Converter（色彩轮廓转换）

该特效可以通过色彩通道设置，对图像输出、输入的描绘轮廓进行转换。该特效的参数设置及应用前后效果如图5.324所示。

图5.324 应用色彩轮廓转换的前后效果及参数设置

5.17.4 Grow Bounds（范围增长）

该特效可以通过增长像素范围来解决其他特效显示的一些问题。例如文字层添加Drop Shadow特效后，当文字层移出合成窗口外面时，阴影也会被遮挡。这时就需要Grow Bounds（范围增长）特效来解决，需要注意的是Grow Bounds（增长范围）特效须在文字层添加Drop Shadow特效前添加。该特效的参数设置及应用前后效果如图5.325所示。

图5.325 应用范围增长的前后效果及参数设置

5.17.5 HDR Compander（HDR压缩扩展器）

该特效使用压缩级别和扩展级别来调节图像。该特效的参数设置及应用前后效果如图5.326所示。

图5.326 应用HDR压缩扩展器的前后效果及参数设置

5.17.6 HDR Highlight Compression（HDR高光压缩）

该特效可以将图像的高动态范围内的高光数据压缩到低动态范围内的图像。该特效的参数设置及应用前后效果如图5.327所示。

图5.327 应用HDR高光压缩的前后效果及参数设置

5.18 本章小结

本章主要对After Effects的3D Channel（三维通道）、Audio（音频）、Blur & Sharpen（模糊与锐化）、Channel（通道）、Color Correction（色彩校正）、Distort（扭曲）、Generate（创造）、Matte（蒙版）、Noise & Grain（噪波和杂点）、

Perspective（透视）、Simulation（模拟）、Stylize（风格化）、Text（文字）、Time（时间）、Transition（转换）、Utility（实用）等特效组中的特效进行详细讲解。

5.19 课后习题

本章通过3个课后习题，可以对内置特效的使用深入了解，掌握其应用方法和技巧，以便更好地在日后的动画制作中应用。

5.19.1 课后习题1——利用CC滚珠操作制作三维立体球

📖 **实例说明**

本例主要讲解利用CC Ball Action（CC 滚珠操作）特效制作三维立体球效果，完成的动画流程画面如图5.328所示。

工程文件：工程文件\第5章\三维立体球
视频：视频\5.19.1 课后习题1——利用CC 滚珠操作制作三维立体球.avi

图5.328 三维立体球动画流程画面

📖 **知识点**

CC Ball Action（CC 滚珠操作）。

5.19.2 课后习题2——利用书写制作动画文字

📖 **实例说明**

本例主要讲解利用Write-on（书写）特效制作动画文字效果，完成的动画流程画面如图5.330所示。

工程文件：工程文件\第5章\动画文字
视频：视频\5.19.2 课后习题2——利用书写制作动画文字.avi

图5.329 动画文字动画流程画面

📖 **知识点**

1. Write-on（书写）。

2. Color Key（颜色键）。

3. Simple Choker（简易抑制）。

第 **6** 章

动画的渲染与输出

———— 内容摘要 ————

　　本章主要讲解动画的渲染与输出。在影视动画的制作过程中，渲染是经常要用到的。一部制作完成的动画，要按照需要的格式渲染输出，制作成电影成品。渲染及输出的时间长度与影片的长度、内容的复杂、画面的大小等方面有关，不同的影片输出有时需要的时间相差很大。本章讲解影片的渲染和输出的相关设置。

———— 教学目标 ————

- 了解视频压缩的类别和方式
- 了解常见图像格式和音频格式的含义
- 学习渲染队列窗口的参数含义及使用
- 学习渲染模板和输出模块的创建
- 掌握常见动画及图像格式的输出

6.1 数字视频压缩

6.1.1 压缩的类别

视频压缩是视频输出工作中不可缺少的一部分,由于计算机硬件和网络传输速率的限制,在存储或传输视频时会出现文件过大的情况,为了避免这种情况,在输出文件的时候就会选择合适的方式对文件进行压缩,这样才能很好地解决传输和存储时出现的问题。压缩就是将视频文件的数据信息通过特殊的方式进行重组或删除,来达到减小文件大小的过程。压缩可以分为以下几种。

- 软件压缩:通过电脑安装的压缩软件来压缩,这是使用较为普遍的一种压缩方式。
- 硬件压缩:通过安装一些配套的硬件压缩卡来完成,它具有比软件压缩更高的效率,但成本较高。
- 有损压缩:在压缩的过程中,为了达到更小的空间,将素材进行了压缩,丢失一部分数据或是画面色彩,达到压缩的目的,这种压缩可以更小地压缩文件,但会牺牲更多的文件信息。
- 无损压缩:它与有损压缩相反,在压缩过程中,不会丢失数据,但一般压缩的程度较小。

6.1.2 压缩的方式

压缩不是单纯地为了减少文件的大小,而是要在保证画面清晰的同时来达到压缩的目的,不能只管压缩而不计损失,要根据文件的类别来选择合适的压缩方式,这样才能更好地达到压缩的目的,常用的视频和音频压缩方式有以下几种。

- Microsoft Video 1:这种针对模拟视频信号进行压缩,是一种有损压缩方式。支持8位或16位的影像深度,适用于Windows平台。
- Intellndeo(R)Video R3.2:这种方式适合制作在CD-ROM中播放的24位的数字电影,和Microsoft Video 1相比,它能得到更高的压缩比和质量及更快的回放速度。
- DivX MPEG-4(Fast-Motion)和DivX MPEG-4(Low-Motion):这两种压缩方式是Premiere Pro增加的算法,它们压缩基于DivX播放的视频文件。

- Cinepak Codec by Radius:这种压缩方式可以压缩彩色或黑白图像。适合压缩24位的视频信号,制作用于CD-ROM播放或网上发布的文件。和其他压缩方式相比,利用它可以获得更高的压缩比和更快的回放速度,但压缩速度较慢,而且只适用于Windows平台。
- Microsoft RLE:这种方式适合压缩具有大面积色块的影像素材,例如动画或计算机合成图像等。它使用RLE(Spatial 8-bit run-length encoding)方式进行压缩,是一种无损压缩方案。适用于Windows平台。
- Intel Indeo 5.10:这种方式适合于所有基于MMX技术或Pentium II以上处理器的计算机。它具有快速的压缩选项,并可以灵活设置关键帧,具有很好的回访效果。适用于Windows平台,作品适于网上发布。
- MPEG:在非线性编辑中最常用的是MPEG算法,即Motion JPEG。它将视频信号50场/秒(PAL制式)变为25帧/秒,然后按照25帧/秒的速度使用MPEG算法对每一帧压缩。通常压缩倍数在3.5~5倍时可以达到Betacam的图像质量。MPEG算法是适用于动态视频的压缩算法,它除了对单幅图像进行编码外,还利用图像序列中的相关原则,将冗余去掉,这样可以大大提高视频的压缩比。 目前MPEG-I用于VCD节目中, MPEG-II用于 VOD、DVD节目中。

其他还有较多方式,如Planar RGB,Cinepak,Graphics,Motion JPEG A,Motion JPEG B,DV NTSC和DV PAL,Sorenson,Photo-JPEG,H.263,Animation,以及None等。

6.2 图像格式

图像格式是指计算机表示、存储图像信息的格式。常用的格式有十多种。同一幅图像可以使用不同的格式来存储,不同的格式之间所包含的图像信息并不完全相同,文件大小也有很大的差别。用户在使用时可以根据自己的需要选用适当的格式。常见的图像格式有静态图像格式、视频格式和音频格式。

6.2.1 静态图像格式

1. PSD格式

这是著名的Adobe公司的图像处理软件Photoshop的专用格式Photoshop Document（PSD）。PSD其实是Photoshop进行平面设计的一张"草稿图"，它里面包含有图层、通道、透明度等多种设计的样稿，以便于下次打开时可以修改上一次的设计。在Photoshop支持的各种图像格式中，PSD的存取速度比其他格式快很多，功能也很强大。由于Photoshop越来越广泛地被应用，所以我们有理由相信，这种格式也会逐步流行起来。

2. BMP格式

它是Windows操作系统中的标准图像文件格式，是英文Bitmap（位图）的缩写，Microsoft的BMP格式是专门为"画笔"和"画图"程序建立的。这种格式支持1~24位颜色深度，使用的颜色模式有RGB、索引颜色、灰度和位图等，且与设备无关。但因为这种格式的特点是包含图像信息较丰富，几乎不对图像进行压缩，所以导致了它与生俱来的缺点是占用磁盘空间过大。正因为如此，目前BMP在单机上比较流行。

3. GIF格式

这种格式是由CompuServe提供的一种图像格式。由于GIF格式可以使用LZW方式进行压缩，所以它被广泛用于通信领域和HTML网页文档中。不过，这种格式只支持8位图像文件。当选用该格式保存文件时，会自动转换成索引颜色模式。

4. JPEG格式

JPEG是一种带压缩的文件格式。其压缩率是目前各种图像文件格式中最高的。但是，JPEG在压缩时存在一定程度的失真，因此，在制作印刷制品的时候最好不要用这种格式。JPEG格式支持RGB、CMYK和灰度颜色模式，但不支持Alpha通道。它主要用于图像预览和制作HTML网页。

5. TIFF

TIFF是Aldus公司专门为苹果电脑设计的一种图像文件格式，可以跨平台操作。TIFF格式的出现是为了便于应用软件之间进行图像数据的交换，其全名是"Tagged 图像 文件 格式"（标志图像文件格式）。因此TIFF文件格式的应用非常广泛，可以在许多图像软件之间转换。TIFF格式支持RGB、CMYK、Lab、Indexed-颜色、位图模式和灰度的色彩模式，并且在RGB、CMYK和灰度三种色彩模式中还支持使用Alpha通道。TIFF格式独立于操作系统和文件，它对PC机和Mac机一视同仁，大多数扫描仪都输出TIFF格式的图像文件。

6. PCX

PCX文件格式是由Zsoft公司在20世纪80年代初期设计的，当时专用于存储该公司开发的PC Paintbrush绘图软件所生成的图像画面数据，后来成为MS－DOS平台下常用的格式。在DOS系统时代，这一平台下的绘图、排版软件都用PCX格式。进入Windows操作系统后，现在它已经成为PC机上较为流行的图像文件格式。

6.2.2 视频格式

1. AVI格式

AVI是Video for Windows的视频文件的存储格式，它播放的视频文件的分辨率不高，帧频率小于25帧/秒（PAL制）或者30帧/秒（NTSC）。

2. MOV

MOV原来是苹果公司开发的专用视频格式，后来移植到PC机上使用。和AVI一样属于网络上的视频格式之一，在PC机上没有AVI普及，因为播放它需要专门的软件QuickTime。

3. RM

它属于网络实时播放软件，其压缩比较大，视频和声音都可以压缩进RM文件里，并可用RealPlay播放。

4. MPG

MPG是压缩视频的基本格式，如VCD碟片，其压缩方法是将视频信号分段取样，然后忽略相邻各帧不变的画面，而只记录变化了的内容，因此其压缩比很大。这可以从VCD和CD的容量看出来。

5. DV文件

After Effects支持DV格式的视频文件。

1. MP3格式

MP3是现在非常流行的音频格式之一。它是将WAV文件以MPEG2的多媒体标准进行压缩，压缩后的体积只有原来的1/10甚至1/15，而音质能基本保持不变。

2. WAV格式

它是Windows记录声音所用的文件格式。

3. MP4格式

它是在MP3基础上发展起来的，其压缩比高于MP3。

4. MID格式

这种文件又叫MIDI文件，它们的体积都很小，一首十多分钟的音乐只有几十kB（千字节）。

5. RA格式

它的压缩比大于MP3，而且音质较好，可用RealPlay播放RA文件。

6.3 渲染工作区的设置

制作完成一部影片，最终需要将其渲染，而有些渲染的影片并不一定是整个工作区的影片，有时只需要渲染出其中的一部分，这就需要设置渲染工作区。

渲染工作区位于时间线窗口中，由Work Area Start（开始工作区）和Work Area End（结束工作区）两点控制渲染区域，如图6.1所示。

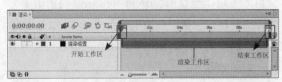

图6.1 渲染区域

6.3.1 手动调整渲染工作区

手动调整渲染工作区的操作方法很简单，只需

要将开始和结束工作区的位置进行调整，就可以改变渲染工作区，具体操作如下。

01 在时间线窗口中，将鼠标放在Work Area Start（开始工作区）位置，当光标变成双箭头时按住鼠标左键向左或向右拖动，即可修改开始工作区的位置，操作方法如图6.2所示。

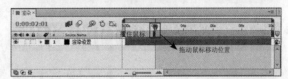

图6.2 调整开始工作区

02 同样的方法，将鼠标放在Work Area End（结束工作区）位置，当光标变成双箭头时按住鼠标左键向左或向右拖动，即可修改结束工作区的位置，如图6.3所示。调整完成后，渲染工作区即被修改，这样在渲染时，就可以通过设置渲染工作区来渲染工作区内的动画。

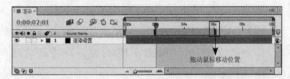

图6.3 调整结束工作区

> **提示**
>
> 在手动调整开始和结束工作区时，要想精确地控制开始或结束工作区的时间帧位置，可以先将时间设置到需要的位置，即将时间滑块调整到相应的位置，然后在按住Shift键的同时拖动开始或结束工作区，可以以吸附的形式将其调整到时间滑块位置。

6.3.2 利用快捷键调整渲染工作区

除了前面讲过的手动调整渲染工作区的方法，还可以利用快捷键来调整渲染工作区，具体操作如下。

01 在时间线窗口中，拖动时间滑块到需要的时间位置，确定开始工作区时间位置，然后按B键，即可将开始工作区调整到当前位置。

02 在时间线窗口中，拖动时间滑块到需要的时间位置，确定结束工作区时间位置，然后按N键，即可将结束工作区调整到当前位置。

6.4 渲染队列窗口的启用

要进行影片的渲染，首先要启动渲染队列窗口，启动后的Render Queue（渲染队列）窗口，如图6.4所示。可以通过两种方法来快速启动渲染队列窗口。

- 方法1：在Project（项目）面板中，选择某个合成文件，按Ctrl + M组合键，即可启动渲染队列窗口。
- 方法2：在Project（项目）面板中，选择某个合成文件，然后执行菜单栏中的Composition（合成）| Add To Render Queue（添加到渲染队列）命令，或按Ctrl + Shift + /组合键，即可启动渲染队列窗口。

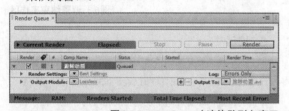

图6.4 Render Queue（渲染队列）窗口

6.5 渲染队列窗口参数详解

在After Effects CS6软件中，渲染影片主要应用渲染队列窗口，它是渲染输出的重要部分，通过它可以全面地进行渲染设置。

渲染队列窗口可细致分为3个部分，包括Current Render（当前渲染）、渲染组和All Renders（所有渲染）。下面将详细讲述渲染队列窗口的参数含义。

6.5.1 Current Render（当前渲染）

Current Render（当前渲染）区显示了当前渲染的影片信息，包括渲染的名称、用时、渲染进度等信息，如图6.5所示。

图6.5 当前渲染区

Current Render（当前渲染）区参数含义如下。

- Rendering（旋转动画）：显示当前渲染的影片名称。
- Elapsed（用时）：显示渲染影片已经使用的时间。
- Est.Remain（估计剩余时间）：显示渲染整个影片估计使用的时间长度。
- 0:00:00:00（1）：该时间码"0:00:00:00"部分表示影片从第1帧开始渲染；"（1）"部分表示00帧作为输出影片的开始帧。
- 0:00:01:05（31）：该时间码"0:00:01:05"部分表示影片已经渲染1秒05帧；"（31）"中的31表示影片正在渲染第31帧。
- 0:00:01:24（50）：该时间表示渲染整个影片所用的时间。
- 渲染 Render 按钮：单击该按钮，即可进行影片的渲染。
- 暂停 Pause 按钮：在影片渲染过程中，单击该按钮，可以暂停渲染。
- 继续 Continue 按钮：单击该按钮，可以继续渲染影片。
- 停止 Stop 按钮：在影片渲染过程中，单击该按钮，将结束影片的渲染。

展开Current Render（当前渲染）左侧的灰色三角形按钮，会显示Current Render（当前渲染）的详细资料，包括正在渲染的合成名称、正在渲染的层、影片的大小、输出影片所在的磁盘位置等资料，如图6.6所示。

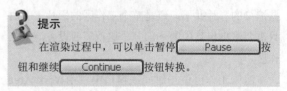

图6.6 当前渲染

Current Render（当前渲染）展开区参数含义如下。

- Composition（合成）：显示当前正在渲染的合成项目名称。
- Layer（层）：显示当前合成项目中，正在渲染的层。
- Stage（渲染进程）：显示正在被渲染的内容，如特效、合成等。
- Last（最近的）：显示最近几秒时间。
- Difference（差异）：显示最近几秒时间中的差额。
- Average（平均值）：显示时间的平均值。
- File Name（文件名）：显示影片输出的名称及文件格式。如"旋转动画.avi"，其中，"旋转动画"为文件名；".avi"为文件格式。
- File Size（文件大小）：显示当前已经输出影片的文件大小。
- Est.Final File Size（估计最终文件大小）：显示估计完成影片的最终文件大小。
- Free Disk Space（空闲磁盘空间）：显示当前输出影片所在磁盘的剩余空间大小。
- OverFlows（溢出）：显示溢出磁盘的大小。当最终文件大小大于磁盘剩余空间时，这里将显示溢出大小。
- Current Disk（当前磁盘）：显示当前渲染影片所在的磁盘分区位置。

6.5.2 渲染组

渲染组显示了要进行渲染的合成列表，并显示了渲染的合成名称、状态、渲染时间等信息，并可通过参数修改渲染的相关设置，如图6.7所示。

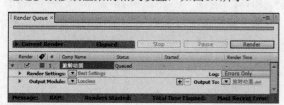

图6.7 渲染组

1.渲染组合成项目的添加

要想进行多影片的渲染，就需要将影片添加到渲染组中，渲染组合成项目的添加有3种方法，具体的操作如下。

- 方法1：在Project（项目）面板中，选择一个合成文件，然后按Ctrl + M组合键。
- 方法2：在Project（项目）面板中，选择一个或多个合成文件，然后执行菜单栏中的Composition（合成）| Add To Render Queue（添加到渲染队列）命令。
- 方法3：在Project（项目）面板中，选择一个或多个合成文件直接拖动到渲染组队列中，操作效果，如图6.8所示。

图6.8 添加合成项目

2.渲染组合成项目的删除

渲染组队列中，有些合成项目不再需要，此时就需要将该项目删除，合成项目的删除有两种方法，具体操作如下。

- 方法1：在渲染组中，选择一个或多个要删除的合成项目（这里可以使用Shift键和Ctrl键来多选），然后执行菜单栏中的Edit（编辑）| Clear（清除）命令。
- 方法2：在渲染组中，选择一个或多个要删除的合成项目，然后按Delete键。

3.修改渲染顺序

如果有多个渲染合成项目，系统默认是从上向下依次渲染影片，如果想修改渲染的顺序，可以将影片进行位置的移动，移动方法如下。

- 方法1：在渲染组中，选择一个或多个合成项目。
- 方法2：按住鼠标左键拖动合成到需要的位置，当有一条粗黑的长线出现时，释放鼠标即可移动合成位置。操作方法如图6.9所示。

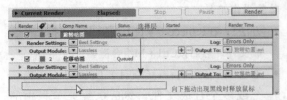

图6.9 移动合成位置

4.渲染组标题的参数含义

渲染组标题内容丰富，包括渲染、标签、序号、合成名称和状态等，对应的参数含义如下。

- Render（渲染）：设置影片是否参与渲染。在影片没有渲染前，每个合成的前面，都有一个▢复选框标记，勾选该复选框✓，表示该影片参与渲染，在单击渲染 Render 按钮后，影片会按从上向下的顺序进行逐一渲染。如果某个影片没有勾选，则不进行渲染。

- （标签）：对应灰色的方块，用来为影片设置不同的标签颜色，单击某个影片前面的土黄色方块▨，将打开一个菜单，可以为标签选择不同的颜色。包括Red（红色）、Yellow（黄色）、Aqua（浅绿色）、Pink（粉红色）、Lavender（淡紫色）、Peach（桃色）、Sea Foam（海藻色）、Blue（蓝色）、Green（绿色）、Purple（紫色）、Orange（橙色）、Brown（棕色）、Fuchsia（紫红色）、Cyan（青绿色）、Sandstone（土黄色）和Dark Green（深绿色），如图6.10所示。

图6.10 标签颜色菜单

- # （序号）：对应渲染队列的排序，如1、2等。

- Comp Name（合成名称）：显示渲染影片的合成名称。

- Status（状态）：显示影片的渲染状态。一般包括5种，Unqueued（不在队列中），表示渲染时忽略该合成，只有勾选其前面的▢复选框，才可以渲染；User Stopped（用户停止），表示在渲染过程中单击停止 Stop 按钮即停止渲染；Done（完成），表示已经完成渲染；Rendering（渲染中），表示影片正在渲染中；Queued（队列），表示勾选了合成前面的▢复选框，正在等待渲染的影片。

- Started（开始）：显示影片渲染的开始时间。

- Render Time（渲染时间）：显示影片已经渲染的时间。

6.5.3 All Renders（所有渲染）

All Renders（所有渲染）区显示了当前渲染的影片信息，包括队列的数量、内存使用量、渲染的时间和日志文件的位置等信息，如图6.11所示。

图6.11 所有渲染区

All Renders（所有渲染）区参数含义如下。

- Message（信息）：显示渲染影片的任务及当前渲染的影片。如图中的"Rendering 1 of 2"，表示当前渲染的任务影片有2个，正在渲染第1个影片。

- RAM（内存）：显示当前渲染影片的内存使用量。如图中"24% used of 4GB"，表示渲染影片4GB内存使用24%。

- Renders Started（开始渲染）：显示开始渲染影片的时间。

- Total Time Elapsed（已用时间）：显示渲染影片已经使用的时间。

- Most Resent Error（更多新错误）：显示出现错误的次数。

6.6 设置渲染模板

在应用渲染队列渲染影片时，可以对渲染影片应用软件提供的渲染模板，这样可以更快捷地渲染出需要的影片效果。

6.6.1 更改渲染模板

在渲染组中，已经提供了几种常用的渲染模板，可以根据自己的需要，直接使用现有模板来渲染影片。

在渲染组中，展开合成文件，单击Render Settings（渲染设置）右侧的 ▼ 按钮，将打开渲染设置菜单，并在展开区域中，显示当前模板的相关设置，如图6.12所示。

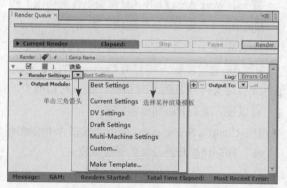

图6.12 渲染菜单

渲染菜单中，显示了几种常用的模板，通过移动鼠标并单击，可以选择需要的渲染模板，各模板的含义如下。

- Best Settings（最佳设置）：以最好质量渲染当前影片。
- Current Settings（当前设置）：使用在合成窗口中的参数设置。
- Draft Settings（草图设置）：以草稿质量稿渲染影片，一般为了测试观察影片的最终效果时用。
- DV Settings（DV设置）：以符合DV文件的设置渲染当前影片。
- Multi-Machine Setting（多机器联合设置）：可以在多机联合渲染时，各机分工协作进行渲染设置。

- Custom（自定）：自定义渲染设置。选择该项将打开Render Settings（渲染设置）对话框。
- Make Template（制作模板）：用户可以制作自己的模板。选择该项，可以打开Render Settings Templates（渲染模板设置）对话框。
- Output Module（输出模块）：单击其右侧的 ▼ 按钮，将打开默认输出模块，可以选择不同的输出模块，如图6.13所示。

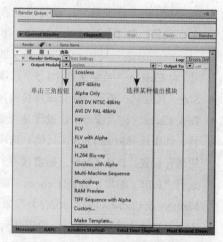

图6.13 输出模块菜单

- Log（日志）：设置渲染影片的日志显示信息。
- Output To（输出到）：设置输出影片的位置和名称。

6.6.2 渲染设置

在渲染组中，单击Render Settings（渲染设置）右侧的 ▼ 按钮，打开渲染设置菜单，然后选择Custom（自定）命令，或直接单击 ▼ 右侧的蓝色文字，将打开Render Settings（渲染设置）对话框，如图6.14所示。

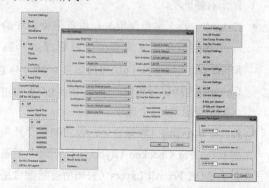

图6.14 渲染设置对话框

在Render Settings（渲染设置）对话框中，参数的设置主要针对影片的质量、解析度、影片尺寸、磁盘缓存、音频特效、时间采样等方面，具体的含义如下。

- Quality（质量）：设置影片的渲染质量。包括Best（最佳质量）、Draft（草图质量）和Wireframe（线框质量）3个选项。对应层中的 ![icon] 设置。

- Resolution（分辨率）：设置渲染影片的分辨率。包括Full（全尺寸）、Half（半尺寸）、Third（三分之一尺寸）、Quarter（四分之一尺寸）、Custom（自定义尺寸）5个选项。

- Size（尺寸）：显示当前合成项目的尺寸大小。

- Disk Cache（磁盘缓存）：设置是否使用缓存设置，如果选择Read Only（只读）选项，表示采用缓存设置。Disk Cache（磁盘缓存）可以通过选择"Edit（编辑）| Preferences（参数设置）| Memory & Cache（内存与缓存）"来设置。

- Proxy Use（使用代理）：设置影片渲染的代理。包括Use All Proxies（使用所有代理）、Use Comp Proxies Only（只使用合成项目中的代理）、Use No Proxies（不使用代理）3个选项。

- Effects（特效）：设置渲染影片时是否关闭特效。包括All On（渲染所有特效）、All Off（关闭所有的特效）。对应层中的 ![icon] 设置。

- Solo Switches（独奏开关）：设置渲染影片时是否关闭独奏。选择All Off（关闭所有）将关闭所有独奏。对应层中的 ![icon] 设置。

- Guide Layers（辅助层）：设置渲染影片是否关闭所有辅助层。选择All Off（关闭所有）将关闭所有辅助层。

- Color Depth（颜色深度）：设置渲染影片的每一个通道颜色深度为多少位色彩深度。包括8 bits per Channel（8位每通道）、16 bits per Channel（16位每通道）、32 bits per Channel（32位每通道）3个选项。

- Frame Blending（帧融合）：设置帧融合开关。包括On For Checked Layers（打开选中帧融合层）和Off For All Layers（关闭所有帧融合层）两个选项。对应层中的 ![icon] 设置。

- Field Render（场渲染）：设置渲染影片时，是否使用场渲染。包括Off（不加场渲染）、Upper Field First（上场优先渲染）、Lower Field First（下场优先渲染）3个选项。如果渲染非交错场影片，选择Off选项；如果渲染交错场影片，选择上场或下场优先渲染。

- 3:2 Pulldown（3:2折叠）：设置3:2下拉的引导相位法。

- Motion Blur（运动模糊）：设置渲染影片运动模糊是否使用。包括On For Checked Layers（打开选中运动模糊层）和Off For All Layers（关闭所有运动模糊层）两个选项。对应层中的 ![icon] 设置。

- Time Span（时间范围）：设置有效的渲染片段。包括Length Of Comp（整个合成时间长度）、Work Area Only（只渲染工作时间段）和Custom（自定义）3个选项。如果选择Custom（自定义）选项，也可以单击右侧的自定义 Custom... 按钮，将打开Custom Time Span（自定义时间范围）对话框，在该对话框中，可以设置渲染的时间范围。

- Use Comp's Frame rate：使用合成影片中的帧速率，即创建影片时设置的合成帧速率。

- Use this frame rate（使用指定帧速率）：可以在右侧的文本框中，输入一个新的帧速率，渲染影片将按这个新指定的帧速率进行渲染输出。

- Use Storage overflow（使用存储溢出）勾选该复选框，可以使用AE的溢出存储功能。当AE渲染的文件使磁盘剩余空间达到一个指定限度，After Effects 将视该磁盘已满，这时，可以利用溢出存储功能，将剩余的文件继续渲染到另一个指定的磁盘中。存储溢出可以通过选择"Edit（编辑）| Preferences（参数设置）| Output（输出）"设置。

- Skip Existing Files（跳过现有文件）：在渲染影片时，只渲染丢失过的文件，不再渲染以前渲染过的文件。

6.6.3 创建渲染模板

现有模板往往不能满足用户的需要，这时，可以根据自己的需要来制作渲染模板，并将其保存起来，在以后的应用中，就可以直接调用了。

执行菜单栏中的Edit（编辑）| Templates（模板）| Render Settings（渲染设置）命令，或单击Render Settings（渲染设置）右侧的▼按钮，打开渲染设置菜单，选择Make Template（制作模板）命令，打开Render Setting Templates（渲染模板设置）对话框，如图6.15所示。

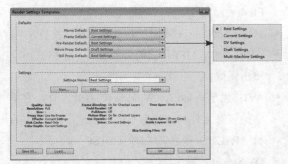

图6.15 渲染模板设置对话框

在Render Setting Templates（渲染模板设置）对话框中，参数的设置主要针对影片的默认影片、默认帧、模板的名称、编辑、删除等方面，具体的含义如下。

- Movie Default（默认影片）：可以从右侧的下拉菜单中，选择一种默认的影片模板。
- Frame Default（默认帧）：可以从右侧的下拉菜单中，选择一种默认的帧模板。
- Pre-Render Default（默认预览）：可以从右侧的下拉菜单中，选择一种默认的预览模板。
- Movie Proxy Default（默认影片代理）：可以从右侧的下拉菜单中，选择一种默认的影片代理模板。
- Still Proxy Default（默认静态代理）：可以从右侧的下拉菜单中，选择一种默认的静态图片模板。
- Settings Name（设置名称）：可以在右侧的文本框中，输入设置名称，也可以通过单击右侧的▼按钮，从打开的菜单中，选择一个名称。
- 新建 New... 按钮：单击该按钮，将打开Render Settings（渲染设置）对话框，创建一个新的模板并设置新模板的相关参数。
- 编辑 Edit... 按钮：通过Settings Name（设

置名称）选项，选择一个要修改的模板名称，然后单击该按钮，可以对当前的模板进行再修改操作。

- 复制 Duplicate 按钮：单击该按钮，可以将当前选择的模板复制出一个副本。
- 删除 Delete 按钮：单击该按钮，可以将当前选择的模板删除。
- 保存全部 Save All... 按钮：单击该按钮，可以将模板存储为一个后缀为.ars的文件，便于以后的使用。
- 载入 Load... 按钮：将后缀为.ars模板载入使用。

6.6.4 创建输出模块模板

执行菜单栏中的Edit（编辑）| Templates（模板）| Output Module（输出模块）命令，或单击Output Module（输出模块）右侧的▼按钮，打开输出模块菜单，选择Make Template（制作模板）命令，打开Output Module Templates（输出模块模板）对话框，如图6.16所示。

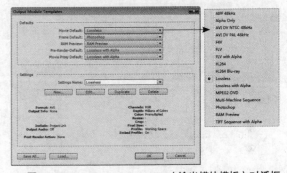

图6.16 Output Module Templates（输出模块模板）对话框

在Output Module Templates（输出模块模板）对话框中，参数的设置主要针对影片的默认影片、默认帧、模板的名称、编辑、删除等方面，具体的含义与模板的使用方法相同，这里只讲解几种格式的使用含义。

- Alpha Only（仅Alpha通道）：只输出Alpha通道。
- Animated GIF（GIF动画）：输出为GIF动画。这种动画就是网页上比较常见的GIF动画。
- Audio Only（仅音频）：只输出音频信息。

- Lossless（无损的）：输出的影片为无损压缩。
- Lossless with Alpha（带Alpha通道的无损压缩）：输出带有Alpha通道的无损压缩影片。
- Microsoft DV NTSC 32kHz（微软32位NTSC制DV）：输出微软32千赫的NTSC制式DV影片。
- Microsoft DV NTSC 48kHz（微软48位NTSC制DV）：输出微软48千赫的NTSC制式DV影片。
- Microsoft DV PAL 32kHz（微软32位PAL制DV）：输出微软32千赫的PAL制式DV影片。
- Microsoft DV PAL 48kHz（微软48位PAL制DV）：输出微软48千赫的PAL制式DV影片。
- Multi-Machine Sequence（多机器联合序列）：在多机联合的形状下输出多机序列文件。
- Photoshop（Photoshop 序列）：输出Photoshop的PSD格式序列文件。
- RAM Preview（内存预览）：输出内存预览模板。
- Custom（自定义）：选择该命令，将打开Output Module Settings（输出模块设置）对话框，如图6.17所示。

图6.17 输出模块设置对话框

- Make Template（制作模板）：可以创建输出模板，方法与创建渲染模板的方法相同。

6.7 影片的输出

当一个视频或音频文件制作完成后，就要将最终的结果输出，发布成最终作品，After Effects CS6提供了多种输出方式，通过不同的设置，快速输出需要的影片。

执行菜单栏中的File（文件）| Export（输出），将打开Export（输出）子菜单，从其子菜单中，选择需要的格式并进行设置，即可输出影片。其中几种常用的格式命令含义如下。

- Adobe Premiere Pro Project：该项可以输出用于Adobe Premiere Pro软件打开并编辑的项目文件，这样，After Effects与Adobe Premiere Pro之间便可以更好地转换使用。
- Adobe Flash Player（SWF）：输出SWF格式的Flash动画文件。
- 3G：输出支持3G手机的移动视频格式文件。
- AIFF：输出AIFF格式的音频文件，本格式不能输出图像。
- AVI：输出Video for Windows的视频文件，它播放的视频文件的分辨率不高，帧速率小于25帧/秒（PAL制）或者30帧/秒（NTSC）。
- DV Stream：输出DV格式的视频文件。
- FLC：根据系统颜色设置来输出影片。
- MPEG-4：它是压缩视频的基本格式，如VCD碟片，其压缩方法是将视频信号分段取样，然后忽略相邻各帧不变的画面，而只记录变化了的内容，因此其压缩比很大。这可以从VCD和CD的容量看出来。
- QuickTime Movie：输出MOV格式的视频文件，MOV原来是苹果公司开发的专用视频格式，后来移植到PC机上使用。和AVI一样属于网络上的视频格式之一，在PC机上没有AVI普及，因为播放它需要专门的软件QuickTime。
- Wave：输出Wav格式的音频文件，它是Windows记录声音所用的文件格式。
- Image Sequence：将影片以单帧图片的形式输出，只能输出图像不能输出声音。

6.7.1 课堂案例——输出SWF格式

实例说明

使用After Effects制作的动画，有时候需要发布到网络上，网络发布的视频越小，显示的速度也就越快，这样就会大大提高浏览的概率，而网络上应用既小又多的格式就是SWF格式，本例讲解SWF格式的输出方法。

工程文件：工程文件\第6章\文字倒影

视频：视频\6.7.1 课堂案例——输出SWF格式.avi

SWF格式的输出方法。

01 执行菜单栏中File （文件）|Open Project（打开项目）命令，弹出"打开"对话框，选择配套资源中的"工程文件\第6章\文字倒影\文字倒影.aep"文件。

02 执行菜单栏中File（文件）|Export（输出）|Adobe Flash Player（SWF）命令，打开"另存为"对话框。

03 在"另存为"对话框中，设置合适的文件名称及保存位置，然后单击"保存"按钮，打开SWF Settings（SWF设置）对话框，如图6.4所示，设置好保存位置和名称后，单击保存按钮，将打开SWF Settings（SWF设置）对话框，一般在网页中，动画都是循环播放的，所以这里要选择Loop Continuously（循环播放）复选框，如图6.18所示。

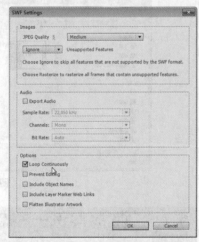

图6.18 设置SWF设置对话框

提示

● JPEG Quality（图像质量）：设置SWF动画质量。可以通过直接输入数值来修改图像质量，值越大，质量也就越好。还可以直接通过选项来设置图像质量，包括Low（低）、Medium（中）、High（高）和Maximum（最佳）4个选项。

● Unsupported Features（不支持特效）：该项是对SWF格式文件不支持的调整方式。其中Ignore（忽略）表示忽略不支持的效果，Rasterize（栅格化）表示将不支持的效果栅格化，保留特效。

● Audio（音频）：主要用于对输出的SWF格式文

件的音频质量设置。

● Loop Continuously（循环播放）：选中该复选框，可以将输出的SWF文件连续热循环播放。

● Prevent Import（防止导入）：选中该复选框，可以防止导入程序文件。

● Include Object Names（包含对象名称）：选中该复选框，可以保留输出的对象名称。

● Include Layer Marker Web Links（包含层链接信息）：选中该复选框，将保留层中标记的网页链接信息，可以直接将文件输出到互联网上。

● Flatten Illustrator Artwork：如果合成项目中包括有固态层或Illustrator素材，建议选中该复选框。

04 参数设置完成后，单击OK（确定）按钮，完成输出设置，此时，会弹出一个输出对话框，显示输出的进程信息，如图6.19所示。

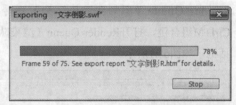

图6.19 输出进程对话框

05 输出完成后，打开资源管理器，找到输出的文件位置，如图6.20所示，可以看到输出的Flash动画效果。

图6.20 输出文件位置

提示

将影片输出后，如果电脑中没有安装Flash播放器，将不能打开该文件，可以安装一个播放器后在进行浏览。

6.7.2 课堂案例——输出AVI格式文件

实例说明

AVI格式是视频中非常常用的一种格式，它不但占用空间少，而且压缩失真较小，本例讲解将动画输出成AVI格式的方法。

工程文件：工程文件\第6章\落字效果
视频：视频\6.7.2 课堂案例——输出AVI格式文件.avi

知识点

学习AVI格式的输出方法。

01 执行菜单栏中File（文件）|Open Project（打开项目）命令，弹出"打开"对话框，选择配套资源中的"工程文件\第6章\落字效果\落字效果.aep"文件。

02 执行菜单栏中Composition（合成）|Add to Render Queue（添加到渲染队列）命令，或按Ctrl+M组合键，打开Render Queue（渲染队列）对话框，如图6.21所示。

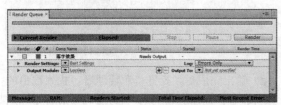

图6.21 设置渲染队列对话框

03 单击Output Module（输出模块）右侧lossless（无损）的文字部分，打开Output Module Settings（输出模块设置）对话框，从Format（格式）下拉菜单选择AVI格式，单击OK（确定）按钮，如图6.22所示。

图6.22 设置输出模板

04 单击Output To（输出到）右侧的文件名称文字部分，打开Output Movie To（输出影片到）对话框选择输出文件放置的位置。

05 输出的路径设置好后，单击Render（渲染）按钮开始渲染影片，渲染过程中Render Queue（渲染组）面板上方的进度条会走动，渲染完毕后会有声音提示，如图6.23所示。

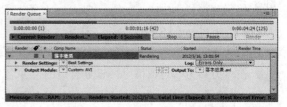

图6.23 设置渲染中

06 渲染完毕后，在路径设置的文件夹里可找到AVI格式文件，如图6.24所示。双击该文件，可在播放器中打开看到影片。

图6.24 渲染后效果

6.7.3 课堂案例——输出单帧图像

实例说明

对于制作的动画，有时需要将动画中某个画面输出，如电影中的某个精彩画面，这就是单帧图像的输出，本例就讲解单帧图像的输出方法。

工程文件：工程文件\第6章\手绘效果
视频：视频\6.7.3 课堂案例——输出单帧图像.avi

知识点

学习单帧图像的输出方法。

01 执行菜单栏中File（文件）|Open Project（打开项目）命令，弹出"打开"对话框，选择配套资源中的

"工程文件\第6章\手绘效果\手绘效果.aep"文件。

02 在时间线面板中，将时间调整到要输出的画面单帧位置，执行菜单栏中Composition（合成）| Save Frame As（单帧另存为）| File（文件）命令，打开Render Queue（渲染队列）对话框，如图6.25所示。

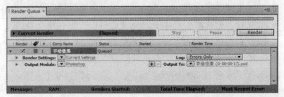

图6.25 渲染对话框

03 单击Output Module（输出模块）右侧Photoshop文字，打开Output Module Settings（输出模块设置）对话框，从Format（格式）下拉菜单选择某种图像格式，如JPG Sequence格式，单击OK（确定）按钮，如图6.26所示。

图6.26 设置输出模块

04 单击Output To（输出到）右侧的文件名称文字部分，打开Output Movie To（输出影片到）对话框选择输出文件放置的位置。

05 输出的路径设置好后，单击Render（渲染）按钮开始渲染影片，渲染过程中Render Queue（渲染组）面板上方的进度条会走动，渲染完毕后会有声音提示，如图6.27所示。

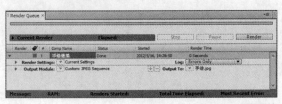

图6.27 渲染图片

06 渲染完毕后，在路径设置的文件夹里可找到JPG格式单帧图片，如图6.28所示。

图6.28 渲染后单帧图片

6.8 本章小结

本章首先讲解了数字视频的压缩，然后分析了图像的常用格式，详细阐述了渲染工作区的设置方法，最后以实例的形式讲解了影片的输出方法。

6.9 课后习题

本章通过3个课后习题，将前面内容中没有讲解的输出种类分类讲解，以更加全面地掌握输出方法，以适应不同需求的输出要求。

6.9.1 课后习题1——渲染工作区的设置

📖 **实例说明**

制作的动画有时并不需要将全部动画输出，此时可以通过设置渲染工作区设置输出的范围，以输出自己最需要的动画部分，本例讲解渲染工作区的设置方法。

工程文件：工程文件\第6章\飘动出字

视频：视频\6.9.1 课后习题1——渲染工作区的设置.avi

✒️ **知识点**

渲染工作区的设置。

6.9.2 课后习题2——输出序列图片

 实例说明

序列图片在动画制作中非常实用，特别是与其他软件配合时，如在3d max、Maya等软件中制作特效然后应用在After Effects中时，有时也需要After Effects中制作的动画输出成序列用于其他用途，本例就来讲解序列图片的输出方法。

工程文件：工程文件\第6章\流星雨
视频：视频\6.9.2 课后习题2——输出序列图片.avi

知识点

序列图片的输出方法。

6.9.3 课后习题3——输出音频文件

 实例说明

对于动画来说，有时候我们并不需要动画画面，而只需要动画中的音乐，如你对一个电影或动画中音乐非常喜欢，想将其保存下来，此时就可以只将音频文件输出，本例就来讲解音频文件的输出方法。

工程文件：工程文件\第6章\跳动的声波
视频：视频\6.9.3 课后习题3——输出音频文件.avi

知识点

音频文件的输出方法。

第7章

超炫光效的制作

─────── 内容摘要 ───────

　　本章主要讲解超炫光效的制作。在栏目包装级影视特效中经常可以看到运用炫彩的光效对整体动画的点缀，光效不仅可以作用在动画的背景上，使动画整体更加绚丽，也可以运用到动画的主体上使主题更加突出。本章通过几个具体的实例，讲解了常见梦幻光效的制作方法。

─────── 教学目标 ───────

- 游动光线的制作
- 流光线条的制作
- 蜿蜒的光带效果的制作
- 电光球特效的制作
- 旋转光环的制作
- 连动光线的制作

7.1 课堂案例——游动光线

实例说明

本例主要讲解利用Vegas（勾画）特效制作游动光线效果，完成的动画流程画面如图7.1所示。

工程文件：工程文件第7章\游动光线
视频：视频\7.1 课堂案例——游动光线.avi

图7.1 游动光线动画流程画面

知识点

1. Vegas（勾画）。

2. Glow（发光）。

3. Turbulent Displace（动荡置换）。

7.1.1 制作长光线

01 执行菜单栏中的Composition（合成）| New Composition（新建合成）命令，打开Composition Settings（合成设置）对话框，设置Composition Name（合成名称）为"光线"，Width（宽）为720，Height（高）为576，Frame Rate（帧速率）为25，并设置Duration（持续时间）为00:00:05:00秒。

02 执行菜单栏中的Layer（层）|New（新建）|Solid（固态层）命令，打开Solid Settings（固态层设置）对话框，设置Name（名称）为"光线1"，Color（颜色）为黑色。

03 在时间线面板中，选择"光线1"层，在工具栏中选择Pen Tool（钢笔工具） ，绘制一个路径，如图7.2所示。

图7.2 绘制路径

04 为"光线1"层添加Vegas（勾画）特效。在Effects & Presets（效果和预置）面板中展开Generate（创造）特效组，然后双击Vegas（勾画）特效，如图7.3所示。

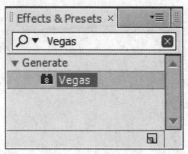

图7.3 添加勾画特效

05 在Effect Controls（特效控制）面板中，修改Vegas（勾画）特效的参数，设置从Stroke（描边）下拉菜单中选择Mask/Path（蒙版和路径）选项；展开Segments（线段）选项组，设置Segments（线段）的值为1；将时间调整到00:00:00:00帧的位置，设置Rotation（旋转）的值为−75，单击Rotation（旋转）左侧的码表 按钮，在当前位置设置关键帧，如图7.4所示。

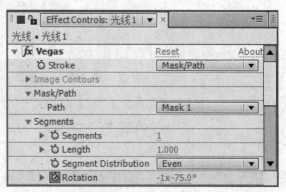

图7.4 设置参数

06 将时间调整到00:00:04:24帧的位置，设置Rotation（旋转）的值为−1x−75，系统会自动设置关键帧。

07 展开Rendering（渲染）选项组，设置Color（颜色）为白色，Hardness（硬度）的值为0.5，Start Opacity（开始透明度）的值为0.9，Mid-point Opacity（中间点透明度）的值为−0.4，如图7.5所示。

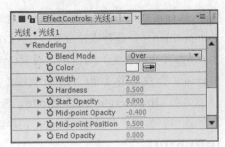

图7.5 设置渲染参数

08 为"光线"层添加Glow（发光）特效。在Effects & Presets（效果和预置）面板中展开Stylize（风格化）特效组，然后双击Glow（发光）特效。

09 在Effect Controls（特效控制）面板中，修改Glow（发光）特效的参数，设置Glow Threshold（发光阈值）的值为20%，Glow Radius（发光半径）的值为5，Glow Intensity（发光强度）的值为2，从Glow Colors（发光颜色）下拉菜单中选择A & B Colors（A和B颜色），Colors A（颜色A）为橙色（R：254，G：191，B：2），Colors B（颜色B）为红色（R：243，G：0，B：0），如图7.6所示，合成窗口效果如图7.7所示。

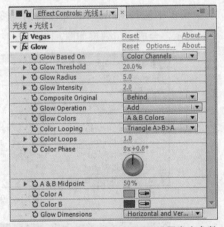

图7.6 设置发光参数

图7.7 设置发光后效果

7.1.2 制作短光线

01 在时间线面板中，选择"光线1"层，按Ctrl+D组合键复制出另一个新的图层，将该图层重命名为"光线2"，在Effect Controls（特效控制）面板中，修改Vegas（勾画）特效的参数，设置Length（长度）的值为0.05；展开Rendering（渲染）选项组，设置Width（宽度）的值为7，如图7.8所示，合成窗口效果如图7.9所示。

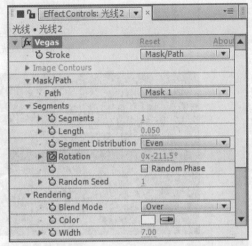

图7.8 修改勾画参数

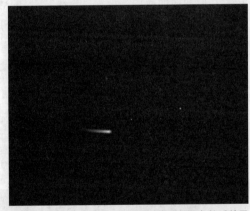

图7.9 修改勾画参数后效果

02 选择"光线2"层，在Effect Controls（特效控制）面板中，修改Glow（发光）特效的参数，设置Glow Radius（发光半径）的值为30，Colors A（颜色A）为蓝色（R：0，G：149，B：254），Colors B（颜色B）为暗蓝色（R：1，G：93，B：164），如图7.10所示，合成窗口效果如图7.11所示。

173

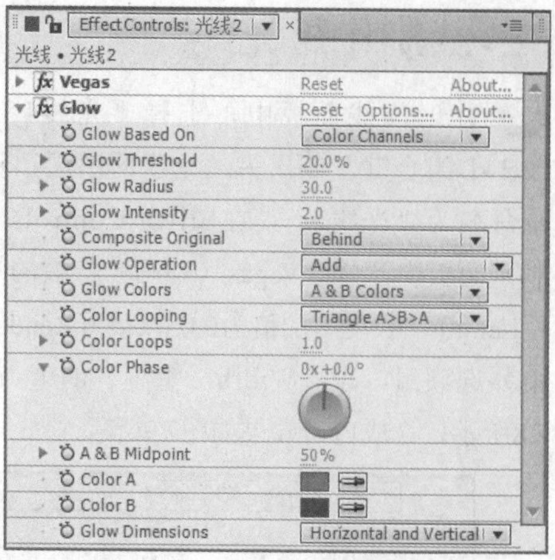

图7.10 修改发光参数

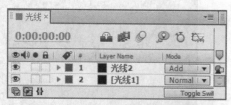

图7.11 修改发光后效果

03 在时间线面板中，设置"光线2"层的Mode（模式）为Add（相加），如图7.12所示，合成窗口效果如图7.13所示。

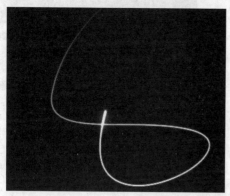

图7.12 设置叠加模式

04 执行菜单栏中的Composition（合成）| New Composition（新建合成）命令，打开Composition Settings（合成设置）对话框，设置Composition Name（合成名称）为"游动光线"，Width（宽）为720，Height（高）为576，Frame Rate（帧速率）为25，并设置Duration（持续时间）为00:00:05:00秒。

05 执行菜单栏中的Layer（层）|New（新建）|Solid（固态层）命令，打开Solid Settings（固态层设置）对话框，设置Name（名称）为"背景"，Color（颜色）为黑色。

06 为"背景"层添加Ramp（渐变）特效。在Effects & Presets（效果和预置）面板中展开Generate（创造）特效组，然后双击Ramp（渐变）特效。

07 在Effect Controls（特效控制）面板中，修改Ramp（渐变）特效的参数，设置Start of Ramp（渐变开始）的值为（123，99），Start Color（起始颜色）为紫色（R：78，G：1，B：118），End Color（结束颜色）为黑色，从Ramp Shape（渐变类型）下拉菜单中选择Radial Ramp（径向渐变），如图7.14所示，合成窗口效果如图7.15所示。

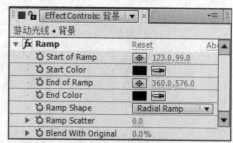

图7.14 设置渐变参数

图7.15 设置渐变后效果

图7.13 设置叠加模式后效果

08　在Project（项目）面板中，选择"光线"合成，将其拖动到"游动光线"合成的时间线面板中。设置"光线"层的Mode（模式）为Add（相加），如图7.16所示，合成窗口效果如图7.17所示。

图7.16　设置叠加模式

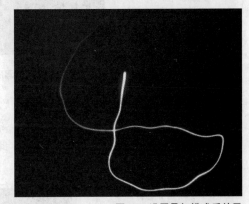

图7.17　设置叠加模式后效果

09　为"光线"层添加Turbulent Displace（动荡置换）特效。在Effects & Presets（效果和预置）面板中展开Distort（扭曲）特效组，然后双击Turbulent Displace（动荡置换）特效。

10　在Effect Controls（特效控制）面板中，修改Turbulent Displace（动荡置换）特效的参数，设置Amount（数量）的值为60，Size（大小）的值为30，从Antialiasing for Best Quality（抗锯齿质量）下拉菜单中选择High（高），如图7.18所示，合成窗口效果如图7.19所示。

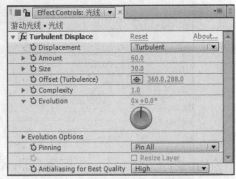

图7.18　设置动荡置换参数

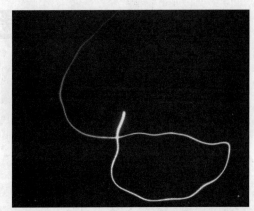

图7.19　设置动荡置换后效果

11　在时间线面板中，选中"光线"层，按Ctrl+D组合键复制出两个新的图层，将其分别重命名为"光线2"和"光线3"层，在Effect Controls（特效控制）面板中分别修改Turbulent Displace（动荡置换）特效的参数，如图7.20所示，合成窗口效果如图7.21所示。

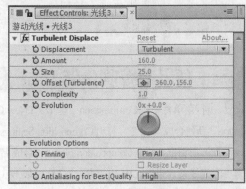

图7.20　修改动荡置换参数

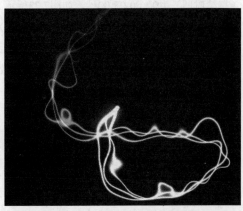

图7.21　修改动荡置换后效果

12　这样就完成了游动光线的整体制作，按小键盘上的0键，即可在合成窗口中预览动画。

7.2 课堂案例——流光线条

实例说明

本例主要讲解流光线条动画的制作。首先利用Fractal Noise（分形噪波）特效制作出线条效果，通过调节Bezier Warp（贝赛尔曲线变形）特效制作出光线的变形，然后添加第三方插件Particular（粒子）特效，制作出上升的圆环从而完成动画。本例最终的动画流程效果，如图7.22所示。

工程文件：工程文件\第7章\流光线条
视频：视频\7.2 课堂案例——流光线条.avi

图7.22 流动线条最终动画流程效果

知识点

1.Ellipse Tool（椭圆工具）。

2.Shine（光）特效。

3.Bezier Warp（贝赛尔曲线变形）特效。

7.2.1 利用蒙版制作背景

01 执行菜单栏中的Composition（合成）| New Composition（新建合成）命令，打开Composition Settings（合成设置）对话框，设置Composition Name（合成名称）为"流光线条效果"，Width（宽）为720，Height（高）为576，Frame Rate（帧速率）为25，并设置Duration（持续时间）为00:00:05:00秒，如图7.23所示。

02 执行菜单栏中的File（文件）| Import（导入）| File（文件）命令，打开Import File（导入文件）对话框，选择配套资源中的"工程文件\第7章\流光线条效果\圆环.psd"素材，单击打开按钮，如图7.24所示，"圆环.psd"素材将导入到Project（项目）面板中。

图7.23 建立合成   图7.24 导入psd文件

03 按Ctrl + Y组合键，打开Solid Settings（固态层设置）对话框，设置Name（名称）为"背景"，Color（颜色）为紫色（R：65，G：4，B：67），如图7.25所示。

04 为"背景"固态层绘制蒙版，单击工具栏中的Ellipse Tool（椭圆工具）按钮，绘制椭圆蒙版，如图7.26所示。

图7.25 建立固态层   图7.26 绘制椭圆形蒙版

05 按F键，打开"背景"固态层的Mask Feather（蒙版羽化）选项，设置Mask Feather（蒙版羽化）的值为（200，200），如图7.27所示。此时的画面效果，如图7.28所示。

图7.27 设置羽化属性   图7.28 设置属性后效果

06 按Ctrl + Y组合键，打开Solid Settings（固态层设置）对话框，设置Name（名称）为"流光"，Width（宽）为400，Height（高）为650，Color（颜色）为白色，如图7.29所示。

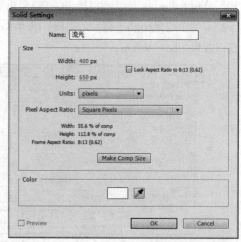

图7.29 建立固态层

07 将"流光"层的Mode（模式）修改为Screen（屏幕）。

08 选择"流光"固态层，在Effects & Presets（效果和预置）面板中展开Noise & Grain（噪波与杂点）特效组，然后双击Fractal Noise（分形噪波）特效，如图7.30所示。

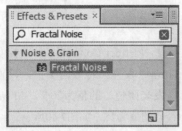

图7.30 添加特效

09 将时间调整到00:00:00:00帧的位置，在Effect Controls（特效控制）面板中，修改Fractal Noise（分形噪波）特效的参数，设置Contrast（对比度）的值为450，Brightness（亮度）的值为−80；展开Transform（转换）选项组，取消勾选Uniform Scaling（等比缩放）复选框，设置Scale Width（缩放宽度）的值为15，Scale Height（缩放高度）的值为3500，Offset Turbulence（乱流偏移）的值为（200，325），Evolution（进化）的值为0，然后单击Evolution（进化）左侧的码表 按钮，在当前位置设置关键帧，如图7.31所示，

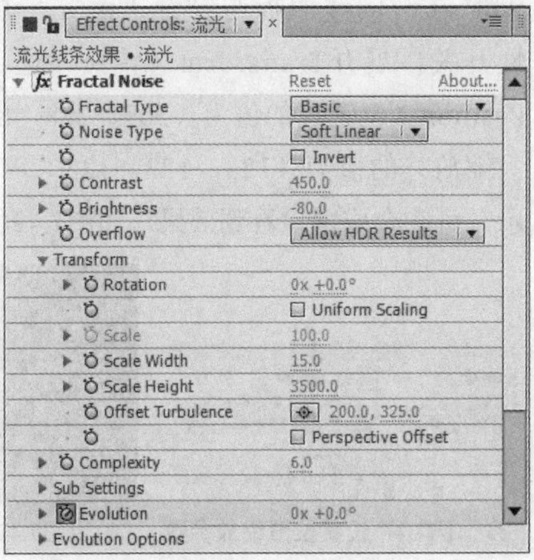

图7.31 设置分形噪波特效参数

10 将时间调整到00:00:04:24帧的位置，修改Evolution（进化）的值为1x，系统将在当前位置自动设置关键帧，此时的画面效果如图7.32所示。

图7.32 设置特效后的效果

7.2.2 添加特效调整画面

01 为"流光"层添加Bezier Warp（贝塞尔曲线变形）特效，在Effects & Presets（效果和预置）面板中展开Distort（扭曲）特效组，双击Bezier Warp（贝塞尔曲线变形）特效，如图7.33所示。

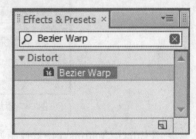

图7.33 添加贝塞尔曲线变形特效

02 在Effect Controls（特效控制）面板中，修改Bezier Warp（贝塞尔曲线变形）特效的参数，如图7.34所示。

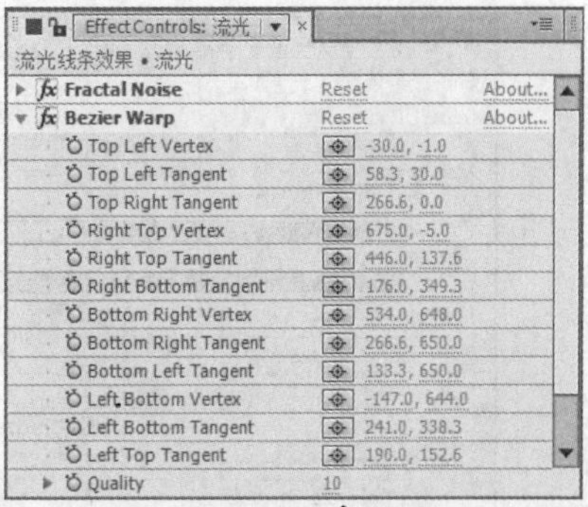

图7.34 设置贝塞尔曲线变形参数

03 在调整图形时，直接修改特效的参数比较麻烦，此时，可以在Effect Controls（特效控制）面板中，选择Bezier Warp（贝塞尔曲线变形）特效，从合成窗口中，可以看到调整的节点，直接在合

成窗口中的图像上，拖动节点进行调整，自由度比较高，如图7.35所示。调整后的画面效果如图7.36所示。

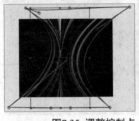 

图7.35 调整控制点　　　图7.36 调整后画面效果

04　为"流光"层添加Hue / Saturation（色相/饱和度）特效。在Effects & Presets（效果和预置）面板中展开Color Correction（色彩校正）特效组，双击Hue / Saturation（色相/饱和度）特效，如图7.37所示。

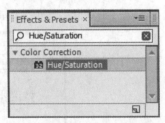

图7.37 添加色相/饱和度特效

05　在Effect Controls（特效控制）面板中，修改Hue/Saturation（色相/饱和度）特效的参数，勾选Colorize（着色）复选框，设置Colorize Hue（着色色相）的值为−55，Colorize Saturation（着色饱和度）的值为66，如图7.38所示。

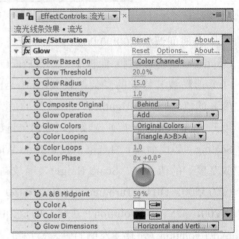

图7.38 设置特效的参数

06　为"流光"层添加Glow（发光）特效，在Effects & Presets（效果和预置）面板中展开Stylize（风格化）特效组，然后双击Glow（发光）特

效，如图7.39所示。

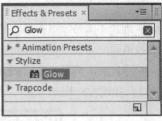

图7.39 添加特效

07　在Effect Controls（特效控制）面板中，修改Glow（发光）特效的参数，设置Glow Threshold（发光阈值）的值为20%，Glow Radius（发光半径）的值为15，如图7.40所示。

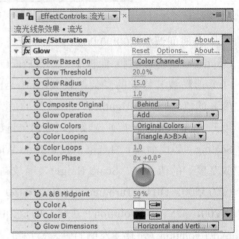

图7.40 设置发光特效的参数

08　在时间线面板中打开"流光"层的三维属性开关，展开Transform（转换）选项组，设置Position（位置）的值为（309，288，86），Scale（缩放）的值为（123，123，123），如图7.41所示。可在合成窗口看到效果，如图7.42所示。

图7.41 设置位置缩放参数　　　图7.42 设置后效果

09　选择"流光"层，按Ctrl + D组合键，将复制出"流光2"层，展开Transform（转换）选项组，设置Position（位置）的值为（408，288，0），Scale（缩放）的值为（97，116，100），Z

Rotation（z轴旋转）的值为−4，如图7.43所示，可以在合成窗口中看到效果如图7.44所示。

图7.43 设置复制层的属性

图7.44 设置后画面效果

⑩　修改Bezier Warp（贝塞尔曲线变形）特效的参数，使其与"流光"的线条角度有所区别，如图7.45所示。

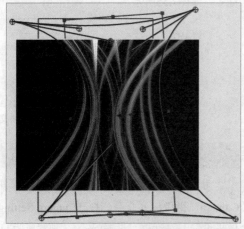
图7.45 设置贝塞尔曲线变形参数

⑪　在合成窗口中看到的控制点的位置发生了变化，如图7.46所示。

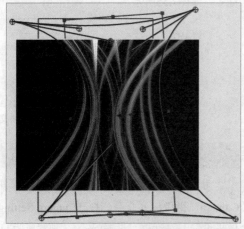
图7.46 合成窗口中的修改效果

⑫　修改Hue / Saturation（色相/饱和度）特效的参数，设置Colorize Hue（着色色相）的值为265，Colorize Saturation（着色饱和度）的值为75，如图7.47所示。

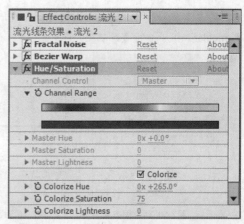
图7.47 调整复制层的着色饱和度

⑬　设置完成后可以在合成窗口中看到效果，如图7.48所示。

图7.48 调整着色饱和度后的画面效果

7.2.3 添加"圆环"素材

①　在Project（项目）面板中选择"圆环.psd"素材，将其拖动到"流光线条效果"合成的时间线面板中，然后单击"圆环.psd"左侧的眼睛◉图标，将该层隐藏，如图7.49所示。

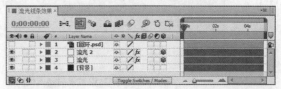
图7.49 隐藏"圆环"层

②　按Ctrl + Y组合键，打开Solid Settings（固态层设置）对话框，设置Name（名称）为"粒子"，Color（颜色）为白色，如图7.50所示。

③　选择"粒子"固态层，在Effects & Presets（效

果和预置）面板中展开Trapcode特效组，然后双击Particular（粒子）特效，如图7.51所示。

图7.50 建立固态层

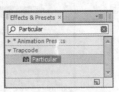

图7.51 添加特效

04 在Effect Controls（特效控制）面板中，修改Particular（粒子）特效的参数，展开Emitter（发射器）选项组，设置Particles/sec（每秒发射粒子数量）的值为5，Position（位置）的值为（360，620）；展开Particle（粒子）选项组，设置Life（生命）的值为2.5，Life Random（生命随机）的值为30，如图7.52所示。

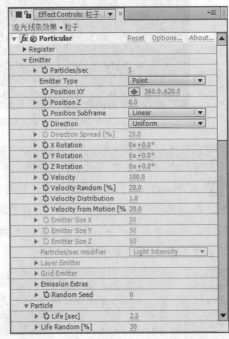

图7.52 设置发射器属性的值

05 展开Texture（纹理）选项组，在Layer（层）下拉菜单中选择"2.圆环.psd"，然后设置Size（大小）的值为20，Size Random（大小随机）的值为60，如图7.53所示。

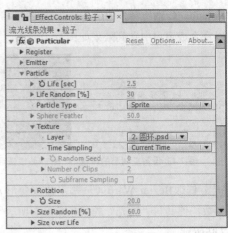

图7.53 设置粒子属性的值

06 展开Physics（物理学）选项组，修改Gravity（重力）的值为−100，如图7.54所示。

图7.54 设置物理学的属性

07 在Effects & Presets（效果和预置）面板中展开Stylize（风格化）特效组，然后双击Glow（发光）特效，如图7.55所示。

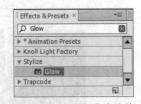

图7.55 添加发光特效

7.2.4 添加摄影机

01 执行菜单栏中的Layer（层）| New（新建）| Camera（摄像机）命令，打开Camera Settings（摄像机设置）对话框，设置Preset（预置）为24mm，如图7.56所示。单击OK（确定）按钮，在时间线面板中将会创建一个摄像机。

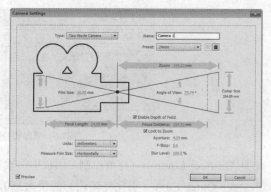

图7.56 建立摄像机

02　将时间调整到00:00:00:00帧的位置，选择"Camera 1"层，展开Transform（转换）、Camera Options（摄像机选项）选项组，然后分别单击Point of Interest（中心点）和Position（位置）左侧的码表⏱按钮，在当前位置设置关键帧，并设置Point of Interest（中心点）的值为（426，292，140），Position（位置）的值为（114，292，−270）；然后分别设置Zoom（缩放）的值为512，Depth of Field（景深）为On（打开），Focus Distance（焦距）的值为512，Aperture（光圈）的值为84，Blur Level（模糊级）的值为122%，如图7.57所示。

图7.57 设置摄像机的参数

03　将时间调整到00:00:02:00帧的位置，修改Point of Interest（中心点）的值为（364，292，25），Position（位置）的值为（455，292，−480），如图7.58所示。

图7.58 制作摄像机动画

04　此时可以看到画面视角的变化，如图7.59所示。

图7.59 设置摄像机后画面视角的变化

05　这样就完成了"流光线条"的整体制作，按小键盘上的0键，在合成窗口中预览动画，效果如图7.60所示。

图7.60 "流光线条"的动画预览

7.3 课堂案例——电光球特效

📖 实例说明

本例主要讲解电光球特效的制作。首先利用Advanced Lightning（高级闪电）特效制作出电光线效果，然后通过CC Lens（CC镜头）特效制作出球形效果，完成电光球特效的制作。本例最终的动画流程效果，如图7.61所示。

工程文件：工程文件\第7章\电光球效果
视频：视频\7.3 课堂案例——电光球特效.avi

图7.61 电光球特效最终动画流程效果

📖 知识点

1. Advanced Lightning（高级闪电）特效。

2. CC Lens（CC镜头）特效。

7.3.1 建立"光球"层

① 执行菜单栏中的Composition（合成）| New Composition（新建合成）命令，打开Composition Settings（合成设置）对话框，设置Composition Name（合成名称）为"光球"，Width（宽）为720，Height（高）为576，Frame Rate（帧速率）为25，并设置Duration（持续时间）为00:00:10:00秒，如图7.62所示。

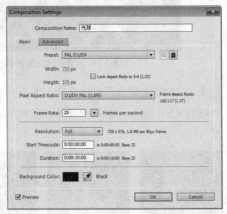

图7.62 建立"光球"合成

② 按Ctrl＋Y组合键，打开Solid Settings（固态层设置）对话框，修改Name（名称）为"光球"，设置Color（颜色）为蓝色（R：35，G：26，B：255），如图7.63所示。

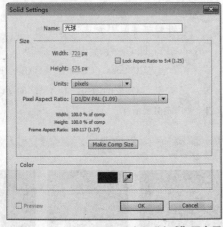

图7.63 建立"光球"固态层

③ 在Effects & Presets（效果和预置）面板中展开Generate（创造）特效组，然后双击Circle（圆）特效，如图7.64所示。

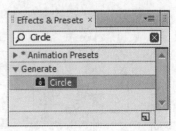

图7.64 添加圆特效

④ 在Effect Controls（特效控制）面板中，设置Feather Outer Edge（羽化外侧边）的值为350，从Blending Mode（混合模式）下拉菜单中，选择Stencil Alpha（通道模板），如图7.65所示。

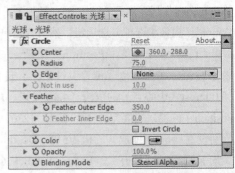

图7.65 设置圆特效的属性

7.3.2 创建"闪光"特效

① 按Ctrl＋Y组合键，打开Solid Settings（固态层设置）对话框，修改Name（名称）为"闪光"，设置Color（颜色）为黑色，如图7.66所示。

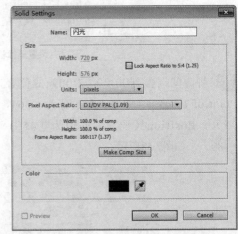

图7.66 建立"闪光"固态层

② 在Effects & Presets（效果和预置）面板中展开Generate（创造）特效组，然后双击Advanced

Lightning（高级闪电）特效，如图7.67所示。

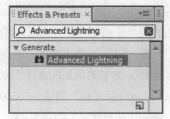

图7.67　添加高级闪电特效

03 在Effect Controls（特效控制）面板中，设置Lightning Type（闪电类型）为Anywhere（随机），Origin（起点）的值为（360，288），Glow Color（发光颜色）为紫色（R：230，G：50，B：255），如图7.68所示。

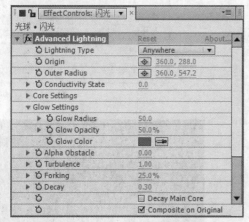

图7.68　修改特效参数

04 设置特效参数后，可在合成窗口中看到特效的效果，如图7.69所示。

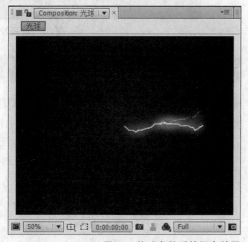

图7.69　修改参数后的闪电效果

05 确认选择闪光固态层，在Effects & Presets（效

果和预置）面板中展开Distort（扭曲）特效组，然后双击CC Lens（CC镜头）特效，如图7.70所示。

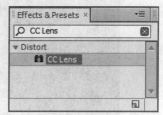

图7.70　添加CC镜头特效

06 在Effect Controls（特效控制）面板中，修改Size（大小）的值为57，如图7.71所示。

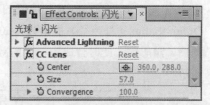

图7.71　设置CC镜头特效参数

7.3.3 制作闪电旋转动画

01 在时间线面板修改"闪光"层的Mode（模式）为Screen（屏幕），调整时间到00:00:00:00帧的位置，在Effect Controls（特效控制）面板中，单击Outer Radius（外半径）和Conductivity State（传导状态）左侧的码表按钮，在当前建立关键帧，设置Outer Radius（外半径）的值为（300，0），Conductivity State（传导状态）的值为10，如图7.72所示。此时合成窗口中的画面效果如图7.73所示。

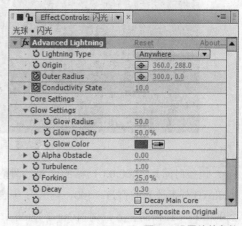

图7.72　设置特效参数

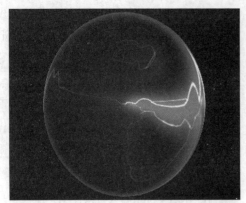

图7.73 画面效果

(02) 调整时间到00:00:02:00帧的位置，调整Outer Radius（外半径）的值为（600，240），如图7.74所示；此时合成窗口中的效果如图7.75所示。

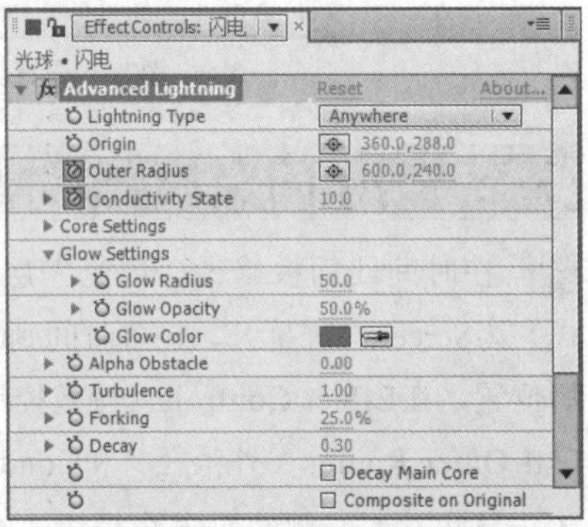

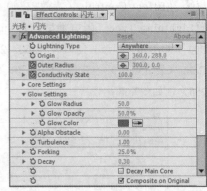

图7.74 设置特效参数

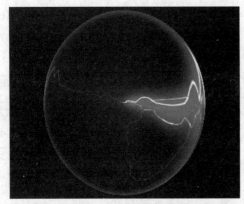

图7.75 画面效果

(03) 调整时间到00:00:03:15帧的位置，调整Outer Radius（外半径）的值为（300，480）；调整时间到00:00:04:15帧的位置，调整Outer Radius（外半径）的值为（360，570）；调整时间到00:00:05:12帧的位置，单击Outer Radius（外半径）左侧的添

加/删除关键帧按钮在当前建立关键帧；调整时间到00:00:06:10帧的位置，调整Outer Radius（外半径）的值为（300，480）；调整时间到00:00:08:00帧的位置，调整Outer Radius（外半径）的值为（600，240）；调整时间到00:00:09:24帧的位置，调整Outer Radius（外半径）的值为（300，0），Conductivity State（传导状态）的值为100，如图7.76所示。拖动时间滑块可在合成窗口看到效果，如图7.77所示。

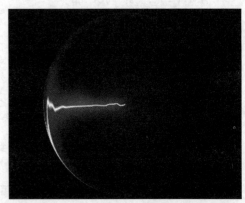

图7.76 设置特效参数

图7.77 动画效果预览

7.3.4 复制"闪光"

(01) 确认选择"闪光"固态层，按Ctrl+D组合键复制一层，设置Scale（缩放）的值为（-100，-100），如图7.78所示，可在合成窗口中看到设置后的效果，如图7.79所示。

图7.78 修改闪光的缩放值

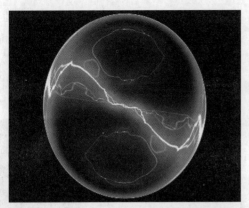

图7.79 画面效果

⑫ 为了制造闪电的随机性，在Effect Controls（特效控制）面板中的Advanced Lightning（高级闪电）特效中修改Origin（起点）的值为（350，260）。

⑬ 这样就完成了"电光球特效"动画制作，按空格键或小键盘上的0键，可在合成窗口看到动画效果，如图7.80所示。

图7.80 "电光球特效"动画预览

7.4 课堂案例——连动光线

实例说明

本例主要讲解连动光线动画的制作。首先利用Ellipse Tool（椭圆工具）⬮绘制椭圆形路径，然后通过添加3D Stroke（3D笔触）特效并设置相关参数，制作出连动光线效果，最后添加Starglow（星光）特效为光线添加光效，完成连动光线动画的制作。本例最终的动画流程效果，如图7.81所示。

工程文件：工程文件\第7章\连动光线
视频：视频\7.4 课堂案例——连动光线.avi

图7.81 连动光线最终动画流程效果

知识点

1.3D Stroke（3D笔触）特效。
2.Adjust Step（调节步幅）参数。

3.Starglow（星光）特效。

7.4.1 绘制笔触添加特效

① 执行菜单栏中的Composition（合成）| New Composition（新建合成）命令，打开Composition Settings（合成设置）对话框，设置Composition Name（合成名称）为"连动光线"，Width（宽）为720，Height（高）为576，Frame Rate（帧速率）为25，并设置Duration（持续时间）为00:00:05:00秒，如图7.82所示。

② 按Ctrl + Y组合键，打开Solid Settings（固态层设置）对话框，设置Name（名称）为"光线"，Color（颜色）为黑色，如图7.83所示。

图7.82 建立合成   图7.83 建立固态层

③ 确认选择"光线"层，在工具栏中选择Ellipse Tool（椭圆工具）⬮，在合成窗口绘制一个正圆，如图7.84所示。

④ 在Effects & Presets（效果和预置）面板中展开Trapcode特效组，然后双击3D Stroke（3D笔触）特效，如图7.85所示。

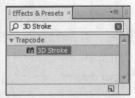

图7.84 绘制正圆蒙版   图7.85 添加特效

⑤ 在Effect Controls（特效控制）面板中，设置End（结束）的值为50；展开Taper（锥形）选项组，选择Enable（开启）复选框，取消Compress to fit（适合合成）复选框；展开Repeater（重复）选项组，选择Enable（开启）复选框，取消Symmetric Doubler（对称复制）复选框，设置

Instances（实例）参数的值为15，Scale（缩放）参数的值为115，如图7.86所示，此时合成窗口中的画面效果如图7.87所示。

图7.86 设置参数　　　　　图7.87 画面效果

06 确认时间在00:00:00:00帧的位置，展开Transform（转换）选项组，分别单击Bend（弯曲）、X Rotation（x轴旋转）、Y Rotation（y轴旋转）、Z Rotation（z轴旋转）左侧的码表按钮，建立关键帧，修改X Rotation（x轴旋转）的值为155，Y Rotation（y轴旋转）的值为150，Z Rotation（z轴旋转）的值为330，如图7.88所示，设置旋转属性后的画面效果如图7.89所示。

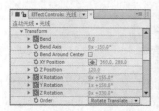 

图7.88 设置特效属性　　　图7.89 设置画面效果

07 展开Repeater（重复）选项组，分别单击Factor（因数）、X Rotation（x轴旋转）、Y Rotation（y轴旋转）、Z Rotation（z轴旋转）左侧的码表按钮，修改Y Rotation（y轴旋转）的值为110，Z Rotation（z轴旋转）的值为−1x，如图7.90所示。可在合成窗口看到设置参数后的效果如图7.91所示。

图7.90 设置属性参数　　　图7.91 设置后的效果

08 调整时间到00:00:02:00帧的位置，在Transform

（转换）选项组中，修改Bend（弯曲）的值为3，X Rotation（x轴旋转）的值为105，Y Rotation（y轴旋转）的值为200，Z Rotation（z轴旋转）的值为320，如图7.92所示，此时的画面效果如图7.93所示。

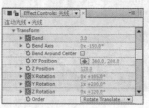 

图7.92 设置属性的参数　　　图7.93 设置后效果

09 在Repeater（重复）选项组中，修改X Rotation（x轴旋转）的值为100，修改Y Rotation（y轴旋转）的值为160，修改Z Rotation（z轴旋转）的值为−145，如图7.94所示，此时的画面效果如图7.95所示。

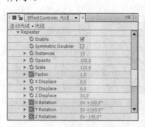 

图7.94 设置参数　　　图7.95 设置参数后的效果

10 调整时间到00:00:03:10帧的位置，在Transform（转换）选项组中，修改Bend（弯曲）的值为2，X Rotation（x轴旋转）的值为190，Y Rotation（y轴旋转）的值为230，Z Rotation（z轴旋转）的值为300，如图7.96所示，此时合成窗口中画面的效果如图7.97所示。

图7.96 设置参数　　　图7.97 设置参数后的效果

11 在Repeater（重复）选项组中，修改Factor（因数）的值为1.1，X Rotation（x轴旋转）的值为240，修改Y Rotation（y轴旋转）的值为130，修改Z Rotation（z轴旋转）的值为−40，如图7.98

所示,此时的画面效果如图7.99所示。

图7.98 设置属性参数　　图7.99 设置参数后的效果

⑫　调整时间到00:00:04:20帧的位置,在Transform(转换)选项组中,修改Bend(弯曲)的值为9,X Rotation(x轴旋转)的值为200,Y Rotation(y轴旋转)的值为320,Z Rotation(z轴旋转)的值为290,如图7.100所示,此时在合成窗口中看到的画面效果如图7.101所示。

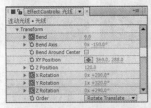

图7.100 设置属性的参数　　图7.101 画面效果

⑬　在Repeater(重复)选项组中,修改Factor(因数)的值为0.6,X Rotation(x轴旋转)的值为95,修改Y Rotation(y轴旋转)的值为110,修改Z Rotation(z轴旋转)的值为77,如图7.102所示,此时合成口中的画面效果如图7.103所示。

图7.102 设置属性的参数　　图7.103 画面效果

7.4.2 制作线与点的变化

①　调整时间到00:00:01:00帧的位置,展开Advanced(高级)选项组,单击Adjust Step(调节步幅)左侧的码表 按钮,在当前建立关键帧,修改Adjust Step(调节步幅)的值为900,如图

7.104所示,此时合成窗口中的画面如图7.105所示。

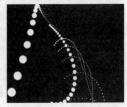

图7.104 设置属性参数　　图7.105 画面效果

②　调整时间到00:00:01:10帧的位置,设置Adjust Step(调节步幅)的值为200,如图7.106所示,此时合成窗口中的画面如图7.107所示。

图7.106 设置属性参数　　图7.107 画面效果

③　调整时间到00:00:01:20帧的位置,设置Adjust Step(调节步幅)的值为900,如图7.108所示,此时合成窗口中的画面如图7.109所示。

图7.108 设置属性参数　　图7.109 画面效果

④　调整时间到00:00:02:15帧的位置,设置Adjust Step(调节步幅)的值为200,如图7.110所示,此时合成窗口中的画面如图7.111所示。

图7.110 设置属性参数　　图7.111 画面效果

⑤　调整时间到00:00:03:10帧的位置,设置Adjust Step(调节步幅)的值为200,如图7.112所示,此

时合成窗口中的画面如图7.113所示。

图7.112 设置属性参数

图7.113 画面效果

06 调整时间到00:00:04:05帧的位置，设置Adjust Step（调节步幅）的值为900，如图7.114所示，此时合成窗口中的画面如图7.115所示。

图7.114 设置属性参数

图7.115 画面效果

07 调整时间到00:00:04:20帧的位置，设置Adjust Step（调节步幅）的值为300，如图7.116所示，此时合成窗口中的画面如图7.117所示。

图7.116 设置属性参数

图7.117 画面效果

7.4.3 添加星光特效

01 确认选择"光线"固态层，在Effects & Presets（效果和预置）面板中展开Trapcode特效组，然后双击Starglow（星光）特效，如图7.118所示。

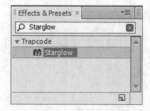
图7.118 添加星光特效

02 在Effect Controls（特效控制）面板中，设置Presets（预设）为Warm Star（暖星），设置Streak Length（光线长度）的值为10，如图7.119所示。

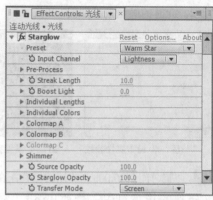
图7.119 设置星光特效参数

03 这样就完成了"连动光线"效果的整体制作，按小键盘上的0键，可以在合成窗口中预览动画，如图7.120所示。

图7.120 "连动光线"动画流程

7.5 本章小结

本章主要讲解利用特效来制作各种光线，包括游动光线、流光线条、电光球、连动光线等效果的制作，通过本章的学习掌握几种光线的制作方法。

7.6 课后习题

本章通过4个课后习题，讲解如何在After Effects中制作出绚丽的光线效果，使整个动画更加华丽且更富有灵动感。

7.6.1 课后习题1——蜿蜒的光带

📖 **实例说明**

本例主要讲解蜿蜒的光带动画的制作。首先创建固态层并利用钢笔工具制作笔触，然后利用Particular（粒子）特效制作出光带的效果，配合Hue/Saturation（色相/饱和度）和Glow（发光）特效调节颜色添加光晕，完成蜿蜒的光带动画的制作。本例最终的动画流程效果如图7.121所示。

工程文件：工程文件\第7章\蜻蜓的光带
视频：视频\7.6.1 课后习题1——蜻蜓的光带.avi

图7.121 蜻蜓的光带最终动画流程效果

📖 知识点

1.Glow（发光）特效。

2.Light（灯光）的创建及设置方法。

3.Particlar（粒子）特效。

7.6.2 课后习题2——旋转光环

📖 实例说明

本例主要讲解旋转光环效果的制作。首先利用Basic 3D（基础3D）特效制作出光环的3D效果，通过设置Polar Coordinates（极坐标）、Glow（发光）特效制作圆环发光效果，然后利用Curves（曲线）对圆环进行的颜色调整，完成整个动画的制作。本例最终的动画流程效果如图7.122所示。

工程文件：工程文件\第7章\旋转光环
视频：视频\7.6.2 课后习题2——旋转光环.avi

图7.122 旋转光环最终动画流程效果

📖 知识点

1.Rectangle Tool（矩形工具）。

2.Polar Coordinates（极坐标）特效。

7.6.3 课后习题3——延时光线

📖 实例说明

本例主要讲解利用Stroke（描边）特效制作延时光线效果，完成的动画流程画面如图7.123所示。

工程文件：工程文件\第7章\延时光线
视频：视频\7.6.3 课后习题3——延时光线.avi

图7.123 延时光线动画流程画面

📖 知识点

1. Stroke（描边）。

2. Echo（重复）。

3. Glow（发光）。

7.6.4 课后习题4——点阵发光

📖 实例说明

本例主要讲解利用3D Stroke（3D笔触）特效制作点阵发光效果，完成的动画流程画面如图7.124所示。

工程文件：工程文件\第7章\点阵发光
视频：视频\7.6.4 课后习题4——点阵发光.avi

图7.124 点阵发光动画流程画面

📖 知识点

1. 3D Stroke（3D笔触）。

2. Shine（光）。

第**8**章

常见插件特效风暴

内容摘要

　　After Effects除了内置了非常丰富的特效外，还支持相当多的第三方特效插件，通过对第三方插件的应用，可以使动画的制作更为简单，动画的效果也更为绚丽。通过本章的制作，掌握常见外挂插件的动画运用技巧。

教学目标

- 了解Particular（粒子）的功能
- 掌握3D Stroke（3D笔触）的使用及动画制作
- 学习Particular（粒子）参数设置
- 掌握利用Shine（光）特效制作扫光文字的方法和技巧

8.1 课堂案例——3D Stroke（3D笔触）：制作动态背景

实例说明

本例主要讲解利用3D Stroke（3D笔触）特效制作动态背景效果，完成的动画流程画面如图8.1所示。

工程文件：工程文件\第8章\动态背景效果

视频：视频\8.1 课堂案例——3D Stroke（3D笔触）：制作动态背景.avi

图8.1　动画流程画面

知识点

1.Ellipse Tool（椭圆工具）。

2.3D Stroke（3D笔触）。

01 执行菜单栏中的Composition（合成）| New Composition（新建合成）命令，打开Composition Settings（合成设置）对话框，设置Composition Name（合成名称）为"动态背景效果"，Width（宽）为720，Height（高）为576，Frame Rate（帧速率）为25，并设置Duration（持续时间）为00:00:02:00秒。

02 执行菜单栏中的Layer（层）|New（新建）|Solid（固态层）命令，打开Solid Settings（固态层设置）对话框，设置Name（名称）为"背景"，Color（颜色）为黑色。

03 为"背景"层添加Ramp（渐变）特效。在Effects & Presets（效果和预置）面板中展开Generate（创造）特效组，然后双击Ramp（渐变）特效。

04 在Effect Controls（特效控制）面板中，修改Ramp（渐变）特效的参数，设置Start of Ramp（渐变开始）的值为（356，288），Start Color（起始颜色）为黄色（R：255，G：252，B：0），End of Ramp（渐变结束）的值为（712，570），End Color（结束颜色）为红色（R：255，G：0，B：0），从Ramp Shape（渐变类型）下拉菜单中选择Radial Ramp（径向渐变）选项，如图8.2所示，合成窗口效果如图8.3所示。

图8.2　设置渐变参数

图8.3　设置渐变后效果

05 执行菜单栏中的Layer（层）|New（新建）|Solid（固态层）命令，打开Solid Settings（固态层设置）对话框，设置Name（名称）为"旋转"，Color（颜色）为黑色。

06 选中"旋转"层，在工具栏中选择Ellipse Tool（椭圆工具），在图层上绘制一个圆形路径，如图8.4所示。

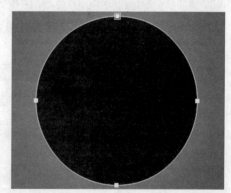

图8.4　绘制路径

07 为"旋转"层添加3D Stroke（3D 笔触）特效。在Effects & Presets（效果和预置）面板中展开Trapcode特效组，然后双击3D Stroke（3D 笔触）特效，如图8.5所示。

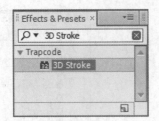

图8.5 添加3D 笔触特效

(08) 在Effect Controls（特效控制）面板中，修改3D Stroke（3D笔触）特效的参数，设置Color（颜色）为黄色（R：255，G：253，B：68），Thickness（厚度）的值为8，End（结束）的值为25；将时间调整到00:00:00:00帧的位置，设置Offset（偏移）的值0，单击Offset（偏移）左侧的码表 按钮，在当前位置设置关键帧，合成窗口效果如图8.6所示。

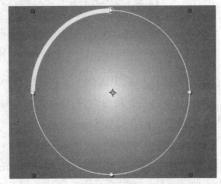

图8.6 设置关键帧前效果

(09) 将时间调整到00:00:01:24帧的位置，设置Offset（偏移）的值为201，系统会自动设置关键帧，如图8.7所示。

图8.7 设置偏移关键帧

(10) 展开Taper（锥度）选项组，选中Enable（启用）复选框，如图8.8所示。

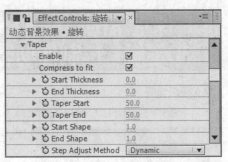

图8.8 设置锥度参数

(11) 展开Transform（转换）选项组，设置Bend（弯曲）的值为4.5，Bend Axis（弯曲轴）的值为90，选择Bend Around Center（弯曲重置点）复选框，Z Position（z轴位置）的值为−40，Y Rotation（y轴旋转）的值为90，如图8.9所示。

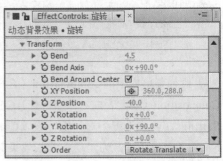

图8.9 设置变换参数

(12) 展开Repeater（重复）选项组，选择Enable（启用）复选框，设置Instances（重复量）的值为2，Z Displace（z轴移动）的值为30，X Rotation（x轴旋转）的值为120，展开Advanced（高级）选项组，设置Adjust Step（调节步幅）的值为1000，如图8.10所示，合成窗口效果如图8.11所示。

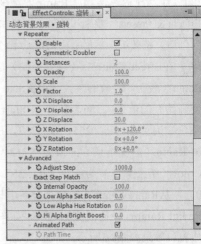

图8.10 设置重复和高级参数

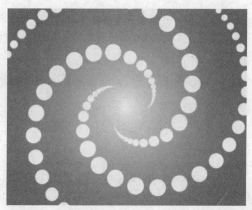

图8.11 设置3D笔触参数

⑬ 这样就完成了动态背景的整体制作，按小键盘上的0键，即可在合成窗口中预览动画。

8.2 课堂案例——Shine（光）：扫光文字

📖 实例说明

本例主要讲解利用Shine（光）特效制作扫光文字效果，完成的动画流程画面如图8.12所示。

工程文件：工程文件\第8章\扫光文字
视频：视频\8.2 课堂案例——Shine（光）：扫光文字.avi

图8.12 扫光文字动画流程画面

📖 知识点

Shine（光）。

① 执行菜单栏中的File（文件）|Open Project（打开项目）命令，选择配套资源中的"工程文件\第8章\扫光文字\扫光文字练习.aep"文件，将文件打开。

② 执行菜单栏中的Layer（层）|New（新建）|Text（文本）命令，输入"Gorgeous"。在Character（字符）面板中，设置文字字体为Adobe Heiti Std，字号为100，字体颜色为青色（R：84，G：236，B：254）。

③ 为"Gorgeous"层添加Shine（光）特效。在Effects & Presets（效果和预置）面板中展开

Trapcode特效组，然后双击Shine（光）特效。

④ 在Effect Controls（特效控制）面板中，修改Shine（光）特效的参数，设置Ray Light（光线长度）的值为8，Boost Light（光线亮度）的值为5，从Colorize（着色）下拉菜单中选择One Color（单色）命令，Color（颜色）为青（R：0，G：252，B：255）；将时间调整到00:00:00:00帧的位置，设置Source Point（源点）的值为（118，290），单击Source Point（源点）左侧的码表⏱按钮，在当前位置设置关键帧。

⑤ 将时间调整到00:00:02:00帧的位置，设置Source Point（源点）的值为（602，298），系统会自动设置关键帧，如图8.13所示，合成窗口效果如图8.14所示。

图8.13 设置发光参数　　图8.14 设置后效果

⑥ 这样就完成了扫光文字的整体制作，按小键盘上的0键，即可在合成窗口中预览动画。

8.3 课堂案例——Particular（粒子）：旋转空间

📖 实例说明

本例主要讲解利用Particular（粒子）特效制作旋转空间效果。完成的动画流程画面如图8.15所示。

工程文件：工程文件\第8章\旋转空间
视频：视频\8.3 课堂案例——Particular（粒子）：旋转空间.avi

图8.15 旋转空间动画流程画面

知识点

1.Particular（粒子）特效。

2.Curves（曲线）特效。

8.3.1 新建合成

01 执行菜单栏中的Composition（合成）| New Composition（新建合成）命令，打开Composition Settings（合成设置）对话框，设置Composition Name（合成名称）为"旋转空间"，Width（宽）为720，Height（高）为576，Frame Rate（帧率）为25，并设置Duration（持续时间）为00:00:05:00 秒，如图8.16所示。

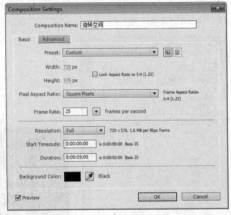

图8.16 合成设置

02 执行菜单栏中的File（文件）| Import（导入）| File（文件）命令，打开Import File（导入文件）对话框，选择配套资源中的"工程文件\第8章\旋转空间\手背景.jpg"素材，单击打开按钮，将素材将导入到Project（项目）面板中。

8.3.2 制作粒子生长动画

01 打开"旋转空间"合成，在Project（项目）面板中选择"手背景.jpg"素材，将其拖动到"旋转空间"合成的Timeline（时间线）面板中，如图8.17所示。

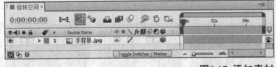

图8.17 添加素材

02 在时间线面板中按Ctrl + Y组合键，打开Solid

Settings（固态层设置）对话框，设置Name（名称）为"粒子"，Color（颜色）为白色，如图8.18 所示。

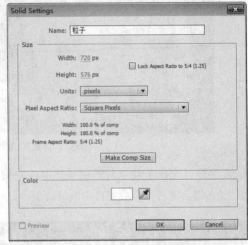

图8.18 新建"粒子"固态层

03 单击OK（确定）按钮，在时间线面板中将会创建一个名为"粒子"的固态层。选择"粒子"固态层，在Effects & Presets（效果和预置）面板中展开Trapcode特效组，然后双击Particular（粒子）特效，如图8.19所示。

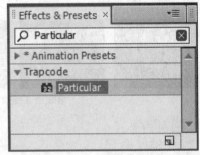

图8.19 添加粒子特效

04 在Effects Controls（特效控制）面板中，修改Particular（粒子）特效的参数，展开Aux System（辅助系统）选项组，在Emit（发射器）右侧的下拉菜单中选择From Main Particles（从主粒子），设置Particles/sec（每秒发射粒子数量）的值为235，Life（生命）的值为1.3，Size（大小）的值为1.5，Opacity（透明度）的值为30，参数设置如图8.20所示。其中一帧的画面效果如图8.21 所示。

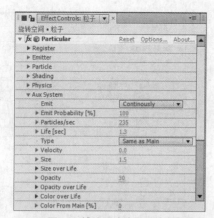

图8.20 辅助系统选项组的参数设置

图8.21 其中一帧的画面效果

05 将时间调整到00:00:01:00帧的位置，展开Physics（物理学）选项组，然后单击Physics Time Factor（物理时间因素）左侧的码表 按钮，在当前位置设置关键帧；然后再展开Air（空气）选项中的Turbulence Field（扰乱场）选项，设置Affect Position（影响位置）的值为155，参数设置如图8.22所示。此时的画面效果，如图8.23所示。

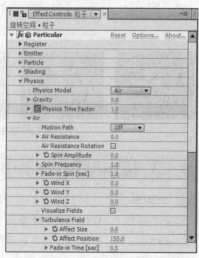

图8.22 在00:00:01:00帧的位置设置关键帧

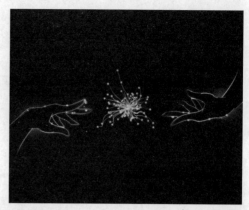

图8.23 00:00:01:00帧的画面

提示

影响位置的设置可以在一个指定范围产生控制，从而得到随机扭曲效果时尤为重要。

06 将时间调整到00:00:01:10帧的位置，修改Physics Time Factor（物理时间因素）的值为0，如图8.24所示。此时的画面效果如图8.25所示。

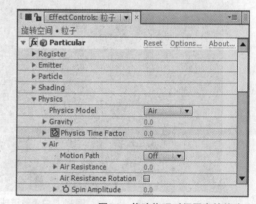

图8.24 修改物理时间因素的值为0

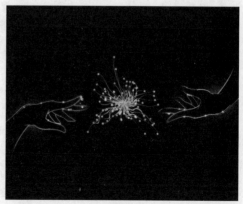

图8.25 00:00:01:10帧的画面

07 展开Particle（粒子）选项组，设置Size

（大小）的值为0，此时白色粒子球消失，参数设置如图8.26所示。此时的画面效果如图8.27所示。

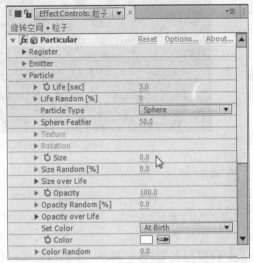

图8.26 设置大小的值为0

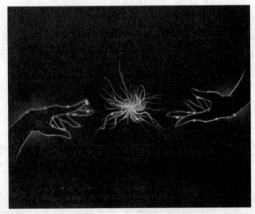

图8.27 白色粒子球消失

提示

在特效控制面板中使用Ctrl + Shift + E组合键可以移除所有添加的特效。

08 将时间调整到00:00:00:00帧的位置，展开Emitter（发射器）选项组，设置Particles/sec（每秒发射粒子数量）的值为1800，然后单击Particles/sec（每秒发射粒子数量）左侧的码表按钮，在当前位置设置关键帧；设置Velocity（速度）的值为160，Velocity Random（速度随机）的值为40，参数设置如图8.28所示。此时的画面效果如图8.29所示。

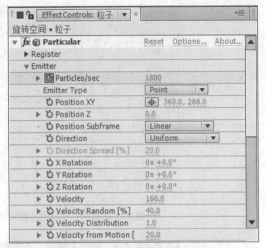

图8.28 设置发射器选项组的参数

图8.29 00:00:00:00帧的画面

09 将时间调整到00:00:00:01帧的位置，修改Particles/sec（每秒发射粒子数量）的值为0，系统将在当前位置自动设置关键帧。这样就完成了粒子生长动画的制作，拖动时间滑块，预览动画，其中几帧的画面效果如图8.30所示。

图8.30 其中几帧的画面效果

8.3.3 制作摄像机动画

01 添加摄像机。执行菜单栏中的Layer（层）| New（新建）| Camera（摄像机）命令，打开Camera Settings（摄像机设置）对话框，设置Preset（预置）为24mm，参数设置如图8.31所示。单击

OK（确定）按钮，在时间线面板中将会创建一个摄像机。

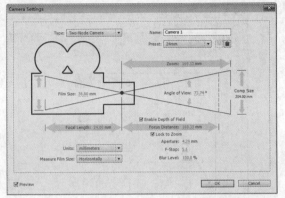

图8.31 摄像机设置对话框

⑫ 在时间线面板中，打开"手背景.jpg"层的三维属性开关。将时间调整到00:00:00:00帧的位置，选择"Camera 1"层，单击其左侧的灰色三角形▼按钮，将展开Transform（转换）选项组，然后分别单击Point of Interest（中心点）和Position（位置）左侧的码表⌚按钮，在当前位置设置关键帧，参数设置如图8.32所示。

图8.32 为摄像机设置关键帧

⑬ 将时间调整到00:00:01:00帧的位置，修改Point of Interest（中心点）的值为（320，288，0），Position（位置）的值为（-165，360，530），如图8.33所示。此时的画面效果如图8.34所示。

图8.33 修改中心点和位置的值

图8.34 00:00:01:00帧的画面效果

⑭ 将时间调整到00:00:02：00帧的位置，修改Point of Interest（中心点）的值为（295，288，180），Position（位置）的值为（560，360，-480），如图8.35所示。此时的画面效果如图8.36所示。

图8.35 在00:00:02:00帧的位置修改参数

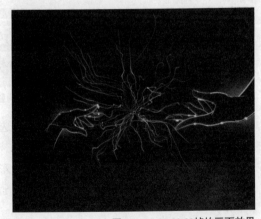

图8.36 00:00:02:00帧的画面效果

⑮ 将时间调整到00:00:03:04帧的位置，修改Point of Interest（中心点）的值为（360，288，0），Position（位置）的值为（360，288，-480），如图8.37所示。此时的画面效果如图8.38所示。

图8.37 在00:00:03:04帧的位置修改参数

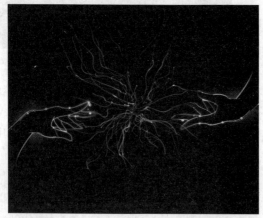

图8.38 00:00:03:04帧的画面效果

06 调整画面颜色。执行菜单栏中的Layer（层）
| New（新建）| Adjustment Layer（调节层）命
令，在时间线面板中将会创建一个"Adjustment
Layer1"层，如图8.39所示。

图8.39 添加调整层

07 为调整层添加Curves（曲线）特效。选择
"Adjustment Layer1"层，在Effects & Presets（效
果和预置）面板中展开Color Correction（色彩校
正）特效组，然后双击Curves（曲线）特效，如图
8.40所示。

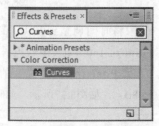

图8.40 添加曲线特效

08 在Effects Controls（特效控制）面板中，调整
曲线的形状，如图8.41所示。

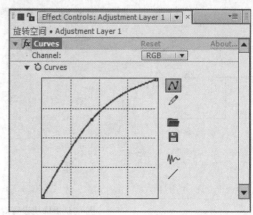

图8.41 调整曲线形状

09 调整曲线的形状后，在合成窗口中观察画面
色彩变化，调整前的画面效果如图8.42所示，调整
后的画面效果如图8.43所示。

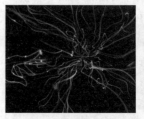 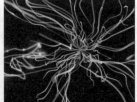

图8.42 调整前　　　　　　　图8.43 调整后

10 这样就完成了"旋转空间"的整体制作，按
小键盘上的0键，即可在合成窗口中预览动画。

8.4 课堂案例——Particular（粒子）：炫丽光带

📖 实例说明

　　本例主要讲解利用Particular（粒子）特效制作炫丽
光带的效果，完成的动画流程画面如图8.44所示。

工程文件：工程文件\第8章\炫丽光带
视频：视频\8.4 课堂案例——Particular（粒子）：炫丽光带.avi

图8.44 炫丽光带动画流程画面

知识点

1.Particular（粒子）特效。

2.Glow（发光）特效。

8.4.1 绘制光带运动路径

⓵ 执行菜单栏中的Composition（合成）| New Composition（新建合成）命令，打开Composition Settings（合成设置）对话框，设置Composition Name（合成名称）为"炫丽光带"，Width（宽）为720，Height（高）为405，Frame Rate（帧速率）为25，并设置Duration（持续时间）为00:00:10:00秒。

⓶ 按Ctrl + Y组合键，打开Solid Settings（固态层设置）对话框，设置Name（名称）为"路径"，Color（颜色）为黑色，如图8.45所示。

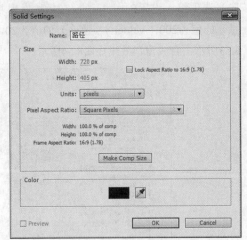

图8.45 设置固态层

⓷ 选中"路径"层，单击工具栏中的Pen Tool（钢笔工具） 按钮，在Composition（合成）窗口中绘制一条路径，如图8.46所示。

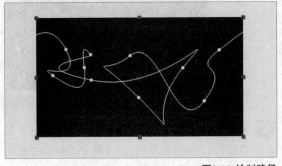

图8.46 绘制路径

8.4.2 制作光带特效

⓵ 按Ctrl + Y组合键，打开Solid Settings（固态层设置）对话框，设置Name（名称）为"光带"，Color（颜色）为黑色。

⓶ 在时间面板中，选择"光带"层，在Effects & Presets（效果和预置）面板，展开Trapcode特效组，然后双击Particular（粒子）特效。

⓷ 选择"路径"层，按M键，将蒙板属性列表选项展开，选中Mask Path（蒙版路径），按Ctrl+C组合键，复制Mask Path（蒙版路径）。

⓸ 选择"光带"层，在时间线面板中，展开Effects（效果）|Particular（粒子）|Emitter（发射器）选项，选中Position XY（xy轴位置）选项，按Ctrl+V组合键，把"路径"层的路径复制给Particular（粒子）特效中的Position XY（xy轴位置），如图8.47所示。

图8.47 复制蒙板路径

⓹ 选择最后一个关键帧向右拖动，将其时间延长，如图8.48所示。

图8.48 选择最后一个关键帧向右拖动

⓺ 在Effect Controls（特效控制）面板修改Particular（粒子）特效参数，展开Emitter（发射器）选项组，设置Particles/sec（每秒发射粒子数量）的值为1000。从Position Subframe（子位置）右侧的下拉列表框中选择10xLinear（10x线性）选项，设置Velocity（速度）的值为0，Velocity Random（速度随机）的值为0，Velocity Distribution（速度分布）的值为0，Velocity From Motion（运动速度）的值为0，如图8.49所示。

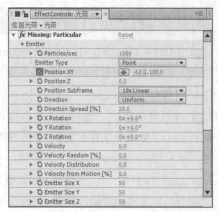

图8.49 设置发射器选项组中参数

07 展开Particle（粒子）选项组，从Particle Type（粒子类型）右侧的下拉列表中选择Streaklet（条纹）选项，设置Streaklet Feather（条纹羽化）的值为100，Size（大小）的值为49，如图8.50所示。

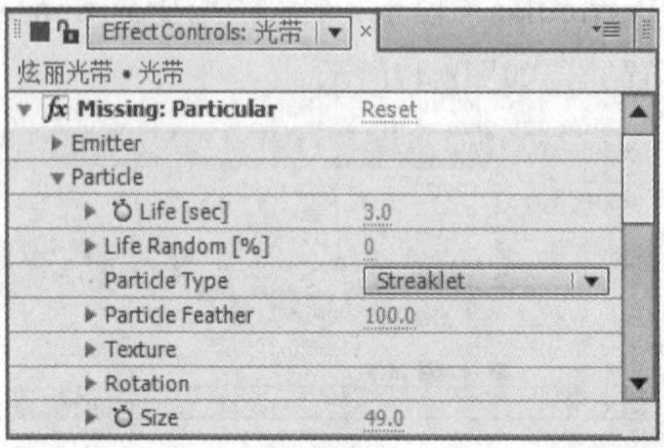

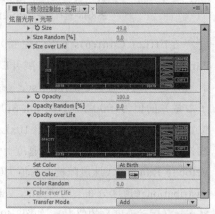

图8.50 设置粒子类型参数

08 展开Size Over Life（生命期内的大小变化）选项，单击████按钮，展开Opacity Over Life（生命期内透明度变化）选项，单击████按钮，并将Color（颜色）改成橙色（R：114，G：71，B：22），从Transfer Mode（模式转换）右侧的下拉列表中选择Add（相加），如图8.51所示。

图8.51 设置粒子死亡后和透明随机

09 展开Streaklet（条纹）选项组，设置Random Seed（随机种子）的值为0，No Streaks（无条纹）的值为18，Streak Size（条纹大小）的值为11，具体设置如图8.52所示。

图8.52 设置条纹选项组中参数值

8.4.3 制作辉光特效

01 在时间线面板中选择"光带"层，按Ctrl+D组合键复制出另一个新的图层，重命名为"粒子"。

02 在Effect Controls（特效控制台）面板中修改Particular（粒子）特效参数，展开Emitter（发射器）选项组，设置Particles/sec（每秒发射粒子数量）的值为200，Velocity（速度）的值为20，如图8.53所示，合成窗口效果如图8.54所示。

图8.53 设置粒子参数

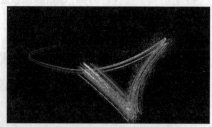

图8.54 设置参数后效果

03 展开Particle（粒子）选项组，设置Life（生命）的值为4，从Particle Type（粒子类型）右侧的下拉列表中选择Sphere（球形）选项，设置Sphere

Feather（球形羽化）的值为50，Size（大小）的值为2，展开Opacity over Life（生命期内透明度变化）选项，单击━━━按钮。

④ 在时间线面板中，选择"粒子"层的Mode（模式）为Add（相加）模式，如图8.55所示，合成窗口效果如图8.56所示。

图8.55 设置添加模式

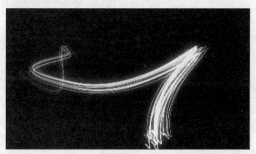

图8.56 设置粒子后效果

⑤ 为"光带"层添加Glow（发光）特效。在Effects & Presets（效果和预置）中展开Stylize（风格化）特效组，然后双击Glow（发光）特效。

⑥ 在Effect Controls（特效控制）面板中修改Glow（发光）特效参数，设置Glow Threshold（发光阈值）的值为60，Glow Radius（发光半径）的值为30，Glow Intensity（发光强度）的值为1.5，如图8.57所示，合成窗口效果如图8.58所示。

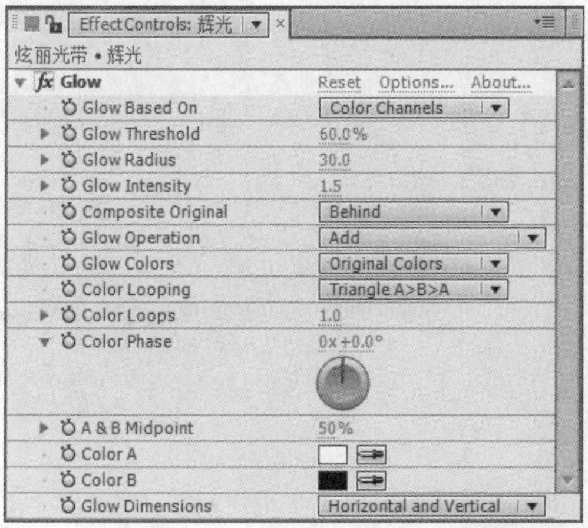

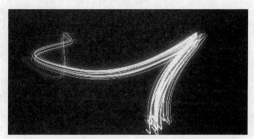

图8.58 设置辉光后效果

⑦ 这样就完成了炫丽光带的整体制作，按小键盘上的0键，即可在合成窗口中预览动画。

8.5 本章小结

本章主要讲解外挂插件的应用方法，详细讲解了3D Stroke（3D笔触）、Particular（粒子）、Shine（光）等常见外挂插件的使用及实战应用。

8.6 课后习题

本章通过3个课后习题，分别对3D Stroke（3D笔触）、Particular（粒子）、Starglow（星光）三个插件在实例中的应用进行扩展，掌握常见插件的使用技巧。

8.6.1 课后习题1——Particular（粒子）：飞舞彩色粒子

实例说明

本例主要讲解利用Particular（粒子）特效制作飞舞彩色粒子的效果，完成的动画流程画面如图8.59所示。

工程文件：工程文件\第8章\飞舞彩色粒子
视频：视频\8.6.1 课后习题1——Particular（粒子）：飞舞彩色粒子.avi

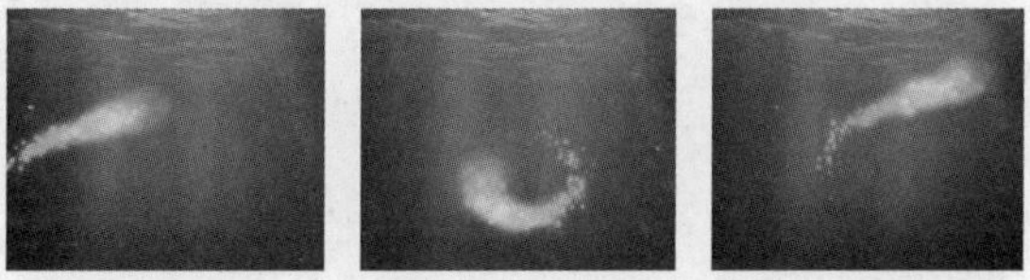

图8.59 飞舞彩色粒子动画流程画面

知识点

1. Particular（粒子）。

2. CC Toner（CC调色）。

图8.57 设置发光特效参数

8.6.2 课后习题2——Starglow（星光）：旋转粒子球

📖 **实例说明**

本例主要讲解利用CC Ball Action（CC 滚珠操作）特效制作旋转粒子球效果，完成的动画流程画面如图8.60所示。

工程文件：工程文件\第8章\旋转粒子球
视频：视频\8.6.2 课后习题2——Starglow（星光）：旋转粒子球.avi

图8.60 旋转粒子球动画流程画面

📖 **知识点**

1. CC Ball Action（CC 滚珠操作）。

2. Starglow（星光）。

8.6.3 课后习题3——3D Stroke（3D笔触）：制作心形绘制

📖 **实例说明**

本例主要讲解利用3D Stroke（3D笔触）特效制作心形绘制的效果，完成的动画流程画面如图8.61所示。

工程文件：工程文件\第8章\心形绘制
视频：视频\8.6.3 课后习题3——3D Stroke（3D笔触）：制作心形绘制.avi

图8.61 心形绘制动画流程画面

📖 **知识点**

1. 3D Stroke（3D笔触）。

2. Particular（粒子）。

3. Glow（发光）。

4. Curves（曲线）。

第**9**章

常见自然特效的表现

内容摘要

　　在影片当中我们会经常需要些自然景观效果，但拍摄却不一定能得到需要的效果，所以就需要在后期软件里面制作逼真的自然效果，而After Effects就拥有许多优秀的特效来帮助完成制作，如可模拟自然界中下雨、爆炸、反射、波浪等自然现象的特效。通过本章的学习，可以掌握常见自然特效的制作技巧。

教学目标

● 学习闪电动画的制作　　　　● 学习下雨特效的处理方法

● 学习气泡的制作技巧　　　　● 学习气球飞舞的动画制作

● 掌握涌动火山熔岩动画的制作技巧

9.1 课堂案例——闪电动画

实例说明

本例主要讲解利用Advanced Lightning（高级闪电）特效制作闪电动画效果。本例最终的动画流程效果如图9.1所示。

工程文件：工程文件\第9章\闪电动画
视频：视频9.1 课堂案例——闪电动画.avi

图9.1 闪电动画流程效果

知识点

Advanced Lightning（高级闪电）特效。

① 执行菜单栏中的File（文件）|Open Project（打开项目）命令，选择配套资源中的"工程文件\第9章\闪电动画\闪电动画练习.aep"文件，将文件打开。

② 为"背景.jpg"层添加Advanced Lightning（高级闪电）特效。在Effects & Presets（效果和预置）面板中展开Generate（创造）特效组，然后双击Advanced Lightning（高级闪电）特效。

③ 在Effect Controls（特效控制）面板中，修改Advanced Lightning（高级闪电）特效的参数，设置Origin（起始位置）的值为（301，108），Direction（方向）的值为（327，412），Decay（衰减）的值为0.4，选择Decay Main Core（核心部分衰减）和Composite on Origi（与原图合成）复选框，将时间调整到00:00:00:00帧的位置，设置Conductivity State（传导性状态）的值为0，单击Conductivity State（传导性状态）左侧的码表⏱按钮，在当前位置设置关键帧。

④ 将时间调整到00:00:04:24帧的位置，设置Conductivity State（传导性状态）的值为18，系统会自动设置关键帧，如图9.2所示，合成窗口效果如图9.3所示。

图9.2 设置闪电参数 **图9.3 设置闪电后效果**

⑤ 这样就完成了"闪电动画"的整体制作，按小键盘上的0键，即可在合成窗口中预览动画。

9.2 课堂案例——下雨效果

实例说明

本例主要讲解利用CC Rainfall（CC下雨）特效制作下雨效果。本例最终的动画流程效果如图9.4所示。

工程文件：工程文件\第9章\下雨效果
视频：视频9.2 课堂案例——下雨效果.avi

图9.4 下雨动画流程效果

知识点

CC Rainfall（CC下雨）特效。

① 执行菜单栏中的File（文件）|Open Project（打开项目）命令，选择配套资源中的"工程文件\第9章\下雨效果\下雨效果练习.aep"文件，将文件打开。

② 为"小路"层添加CC Rainfall（CC下雨）特效。在Effects & Presets（效果和预置）面板中展开Simulation（模拟仿真）特效组，然后双击CC Rainfall（CC下雨）特效。

③ 在Effect Controls（特效控制）面板中，修改CC Rainfall（CC下雨）特效的参数，设置Wind（风力）的值为600，Opacity（透明度）的值为80%，如图9.5所示，合成窗口效果如图9.6所示。

图9.5 设置CC下雨参数　　图9.6 设置CC下雨后效果

04 这样就完成了"下雨效果"的整体制作，按小键盘上的0键，即可在合成窗口中预览动画。

9.3 课堂案例——下雪效果

实例说明

本例主要讲解利用CC Snowfall（CC下雪）特效制作下雪动画效果，完成的动画流程效果如图9.7所示。

工程文件：工程文件\第9章\下雪动画
视频：视频\9.3 课堂案例——下雪效果.avi

图9.7 下雪动画流程效果

知识点

CC Snowfall（CC下雪）。

01 执行菜单栏中的File（文件）|Open Project（打开项目）命令，选择配套资源中的"工程文件\第9章\下雪动画\下雪动画练习.aep"文件，将"下雪动画练习.aep"文件打开。

02 为"背景.jpg"层添加CC Snowfall（CC下雪）特效。在Effects & Presets（效果和预置）面板中展开Simulation（模拟）特效组，然后双击CC Snowfall（CC下雪）特效。

03 在Effect Controls（特效控制）面板中，修改CC Snowfall（CC下雪）特效的参数，设置Size（大小）的值为12，Speed（速度）的值为250，Wind（风力）的值为80，Opacity（透明度）的值为100，如图9.8所示，合成窗口效果如图9.9所示。

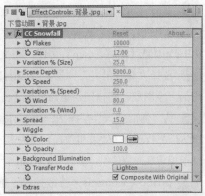

图9.8 设置CC下雪参数

图9.9 下雪效果

04 这样就完成了下雪效果的整体制作，按小键盘上的0键，即可在合成窗口中预览动画。

9.4 课堂案例——制作气泡

实例说明

本例主要讲解利用Foam（水泡）特效制作气泡效果。本例最终的动画流程效果如图9.10所示。

工程文件：工程文件\第9章\气泡
视频：视频\9.4 课堂案例——制作气泡.avi

图9.10 气泡动画流程效果

知识点

1.Foam（水泡）特效。

2.Fractal Noise（分形噪波）特效。

3.Levels（色阶）特效。

4.Displacement Map（置换贴图）特效。

205

01 执行菜单栏中的File（文件）|Open Project（打开项目）命令，选择配套资源中的"工程文件\第9章\气泡\气泡练习.aep"文件，将文件打开。

02 选择"海底世界"图层，按Ctrl+D组合键复制出另一个图层，将该图层重命名为"海底背景"。

03 为"海底背景"层添加Foam（水泡）特效。在Effects & Presets（效果和预置）面板中展开Simulation（模拟仿真）特效组，然后双击Foam（水泡）特效。

04 在Effect Controls（特效控制）面板中，修改Foam（水泡）特效的参数，从View（视图）右侧的下拉菜单中选择Rendered（渲染）选项，展开Producer（发射器）选项组，设置Producer Point（发射器位置）的值为（345.4，580），设置Producer X Size（发射器x轴大小）的值为0.45；Producer Y Size（发射器y轴大小）的值为0.45，Producer Rate（发射器速度）的值为2，如图9.11所示。

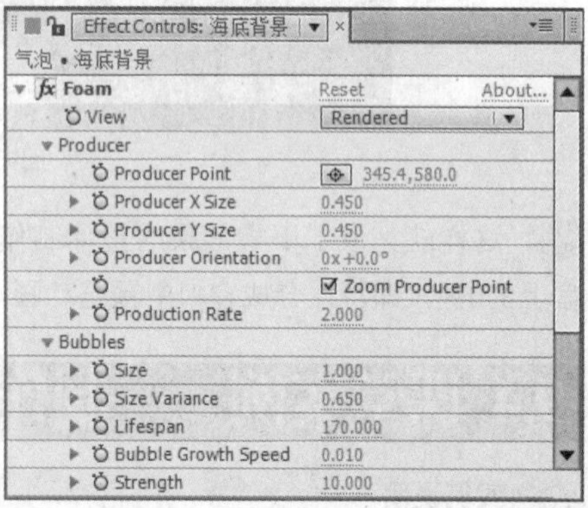

图9.11 水泡发射器参数设置

05 展开Bubble（水泡）选项组，设置Size（大小）的值为1，Size Variance（大小随机）的值为0.65，Lifespan（生命）的值为170，Bubble Growth Speed（水泡生长速度）的值为0.01，如图9.12所示。

图9.12 调整参数后效果

06 展开Physics（物理属性）选项组，设置Initial Spend（初始速度）的值为3.3，Wobble Amount（摆动数量）的值为0.07，如图9.13所示。

图9.13 物理属性参数设置

07 展开Rendering（渲染）选项组，从Bubble Texture（水泡纹理）右侧的下拉菜单中选择Water Beads（水珠）选项，设置Reflection Strength（反射强度）的值为1，Reflection Convergence（反射聚焦）的值为1，合成效果如图9.14所示。

图9.14 设置渲染后效果

08 执行菜单栏中的Composition（合成）| New Composition（新建合成）命令，打开Composition Settings（合成设置）对话框，设置Composition Name（合成名称）为"置换图"，Width（宽）为720，Height（高）为576，Frame Rate（帧速率）为25，并设置Duration（持续时间）为00:00:20:00秒，如图9.15所示。

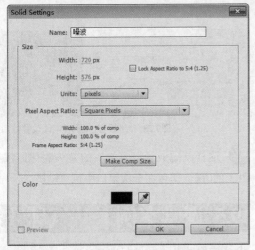

图9.15　合成设置

⑨　执行菜单栏中的Layer（图层）|New（新建）|Solid（固态层）命令，打开Solid Settings（固态层设置）对话框，设置Name（名称）为"噪波"，Color（颜色）为黑色，如图9.16所示。

图9.16　固态层设置

⑩　选中"噪波"层添加Fractal Noise（分形噪波）特效。在Effects & Presets（效果和预置）面板中展开Noise &Granin（噪波与杂点）特效组，然后双击Fractal Noise（分形噪波）特效。

⑪　选中"噪波"层，按S键展开Scale（缩放）属性，单击Scale（缩放）左侧的Constrain Proportions（约束比例）❤按钮，取消约束，设置Scale（缩放）数值为（200，209），如图9.17所示，合成窗口中的图像效果如图9.18所示。

图9.17　缩放设置　　图9.18　缩放设置后效果

⑫　在Effect Controls（特效控制）面板中，修改Noise &Grain（噪波与杂点）特效的参数，设置Contrast（对比度）的值为448，Brightness（亮度）的值为22，展开Transform（转换）选项组，设置Scale（缩放）的值为42，如图9.19所示,合成窗口如图9.20所示。

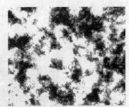

图9.19　参数设置　　图9.20　修改参数后效果

⑬　选中"噪波"层添加Levels（色阶）特效。在Effects & Presets（效果和预置）面板中展开Color Correction（色彩校正）特效组，然后双击Levels（色阶）特效。

⑭　在Effect Controls（特效控制）面板中，修改Levels（色阶）特效的参数，设置Input Black（输入黑色）的值为95，Gamma（伽马）的值为0.28，如图9.21所示，合成窗口效果如图9.22所示。

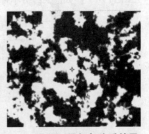

图9.21　参数设置　　图9.22　添加色阶后效果

⑮　选中"噪波"层，按P键展开Position（位置）属性，将时间调整到00:00:00:00帧的位置，设置Position（位置）数值为（2，288），单击Position（位置）左侧的码表🕐按钮，在当前位置设置关键帧。

⑯　将时间调整到00:00:19:00帧的位置，设置Position（位置）的数值为（718，288），系统会

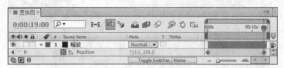

自动设置关键帧，参数设置如图9.23所示。

图9.23 位置19秒参数设置

⑰ 执行菜单栏中的Layer（图层）|New（新建）|Adjustment Layer（调节层）命令，该图层会自动创建到"置换图"合成的时间线面板中。

⑱ 选中"Adjustment Layer 1"层，在工具栏中选择Rectangle Tool（矩形工具）绘制一个矩形，按F键展开Mask Feather（遮罩羽化）属性，设置Mask Feather（遮罩羽化）数值为（15，15），遮罩效果如图9.24所示。

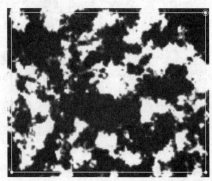

图9.24 遮罩效果

⑲ 在时间线面板中，设置"噪波"层的Track Matte（轨道蒙版）为"Alpha Matte（Adjustment Layter1）"，如图9.25所示，合成窗口如图9.26所示。

图9.25 设置轨道蒙版

图9.26 设置蒙版后效果

⑳ 打开"气泡"合成，在Project（项目）面板中，选择"置换图"合成，将其拖动到"气泡"合成的时间线面板中，如图9.27所示。

图9.27 图层设置

㉑ 选中"海底世界.jpg"层。在Effects & Presets（效果和预置）面板中展开Distort（扭曲）特效组，然后双击Displacement Map（置换贴图）特效。

㉒ 在Effect Controls（特效控制）面板中，修改Displacement Map（置换贴图）特效的参数，从Displacement Map Layer（置换层）右侧的下拉菜单中选择置换图，如图9.28所示。合成窗口效果如图9.29所示。

图9.28 参数设置　图9.29 修改参数后效果

㉓ 这样就完成了"气泡"的整体制作，按小键盘上的0键，即可在合成窗口中预览动画。

9.5 课堂案例——气球飞舞

实例说明

本例首先导入合成素材，并利用Color Balance（HLS）（色彩平衡）特效制作出变色的气球动画，之后创建固态图层，然后利用Particle Playground（粒子运动场）特效的参数修改替换气球，应用粒子运动制作出气球飞舞效果。本例最终的动画流程效果如图9.30所示。

工程文件：工程文件\第9章\气球飞舞
视频：视频\9.5 课堂案例——气球飞舞.avi

图9.30 气球飞舞动画流程效果

知识点

1.Color Balance（HLS）（色彩平衡<HLS>）特效。

2.Particle Playground（粒子运动场）特效。

9.5.1　制作变色气球

01 执行菜单栏中的File（文件）| Import（导入）| File（文件）命令，或在Project（项目）窗口中双击，打开Import File（导入文件）对话框，选择配套资源中的"工程文件\第9章\气球飞舞\气球.psd、气球背景.jpg"素材，并在对话框下方的Import As（导入为）下拉菜单中选择Composition（合成）命令，如图9.31所示，单击打开按钮，将图片导入，导入后的效果如图9.32所示。

图9.31 导入设置　　　图9.32 导入后的效果

02 在Project（项目）窗口中，单击选择"气球"合成，然后执行菜单栏中的Composition（合成）| Composition Settings（合成设置）命令，打开Composition Settings（合成设置）对话框，设置参数，如图9.33所示。

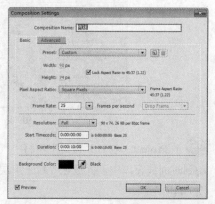

图9.33 合成设置对话框

03 在Project（项目）窗口中，双击"气球"合成，打开合成，在时间线中可以看到"图层1"素材，如图9.34所示。

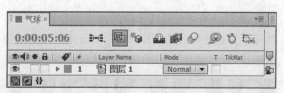

图9.34 打开项目

04 在时间线窗口中，单击选择"图层1"层，在Effects & Presets（效果和预置）面板中展开Color Correction（色彩校正）选项，然后双击Color Balance（HLS）（色彩平衡（HLS）特效，如图9.35所示。为气球应用色彩平衡特效以进行颜色动画的制作。

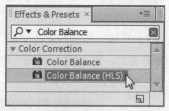

图9.35 双击色彩平衡（HLS）特效

05 将时间调整为00:00:00:00帧的位置。在Effect Controls（特效控制）面板中，展开Color Balance（HLS）（色彩平衡<HLS>）特效，设置Hue（色相）的值为0，并为其设置关键帧，如图9.36所示。

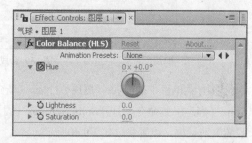

图9.36 00:00:00:00帧的位置参数

06 单击End键，将时间调整到末尾，然后设置Hue（色相）的值为3x +0，如图9.37所示。

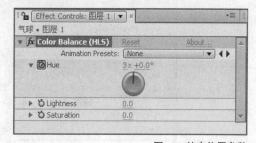

图9.37 结束位置参数

209

07 此时，拖动时间线上的时间滑块，可以看到气球的色彩变化情况，其中的几帧画面，如图9.38所示。

图9.38 其中的几帧画面

9.5.2 制作气球飞舞动画

01 执行菜单栏中的Composition（合成）| New Composition（新建合成）命令，打开Composition Settings（合成设置）对话框，设置Composition Name（合成名称）为"气球飞舞"，Width（宽）为720，Height（高）为576，Frame Rate（帧速率）为25，并设置Duration（持续时间）为6秒，如图9.39所示。

图9.39 合成设置

02 执行菜单栏中的Layer（图层）| New（新建）| Solid（固态层）命令，打开Solid Settings（固态层设置）对话框，设置参数如图9.40所示。

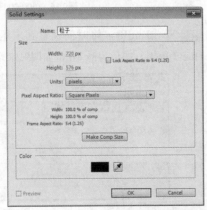

图9.40 固态层设置对话框

03 在时间线窗口中单击选择"粒子"层，在Effects & Presets（效果和预置）面板中展开Simulation（模拟仿真）选项，然后双击Particle Playground（粒子运动场）特效，如图9.41所示。此时，拖动时间滑块，可以从合成窗口中看到粒子的动画效果，其中的一帧，如图9.42所示。

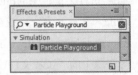

图9.41 双击特效

图9.42 粒子效果

04 在Effect Controls（特效控制）面板中，展开Particle Playground（粒子运动场）| Cannon（加农）选项，设置Position（位置）的值为（388，578），Barrel Radius的值为120，以设置粒子的活动范围，其他参数，如图9.43所示。

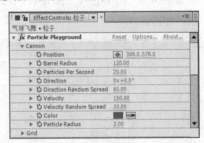

图9.43 粒子参数设置

05 在Project（项目）窗口中，将"气球"合成拖动到时间线窗口中，并放在"粒子"层的下方，如图9.44所示。

图9.44 添加素材

06 为了让粒子改变成气球，单击选择"粒子"层，在Effect Controls（特效控制）面板中，展开Particle Playground（粒子运动场）| Layer Map（层贴图）选项，在Use Layer（使用层）右侧的下拉菜单中，选择"气球"选项，设置Time Offset Type（时间偏移类型）为Relative Random（相对随机），并设置Random Time（随机时间）的值为3，如图9.45所示。

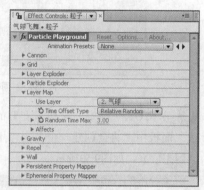

图9.45 层贴图选项设置

提示

Layer Map（层贴图）主要用来设置用来替换粒子的层素材，以选择的层素材为粒子显示效果；Random Time（随机时间）主要用来设置替换粒子的素材偏移值，出现时间偏移可以使气球在显示过程中，出现多种颜色的效果，否则将按原素材的颜色变化出现相同的多气球变色效果。

07 此时拖动时间滑块，可以看到一个动画效果，但气球并不是向上升起的，而是向下落的，这是因为粒子受到了重力的作用，展开Gravity（重力）选项，设置Force（力量）的值设置为0，去掉重力作用，如图9.46所示。

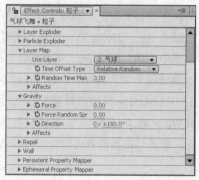

图9.46 重力选项设置

08 设置气球的透明度。单击选择"粒子"层，按T键，打开透明度设置，设置Opacity（透明度）的值为80%，此时的气球将出现半透明状态，如图9.47所示。

图9.47 修改透明度

09 将"气球背景.jpg"图片拖动到时间窗口中，以制作出更好的效果，然后将"气球"合成素材关闭显示，如图9.48所示。

图9.48 关闭显示

10 这样，就完成了"气球飞舞"动画的制作，按小键盘上的0键，可以预览动画效果。

9.6 课堂案例——涌动的火山熔岩

实例说明

本例主要讲解，应用Fractal Noise（分形噪波）特效制作出熔岩涌动效果；通过运用Colorama（彩光）特效，调节出熔岩内外焰的颜色变化，完成涌动火山熔岩的整体制作。本例最终的动画流程效果，如图9.49所示。

工程文件：工程文件\第9章\涌动的火山熔岩

视频：视频\9.6 课堂案例——涌动的火山熔岩.avi

图9.49 涌动的火山熔岩动画流程效果

知识点

1.Fractal Noise（分形噪波）特效。

2.Colorama（彩光）特效。

9.6.1 新建合成

01 执行菜单栏中的Composition（合成）| New Composition（新建合成）命令，打开Composition Settings（合成设置）对话框，设置Composition Name（合成名称）为"涌动的火山熔岩"，Width（宽）为720，Height（高）为576，Frame Rate（帧速率）为25，并设置Duration（持续时间）为00:00:05:00秒，如图9.50所示。

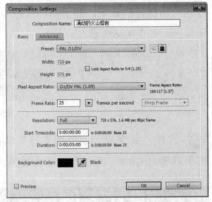

图9.50 合成设置

02 单击OK（确定）按钮，在项目面板中，将会新建一个名为"涌动的火山熔岩"的合成，如图9.51所示。

图9.51 新建合成

9.6.2 添加分形噪波特效

01 在"涌动的火山熔岩"合成的Timeline（时间线）面板中，按Ctrl + Y组合键，此时将打开Solid Settings（固态层设置）对话框，修改Name（名称）为"熔岩"，设置Color（颜色）为黑色，如图9.52所示。

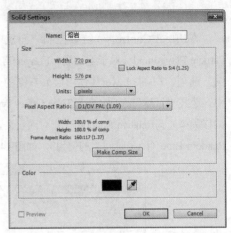

图9.52 固态层设置对话框

02 单击OK（确定）按钮，在Timeline（时间线）面板中，将会创建一个名为"熔岩"的Solid（固态层），如图9.53所示。

图9.53 新建固态层

03 选择"熔岩"固态层，在Effects & Presets（效果和预置）面板中展开Noise & Grain（噪波和杂点）特效组，双击Fractal Noise（分形噪波）特效，如图9.54所示。

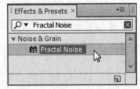

图9.54 添加分形噪波特效

04 在Effect Controls（特效控制）面板中，为Fractal Noise（分形噪波）特效设置参数，从Fractal Type（分形类型）右侧的下拉菜单中选择Dynamic（动力学），Noise Type（噪波类型）右侧的下拉菜单中选择Soft Linear（柔和线性）；设置Contrast（对比度）的值为90，Brightness（亮度）的值为4；从Overflow（溢出设置）右侧的下拉菜单中选择Warp back（变形），具体参数设置如图9.55所示，修改后的画面效果如图9.56所示。

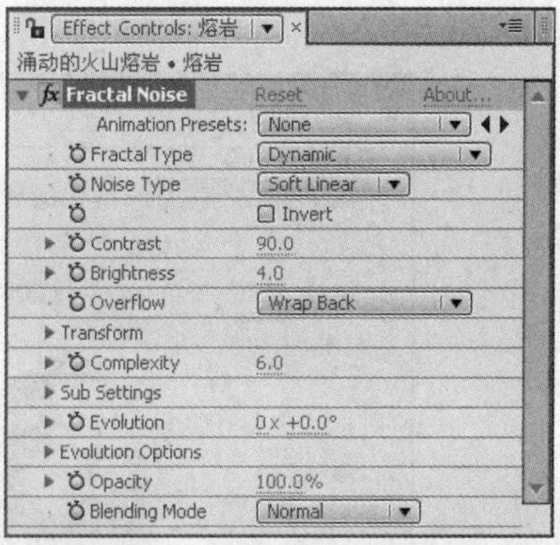

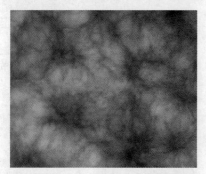

图9.55 设置参数

图9.56 修改后的效果

05 选择"熔岩"固态层，将时间调整到
00:00:00:00帧的位置，在Effect Controls（特效
控制）面板中，分别单击Contrast（对比度）、
Brightness（亮度）、Evolution（进化）左侧的
码表 ⏱ 按钮，在当前位置设置关键帧；展开
Transform（转换）选项组，单击Offset Turbulence
（偏移）左侧的码表 ⏱ 按钮，在00:00:00:00帧的
位置设置关键帧，如图9.57所示。

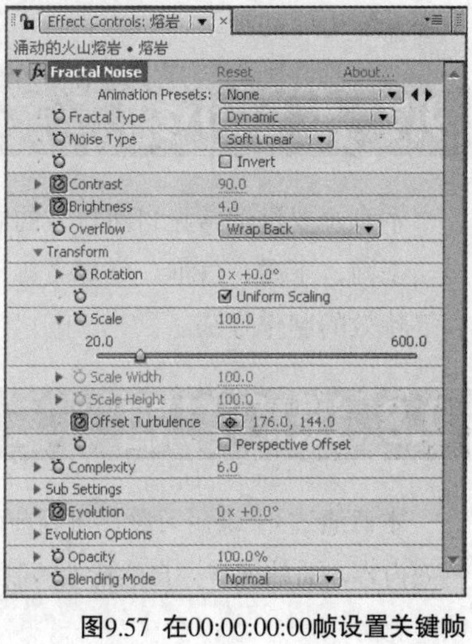

图9.57 在00:00:00:00帧设置关键帧

提示

Transform（转换）：该选项组主要控制图像的噪
波的大小、旋转角度、位置偏移等设置。Rotation（旋
转）：设置噪波图案的旋转角度。Uniform Scaling（等
比缩放）：勾选该复选框，对噪波图案进行宽度、高度
的等比缩放。Scale（缩放）：设置图案的整体大小。在
勾选Uniform Scaling（等比缩放）复选框时可用。Scale
Width/Height（缩放宽度/高度）：在没有勾选Uniform
Scaling（等比缩放）复选框时，可用通过这两个选
项，分别设置噪波图案的宽度和高度的大小。Offset
Turbulence（偏移）：设置噪波的动荡位置。

06 将时间调整到00:00:04:24帧的位置，修改
Contrast（对比度）的值为300，Brightness（亮
度）的值为25，Offset Turbulence（偏移）的值为
（180，40），Evolution（进化）的值为2x +0.0，
系统将在当前位置自动设置关键帧，具体参数设置
如图9.58所示。

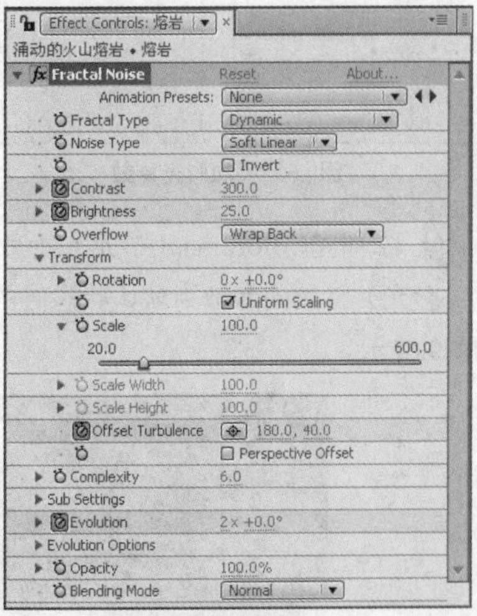

图9.58 在00:00:04:24帧修改参数

07 这样就完成了熔岩涌动的动画，其中几帧画
面的效果，如图9.59所示。

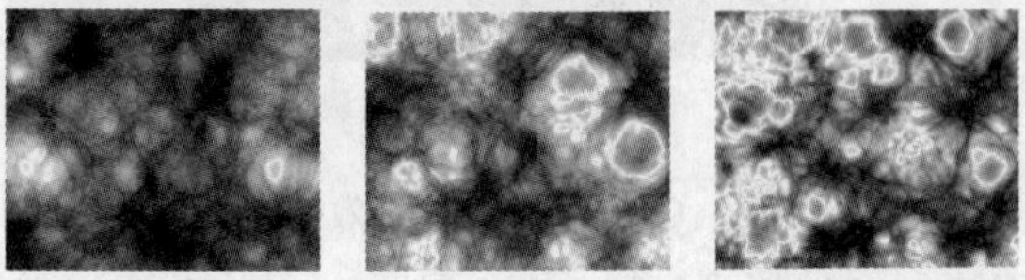

图9.59 其中几帧的画面效果

213

9.6.3 添加彩光特效

01 下面来调节火山熔岩的颜色。在"涌动的火山熔岩"合成的Timeline（时间线）面板中，选择"熔岩"固态层，在Effects & Presets（效果和预置）面板中展开Color Correction（色彩校正）特效组，双击Colorama（彩光）特效，如图9.60所示，展开Output Cycle（输出色环）选项，默认状态下Colorama（彩光）特效的参数如图9.61所示。

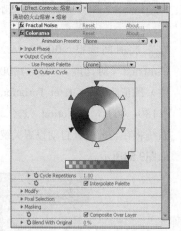

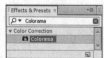

图9.60 添加彩光特效　　　图9.61 默认状态

02 添加完Colorama（彩光）特效，当Colorama（彩光）特效的参数为默认状态时的画面效果，如图9.62示。

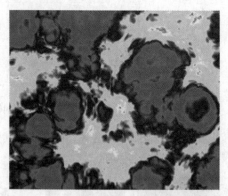

图9.62 默认状态下的画面效果

03 在Effect Controls（特效控制）面板的Colorama（彩光）特效中，展开Output Cycle（输出色环）选项组，从Use Preset Palette（使用预置图案）右侧的下拉菜单中选择Fire（火焰）选项，

如图9.63所示。

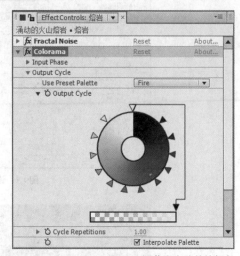

图9.63 调节彩光特效的颜色

提示

Input Phase（输入相位）：该选项中有很多其他的选项，应用比较简单，主要是对彩色光的相位进行调整。Output Cycle（输出色环）：通过Use Preset Palette（使用预设色样）可以选择预置的多种色样来改变颜色；Output Cycle（输出色环）可以调节三角色块来改变图像中对应的颜色，在色环的颜色区域单击，可以添加三角色块将三角色块拉出色环即可删除三角色块；通过Cycle Repetitions（色环重复）可以控制彩色光的色彩重复次数。Blending With Original（混合初始状态）：设置修改图像与源图像的混合程度。

04 这样就完成了"涌动的火山熔岩"的整体制作，按小键盘上的0键即可播放预览。最后将文件保存并输出成动画。

9.7 本章小结

本章主要讲解常见自然特效的制作方法，如闪电、下雨、下雪、气泡、气球飞舞、涌动的火山熔岩等特效的制作方法。

9.8 课后习题

本章通过3个课后习题，巩固前面所讲解的自然特效内容，为熟练掌握自然特效的制作奠定基础。

9.8.1　课后习题1——白云飘动

 实例说明

　　本例主要讲解利用Fractal Noise（分形噪波）特效制作白云飘动效果，完成的动画流程画面如图9.64所示。

工程文件：工程文件\第9章\白云飘动

视频：视频\9.8.1 课后习题1——白云飘动.avi

图9.64　白云飘动动画流程画面

 知识点

　　1. Fractal Noise（分形噪波）。

　　2. Tint（浅色调）。

9.8.2　课后习题2——星星动画效果

 实例说明

　　本例主要讲解利用Particular（粒子）特效制作星星效果，完成的动画流程画面如图9.65所示。

工程文件：工程文件\第9章\星星动画效果

视频：视频\9.8.2 课后习题2——星星动画效果.avi

图9.65　星星动画流程画面

 知识点

　　Particular（粒子）。

9.8.3　课后习题3——水波纹效果

 实例说明

　　本例主要讲解利用CC Drizzle（CC 细雨滴）特效制作水波纹动画效果，完成的动画流程画面如图9.66所示。

工程文件：工程文件\第9章\水波纹动画

视频：视频\9.8.3 课后习题3——水波纹效果.avi

图9.66　水波纹动画流程画面

 知识点

　　CC Drizzle（CC 细雨滴）。

第 **10** 章

常见影视仿真特效表现

内容摘要

电影特技作为电影艺术中一个重要的组成部分，为其提供了强大的技术支持，旨在为观众营造出一个独一无二的视觉盛宴，使观众们真切地感受到"身临其境"的观影感觉。随着数字技术的发展，越来越多的影视中加入更加真实的仿真特效镜头，表现更加宏大的场景及各种虚拟的镜头，以增加电影的精彩程度，当然这其中也离不开After Effects的功劳。本章通过几个实例，详细讲解常见影视仿真特效的制作技巧，如滴血、花瓣雨、爆炸冲击波、魔戒、飞行烟雾等特效。

教学目标

- 学习滴血文字的制作
- 学习花瓣雨效果的制作
- 掌握爆炸冲击波的制作
- 掌握魔戒特效的制作
- 掌握飞行烟雾特效的制作

10.1 课堂案例——滴血文字

实例说明

本例主要讲解利用Liquify（液化）特效制作滴血文字效果，完成的动画流程画面如图10.1所示。

工程文件：工程文件\第10章\滴血文字
视频：视频\10.1 课堂案例——滴血文字.avi

图10.1 滴血文字动画流程画面

知识点

1.Roufhen Edges（粗糙边缘）特效。
2.Liquify（液化）特效。

01 执行菜单栏中的File（文件）|Open Project（打开项目）命令，选择配套资源中的"工程文件\第10章\滴血文字\滴血文字练习.aep"文件，将文件打开。

02 为文字层添加Roufhen Edges（粗糙边缘）特效。在Effects & Presets（效果和预置）面板中展开Stylize（风格化）特效组，然后双击Roufhen Edges（粗糙边缘）特效。

03 在Effects Controls（特效控制）面板中，修改Roufhen Edges（粗糙边缘）特效的参数，设置Border（边界）的值为6，如图10.2所示，合成窗口效果如图10.3所示。

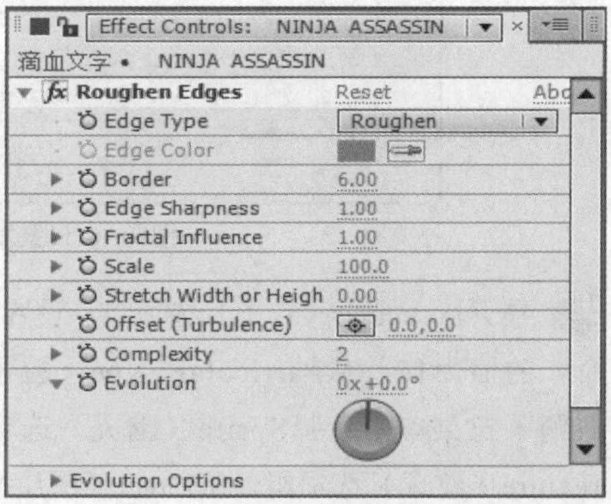

图10.2 设置粗糙边缘特效参数

图10.3 合成窗口的效果

04 为文字层添加Liquify（液化）特效。在Effects & Presets（效果和预置）面板中展开Distort（扭曲）特效组，然后双击Liquify（液化）特效。

05 在Effects Controls（特效控制）面板中，修改Liquify（液化）特效的参数，在Tools（工具）下单击 变形工具按钮，展开Warp Tool Options（扭曲工具选项）选项组，设置Brush Size（笔触大小）的值为10，设置Brush Pressure（笔触压力）的值为100，如图10.4所示。

图10.4 设置液化特效的参数

06 在合成窗口的文字中拖动鼠标，使文字产生变形效果，变形后具体效果如图10.5所示。

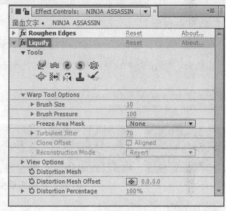

图10.5 合成窗口中效果

07 将时间调整到00:00:00:00帧的位置，在Effects Controls（特效控制）面板中，修改Liquify（液化）特效的参数，设置Distortion Percentage（变形百分比）的值为0%，单击Distortion Percentage（变形百分比）左侧的码表 按钮，在当前位置设置关键帧。

08 将时间调整到00:00:01:10帧的位置，设置Distortion Percentage（变形百分比）的值为200%，系统会自动设置关键帧，如图10.6所示。

图10.6 添加关键帧

09 这样就完成了"滴血文字"的整体制作，按小键盘上的0键，即可在合成窗口中预览动画。

10.2 课堂案例——花瓣雨

📖 **实例说明**

本例主要讲解利用Particular（粒子）特效制作花瓣雨效果。本例最终的动画流程效果如图10.7所示。

工程文件：工程文件\第10章\花瓣雨
视频：视频\10.2 课堂案例——花瓣雨.avi

图10.7 花瓣雨动画流程效果

📖 **知识点**

1.Particular（粒子）特效。

2.Solid（固态层）的创建。

01 执行菜单栏中的File（文件）|Open Project（打开项目）命令，选择配套资源中的"工程文件\第13章\花瓣雨\花瓣雨练习.aep"文件，将"花瓣雨练习.aep"文件打开。

02 执行菜单栏中的Layer（图层）|New（新建）|Solid（固态层）命令，打开Solid Settings（固态层设置）对话框，设置Name（名称）为"粒子"，Color（颜色）为黑色。

03 为"粒子"层添加Particular（粒子）特效。在

Effects & Presets（效果和预置）中展开Trapcode特效组，然后双击Particular（粒子）特效，如图10.8所示，合成窗口效果如图10.9所示。

图10.8 添加特效　　　图10.9 添加粒子特效后的效果

04 在特效控制面板中，修改Particular（粒子）特效的参数，展开Emitter（发射器）选项组，设置Particles/sec（每秒发射粒子数）的值为40，从Emitter Type（发射器类型）右侧下拉菜单中选择Box（盒子）选项，Position XY（xy轴位置）的值为（−52，−239），Position Z（z轴位置）的值为100，Velocity（速度）的值0，Emitter Size X（x轴发射器大小）的值为701，Emitter Size Y（y轴发射器大小）的值为50，Emitter Size Z（z轴发射器大小）的值为1192，如图10.10所示。

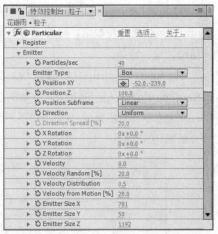

图10.10 设置发射器参数

05 展开Particular（粒子）选项组，设置Life（生命）的值为10，从Particular Type（粒子类型）右侧下拉菜单中选择Sprite（幽灵）选项，展开Texture（纹理）选项组，从Layer（图层）右侧下拉菜单中选择"花瓣"选项，从Time Sampling右侧下拉菜单中选择"Random-Still Frame"选项，展开Rotation（旋转）选项，从Orient to Motion右侧下拉菜单中选择"On（开）"选项，Size（大

小）的值为8，如图10.11所示。

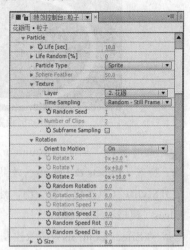

图10.11 设置粒子参数

06 展开Physics（物理学）选项，设置Gravity（重力）的值为150，展开Air（空气）选项组，设置Air Resistance（空气阻力）的值为1，单击Air Resistance Rotation（空气阻力旋转）复选框，Spin Amplitude（旋转幅度）的值为29，Spin Frequency（旋转频率）的值为2.8，Wind X（x轴风）的值为89，Wind Y（y轴风）的值为−21，Wind Z（z轴风）的值为−89，展开Turbulence Field（湍流场）选项组，设置Affect Position（影响位置）的值为57，如图10.12所示，合成窗口效果如图10.13所示。

图10.12 设置参数　　　图10.13 设置后的效果

07 这样就完成了"花瓣雨"的整体制作，按小键盘上的0键，即可在合成窗口中预览动画。

10.3 课堂案例——爆炸冲击波

实例说明

本例主要讲解利用Roughen Edges（粗糙边缘）特效制作爆炸冲击波效果。本例最终的动画流程效果如图10.14所示。

工程文件：工程文件\第10章\爆炸冲击波

视频：视频\10.3 课堂案例——爆炸冲击波.avi

图10.14 爆炸冲击波动画流程效果

知识点

1.Ellipse Tool（椭圆形工具）。

2.Roughen Edges（粗糙边缘）特效。

3.Shine（光）特效。

10.3.1 绘制圆形路径

01 执行菜单栏中的Composition（合成）| New Composition（新建合成）命令，打开Composition Settings（合成设置）对话框，设置Composition Name（合成名称）为"路径"，Widh（宽）为720，Height（高）为405，Frame Rate（帧速率）为25，并设置Duration（持续时间）为00:00:03:00秒。

02 执行菜单栏中的Layer（图层）|New（新建）|Solid（固态层）命令，打开Solid Settings（固态层设置）对话框，设置Name（名称）为"白色"，Color（颜色）为白色，如图10.15所示。

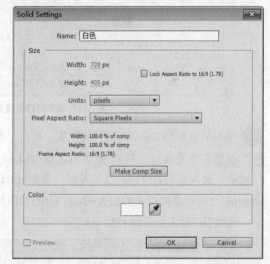

图10.15 白色固态层设置

03 选中"白色"图层，在工具栏中选择Ellipse Tool（椭圆形工具），在"白色"层上绘制一个圆形路径，如图10.16所示。

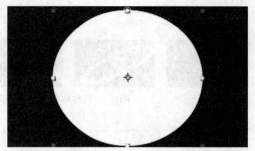

图10.16 白色层路径显示效果

04 选择"白色"固态层，按Ctrl +D组合键将其复制一份，重命名为"黑色"，选择"黑色"固态层，按Ctrl+Shift+Y组合键，打开Solid Settings（固态层设置）对话框修改Color（颜色）为黑色，如图10.17所示。

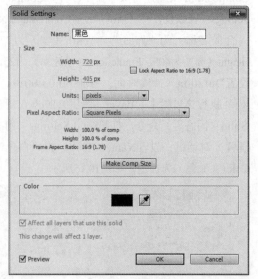

图10.17 黑色固态层设置

05 将时间调整到00:00:00:00帧的位置，单击"黑色"图层左侧的灰色三角形 ▼ 按钮，展开Masks（遮罩）选项组，打开Mask1卷展栏，设置Masks Expansion（遮罩扩展）的值为−20，如图10.18所示，合成窗口效果如图10.19所示。

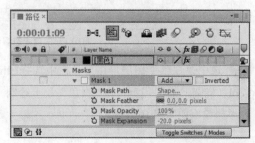

图10.18 设置遮罩扩展参数

图10.19 设置遮罩扩展后的效果

06 为"黑色"层添加Roughen Edges（粗糙边缘）特效。Effects & Presets（效果和预置）面板中展开Stylize（风格化）特效组，然后双击Roughen Edges（粗糙边缘）特效。

07 在Effect Controls（特效控制）面板中，修改Roughen Edges（粗糙边缘）特效的参数，设置Border（边框）的值为300，Edge Sharpness（边缘锐利）的值为10，Scale（缩放）的值为10，Complexity（复杂度）的值为10。将时间调整到00:00:00:00帧的位置，设置Evolution（进化）的值为0，单击Evolution（进化）左侧的码表 按钮，在当前位置设置关键帧。

08 将时间调整到00:00:02:00帧的位置，设置Evolution（进化）的值为−5x，系统会自动设置关键帧，如图10.20所示，合成窗口效果如图10.21所示。

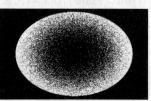

图10.20 设置参数　　　　图10.21 设置后的效果

10.3.2 制作"冲击波"

01 执行菜单栏中的Composition（合成）| New Composition（新建合成）命令，打开Composition Settings（合成设置）对话框，设置Composition Name（合成名称）为"爆炸冲击波"，Widh（宽）为720，Height（高）为405，Frame Rate（帧速率）为25，并设置Duration（持续时间）为00:00:02:00秒。

02 在Project（项目）窗口中，执行菜单栏中的File（文件）| Import（导入）命令，或是按Ctrl + I组合键，打开导入对话框，在此对话框中，选择

配套资源中的"工程文件\第10章\爆炸冲击波\背景.jpg"素材，导入后的效果如图10.22所示。并将"背景.psd"拖动到"爆炸冲击波"合成中，如图10.23所示。

图10.22 导入素材　　图10.23 将素材导入合成中

03 在Project（项目）面板中，选择"路径"合成，将其拖动到"爆炸冲击波"合成的时间线面板中。

04 为"路径"层添加Shine（光）特效。在Shine（光）中展开Trapcode特效组，然后双击Shine（光）特效。

05 在Effect Controls（特效控制）面板中，修改Shine（光）特效的参数，设置Ray Length（光线长度）的值为0.4，Boost Light（光线亮度）的值为1.7，从Colorize（着色）右侧的下拉菜单中选择Fire（火焰）命令，如图10.24所示。合成窗口效果如图10.25所示。

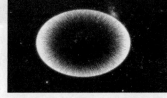

图10.24 设置参数　　图10.25 设置后效果

06 打开"路径"层的三维开关，单击"路径"图层左侧的灰色三角形 ▼ 按钮，展开Transform（变换）选项组，设置Orientation（方向）的值为（0，17，335），X Rotation（x轴旋转）的值为−72，Y Rotation（y轴旋转）的值为124，Z Rotation（z轴旋转）的值为27，单击Scale（缩放）左侧的Constrain Proportions（约束比例）按钮，取消约束，将时间调整到00:00:00:00帧的位置，设置Scale（缩放）的值为（0，0，100），单击Scale（缩放）左侧的码表 按钮，在当前位置设置关键帧，如图10.26所示，合成窗口效果如图10.27所示。

图10.26 设置参数　　图10.27 设置后的效果

07 将时间调整到00:00:02:00帧的位置，设置Scale（缩放）的值为（300，300，100），系统会自动设置关键帧，如图10.28所示。合成窗口效果如图10.29所示。

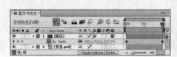

图10.28 修改关键帧　　图10.29 修改后的效果

08 选中"路径"层，将时间调整到00:00:01:15帧的位置，按T键展开Opacity（透明度）属性，设置Opacity（透明度）的值为100%，单击左侧的码表按钮 ，在当前位置设置关键帧。

09 将时间调整到00:00:02:00帧的位置，设置Opacity（透明度）的值为0%，系统会自动设置关键帧，如图10.30所示。

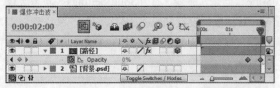

图10.30 设置透明度关键帧

10 这样就完成了"爆炸冲击波"的整体制作，按小键盘上的0键，即可在合成窗口中预览动画。

10.4 课堂案例——魔戒

实例说明

　　本例主要讲解魔戒动画的制作。本例通过CC Particle Word（CC仿真粒子世界）特效、Turbulent Displace（动荡置换）特效、Mesh Warp（网格变形）特效以及CC Vector Blur（CC矢量模糊）特效的使用，制作出魔戒动画效果。本例最终的动画流程效果如图10.31所示。

工程文件：工程文件\第10章\魔戒

视频：视频\10.4 课堂案例——魔戒.avi

图10.31 魔戒最终动画流程效果

10.4.1 制作光线合成

01 执行菜单栏中的Composition（合成）| New Composition（新建合成）命令，打开Composition Settings（合成设置）对话框，设置Composition Name（合成名称）为"光线"，Width（宽）为1024，Height（高）为576，Frame Rate（帧速率）为25，并设置Duration（持续时间）为00:00:03:00秒，如图10.32所示。

02 执行菜单栏中的Layer（层）|New（新建）|Solid（固态）命令，打开Solid Settings（固态层设置）对话框，设置Name（名称）为"黑背景"，Color（颜色）为黑色，如图10.33所示。

图10.32 合成设置　　　图10.33 固态层设置

03 执行菜单栏中的Layer（层）|New（新建）|Solid（固态）命令，打开Solid Settings（固态层设置）对话框，设置Name（名称）为"内部线条"，Color（颜色）为白色，如图10.34所示。

04 选中"内部线条"层，在Effects & Presets（效果和预置）面板中展开Simulation（模拟）特效组，双击CC Particle World（CC仿真粒子世界）特效，如图10.35所示。

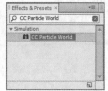

图10.34 固态层设置　　　图10.35 添加特效

05 在Effect Controls（特效控制）面板中，设置 Birth Rate（生长速率）数值为0.8，Longevity（寿命）数值为1.29；展开Producer（发生器）选项组，设置Position X（x轴位置）数值为−0.45，Position Z（z轴位置）数值为0，Radius Y（y轴半径）数值为0.02，Radius Z（z轴半径）数值为0.195，参数如图10.36所示，设置后的效果如图10.37所示。

图10.36 发生器参数设置　　　图10.37 设置后的效果

06 展开Physics（物理学）选项组，从Animation（动画）下拉菜单框中选择Direction Axis（沿轴发射），设置Gravity（重力）数值为0，如图10.38所示，设置后的效果如图10.39所示。

图10.38 物理学参数设置　　　图10.39 设置后的效果

07 选中"内部线条"层，在Effect Controls（特效控制）面板中，按住Alt键单击Velocity（速度）左侧的码表按钮，在时间线面板中输入wiggle（8,.25），如图10.40所示。

图10.40　表达式设置

08　展开Particle（粒子）选项组，从Particle Type（粒子类型）下拉菜单框中选择Lens Convex（凸透镜）粒子类型，设置Birth Size（生长大小）数值为0.21，Death Size（消逝大小）数值为0.46，参数如图10.41所示，效果如图10.42所示。

图10.41　粒子参数设置　　　　10.42　设置后的效果

09　为了使粒子达到模糊效果，继续添加特效，选中"内部线条"层，在Effects & Presets（效果和预置）面板中展开Blur & Sharpen（模糊与锐化）特效组，双击Fast Blur（快速模糊）特效，如图10.43所示。

10　在Effect Controls（特效控制）面板中，设置Blurriness（模糊）数值为41，图像效果如图10.44所示。

图10.43　添加快速模糊特效　　　　图10.44　添加后效果

11　为了使粒子产生一些扩散线条的效果，在Effects & Presets（效果和预置）面板中展开Blur & Sharpen（模糊与锐化）特效组，然后双击CC Vector Blur（CC矢量模糊）特效，如图10.45所示。

12　设置Amount（数量）数值为88，从Property（特性）下拉菜单中选择Alpha（Alpha通道），参数如图10.46所示。

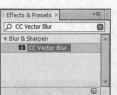

图10.45　添加CC矢量模糊特效　　　图10.46　参数设置

13　执行菜单栏中的Layer（层）|New（新建）|Solid（固态）命令，打开Solid Settings（固态层设置）对话框，设置Name（名称）为"分散线条"，Color（颜色）为白色，如图10.47所示。

14　选中"分散线条"层，在Effects & Presets（效果和预置）面板中展开Simulation（模拟）特效组，双击CC Particle World（CC仿真粒子世界）特效，如图10.48所示。

图10.47　固态层设置　　　图10.48　添加特效

15　在Effect Controls（特效控制）面板中，设置Birth Rate（生长速率）数值为1.7，Longevity（寿命）数值为1.17；展开Producer（发生器）选项组，设置Position X（x轴位置）数值为−0.36，Position Z（z轴位置）数值为0，Radius Y（y轴半径）数值为0.22，Radius Z（z轴半径）数值为0.015，如图10.49所示，设置后的效果如图10.50所示。

图10.49　发生器参数设置　　　图10.50　设置后的效果

16　展开Physics（物理学）选项组，从Animation

（动画）下拉菜单中选择Direction Axis（沿轴发射），设置Gravity（重力）数值为0，如图10.51所示，设置后效果如图10.52所示。

图10.51 物理学参数设置　　　图10.52 设置后的效果

⑰ 选中"分散线条"层，在Effect Controls（特效控制）面板中，按住Alt键单击Velocity（速度）左侧的码表按钮，在时间线面板中输入wiggle（8,.4），如图10.53所示。

图10.53 表达式设置

⑱ 展开Particle（粒子）选项组，从Particle Type（粒子类型）下拉菜单中选择Lens Convex（凸透镜），设置Birth Size（生长大小）数值为0.1，Death Size（消逝大小）数值为0.1，Size Variation（大小变化）数值为61%，Max Opacity（最大透明度）数值为100%，如图10.54所示，设置后效果如图10.55所示。

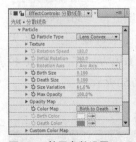 

图10.54 粒子参数设置　　　图10.55 设置后的效果

⑲ 为了使粒子达到模糊效果，继续添加特效，选中"分散线条"层，在Effects & Presets（效果和预置）面板中展开Blur & Sharpen（模糊与锐化）特效组，双击Fast Blur（快速模糊）特效，如图10.56所示。

⑳ 在Effect Controls（特效控制）面板中，设置Blurriness（模糊）数值为40，设置后的效果如图10.57所示。

 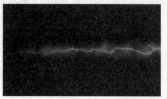

图10.56 添加快速模糊特效　　　图10.57 设置后的效果

㉑ 为了使粒子产生一些扩散线条的效果，在Effects & Presets（效果和预置）面板中展开Blur & Sharpen（模糊与锐化）特效组，然后双击CC Vector Blur（CC矢量模糊）特效，如图10.58所示。

㉒ 设置Amount（数量）数值为24，从Property（特性）下拉菜单中选择Alpha（Alpha通道），如图10.59所示。

图10.58 添加CC矢量模糊特效　　　图10.59 参数设置

㉓ 执行菜单栏中的Layer（层）|New（新建）|Solid（固态）命令，打开Solid Settings（固态层设置）对话框，设置Name（名称）为"点光"，Color（颜色）为白色，如图10.60所示。

㉔ 选中"点光"层，在Effects & Presets（效果和预置）面板中展开Simulation（模拟）特效组，然后双击CC Particle World（CC仿真粒子世界）特效，如图10.61所示。

 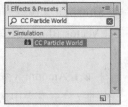

图10.60 固态层设置　　　图10.61 添加CC仿真粒子世界特效

(25) 在Effect Controls（特效控制）面板中，设置Birth Rate（生长速率）数值为0.1，Longevity（寿命）数值为2.79，展开Producer（发生器）选项组，设置Position X（x轴位置）数值为−0.45，Position Z（z轴位置）数值为0，Radius Y（y轴半径）数值为0.03，Radius Z（z轴半径）数值为0.195，参数如图10.62所示，设置后效果如图10.63所示。

 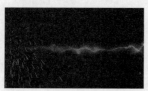

图10.62 发生器参数设置　　　图10.63 设置后效果

(26) 展开Physics（物理学）选项组，从Animation（动画）下拉菜单中选择Direction Axis（沿轴发射）运动效果，设置Velocity（速度）数值为0.25，Gravity（重力）数值为0，如图10.64所示，设置后效果如图10.65所示。

 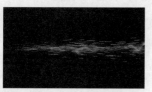

图10.64 物理学参数设置　　　图10.65 设置后效果

(27) 展开Particle（粒子）选项组，从Particle Type（粒子类型）下拉菜单中选择Lens Convex（凸透镜），设置Birth Size（生长大小）数值为0.04，Death Size（消逝大小）数值为0.02，如图10.66所示，设置后效果如图10.67所示。

 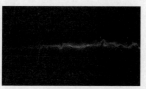

图10.66 粒子参数设置　　　图10.67 设置后的效果

(28) 选中"点光"层，将时间调整到00:00:00:22帧的位置，按Alt+[组合键以当前时间为起点，如图

10.68所示。

图10.68 设置层起点

(29) 拖动"点光"层后面边缘，使其与"分散线条"的尾部对齐，如图10.69所示。

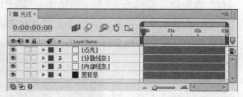

图10.69 层设置

(30) 将时间调整到00:00:00:00帧的位置，选中"点光"层，按T键展开Opacity（透明度）属性，设置Opacity（透明度）数值为0%，单击码表按钮，在当前位置添加关键帧。

(31) 将时间调整到00:00:00:09帧的位置，设置Opacity（透明度）数值为100%，系统会自动创建关键帧，如图10.70所示。

图10.70 关键帧设置

(32) 执行菜单栏中的Layer（层）|New（新建）|Adjustment Layer（调节层）命令，设置Name（名称）为"调节层"，Color（颜色）为白色，创建的调节层如图10.71所示。

图10.71 新建"调节层"

(33) 选中"调节层"，在Effects & Presets（效果和预置）面板中展开Distort（扭曲）特效组，双击Mesh Warp（网格变形）特效，如图10.72所示，添

225

加后的效果如图10.73所示。

图10.72 添加网格变形特效

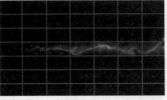

图10.73 添加后的效果

34 在Effect Controls（特效控制）面板中，设置Rows（行）数值为4，Columns（列）数值为4，如图10.74所示，调整网格形状，设置后的效果如图10.75所示。

图10.74 参数设置

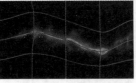

图10.75 调整后的效果

35 这样"光线"合成就制作完成了，按小键盘上的0键预览其中几帧动画效果，如图10.76所示。

图10.76 动画流程画面

10.4.2 制作蒙版合成

01 执行菜单栏中的Composition（合成）| New Composition（新建合成）命令，打开Composition Settings（合成设置）对话框，设置Composition Name（合成名称）为"蒙版合成"，Width（宽）为1024，Height（高）为576，Frame Rate（帧速率）为25，并设置Duration（持续时间）为00:00:03:00秒，如图10.77所示。

图10.77 合成设置

02 执行菜单栏中的File（文件）| Import（导入）| File（文件）命令，打开Import File（导入文件）对话框，选择配套资源中的"工程文件\第10章\魔戒\背景.jpg"素材。

03 从Project（项目）面板拖动"背景.jpg、光线"素材到"蒙版合成"时间线面板中，如图10.78所示。

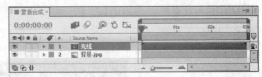

图10.78 添加素材

04 选中"光线"层，按Enter（回车）键重新命名为"光线1"，并将其Mode（模式）设置为Screen（屏幕），如图10.79所示。

图10.79 层设置

05 选中"光线1"层，按R键展开Rotation（旋转）属性，设置Rotation（旋转）数值为−100，按P键展开Position（位置）属性，设置Position（位置）数值为（366，−168），如图10.80所示。

图10.80 旋转参数设置

06 选中"光线1"，在Effects & Presets（效果和预置）面板中展开Color Correction（色彩校正）特效组，双击Curves（曲线）特效，如图10.81所示，默认Curves（曲线）形状如图10.82所示。

图10.81 添加曲线特效

图10.82 默认曲线形状

07 在Effect Controls（特效控制）面板中，调整Curves（曲线）形状，如图10.83所示。

08 从Channel（通道）下拉菜单中选择Red（红色）通道，调整Curves（曲线）形状，如图10.84所示。

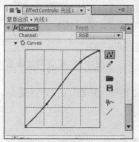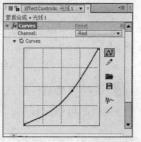

图10.83 RGB颜色调整　　　图10.84 红色颜色调整

09 从Channel（通道）右侧下拉菜单中选择Green（绿色）通道，调整Curves（曲线）形状，如图10.85所示。

10 从Channel（通道）右侧下拉菜单中选择Blue（蓝色）通道，调整Curves（曲线）形状，如图10.86所示。

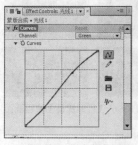

图10.85 绿色颜色调整　　　图10.86 蓝色颜色调整

11 选中"光线1"，在Effects & Presets（效果和预置）面板中展开Color Correction（色彩校正）特效组，双击Tint（色调）特效，设置Amount to Tint（色调数量）为50%。

12 选中"光线1"，按Ctrl+D组合键复制出"光线2"，如图10.87所示。

图10.87 复制层

13 选中"光线2"层，按R键展开Rotation（旋转）属性，设置Rotation（旋转）数值为−81，按P键展开Position（位置）属性，设置Position（位置）数值为（480，−204），如图10.88所示。

图10.88 参数设置

14 选中"光线2"，按Ctrl+D组合键复制出"光线3"，如图10.89所示。

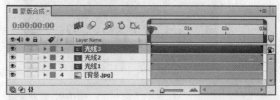

图10.89 复制层

15 选中"光线3"层，按R键展开Rotation（旋转）属性，设置Rotation（旋转）数值为−64，按P键展开Position（位置）属性，设置Position（位置）数值为（596，−138），如图10.90所示。

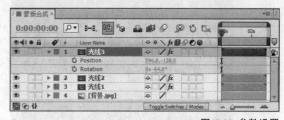

图10.90 参数设置

10.4.3 制作总合成

01 执行菜单栏中的Composition（合成）| New Composition（新建合成）命令，打开Composition Settings（合成设置）对话框，设置Composition Name（合成名称）为"总合成"，Width（宽）为1024，Height（高）为576，Frame Rate（帧速率）为25，并设置Duration（持续时间）为00:00:03:00秒。

02 从Project（项目）面板拖动"背景.jpg、蒙版合成"素材到"总合成"时间线面板中，如图10.91所示。

图10.91 添加素材

03 选中"蒙版合成",选择工具栏中的Rectangle Tool(矩形工具)，在总合成窗口绘制矩形蒙版，如图10.92所示。

图10.92 绘制蒙版

04 将时间调整到00:00:00:00帧的位置，拖动蒙版上方两个锚点向下移动，直到看不到光线为止，如图10.93所示。单击码表按钮，在当前位置添加关键帧。

图10.93 向下移动

05 将时间调整到00:00:01:08帧的位置，拖动蒙版上方两个锚点向上移动，系统会自动创建关键帧，如图10.94所示。

图10.94 向上移动

06 选中"Mask1"层按F键展开Mask Feather(蒙版羽化)属性，设置Mask Feather(蒙版羽化)数值为(50，50)，如图10.95所示。

图10.95 蒙版羽化设置

07 这样"魔戒"合成就制作完成了，按小键盘上的0键即可播放预览。

10.5 课堂案例——飞行烟雾

📖 实例说明

本例主要讲解利用Particular(粒子)特效制作飞行烟雾效果，完成的动画流程画面如图10.96所示。

工程文件：工程文件\第10章\飞行烟雾
视频：视频\10.5 课堂案例——飞行烟雾.avi

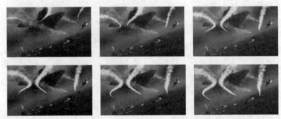

图10.96 飞行烟雾动画流程画面

📖 知识点

1. Particular(粒子)特效。

2. Light(灯光)特效。

10.5.1 制作烟雾合成

01 执行菜单栏中的Composition(合成)| New Composition(新建合成)命令，打开Composition Settings(合成设置)对话框，设置Composition Name(合成名称)为"烟雾"，Width(宽)为300，Height(高)为300，Frame Rate(帧速率)为25，并设置Duration(持续时间)为00:00:03:00秒，如图10.97所示。

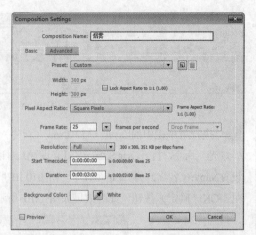

图10.97 合成设置

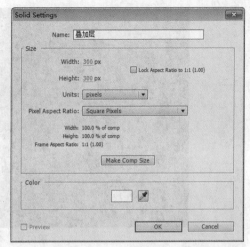

图10.99 "叠加层"设置

02 执行菜单栏中的File（文件）| Import（导入）| File（文件）命令，打开Import File（导入文件）对话框，选择配套资源中的"工程文件\第10章\飞形烟雾\背景.jpg、large_smoke.jpg"素材。

03 为了操作方便，执行菜单栏中的Layer（层）|New（新建）|Solid（固态）命令，打开Solid Settings（固态层设置）对话框，设置Name（名称）为"黑背景"，Width（宽）为300，Height（高）为300，Color（颜色）为黑色，如图10.98所示。

05 在Project（项目）面板中，选择"large_smoke.jpg"素材，将其拖动到"large_smoke"合成的时间线面板中，如图10.100所示。

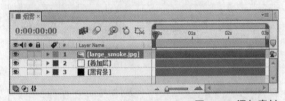

图10.100 添加素材

06 选中"large_smoke.jpg"层，按S键展开Scale（缩放）属性，取消Constrain Proportions（约束比例） 按钮，设置Scale（缩放）数值为（47，61），参数如图10.101所示。

图10.101 参数设置

07 选中"叠加层"，设置层跟踪模式为Luma Matte large_smoke.jpg，这样单独的云雾就被提出来了，如图10.102所示，效果如图10.103所示。

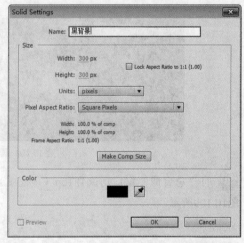

图10.98 "黑背景"固态层设置

04 执行菜单栏中的Layer（层）|New（新建）|Solid（固态）命令，打开Solid Settings（固态层设置）对话框，设置Name（名称）为"叠加层"，Width（宽）为300，Height（高）为300，Color（颜色）为白色，如图10.99所示。

图10.102 通道设置

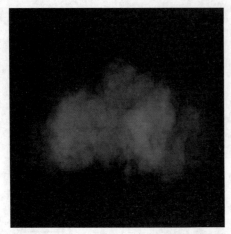

图10.103 效果图

⑧ 选中"黑背景"层，将该层删除，如图10.104所示。

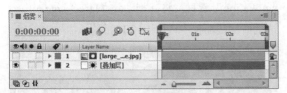

图10.104 删除"黑背景"层

10.5.2 制作总合成

① 执行菜单栏中的Composition（合成）| New Composition（新建合成）命令，打开Composition Settings（合成设置）对话框，设置Composition Name（合成名称）为"总合成"，Width（宽）为1024，Height（高）为576，Frame Rate（帧速率）为25，并设置Duration（持续时间）为00:00:03:00秒。

② 打开"总合成"，在Project（项目）面板中，选择"背景.jpg"素材，将其拖动到"总合成"的时间线面板中，如图10.105所示。

图10.105 添加素材

③ 选中"背景.jpg"层，打开三维层 ⬡ 按钮，按S键展开Scale（缩放）属性，设置Scale（缩放）数值为105，如图10.106所示。

图10.106 缩放设置

④ 执行菜单栏中的Layer（层）|New（新建）|Light（灯光）命令，打开Light Settings（灯光设置）对话框，设置Name（名称）为"Emitter1"，如图10.107所示，单击OK（确定）按钮，此时效果如图10.108所示。

图10.107 灯光设置

图10.108 画面效果

⑤ 将"总合成"窗口切换到Top（顶视图），如图10.109所示。

图10.109 顶视图效果

06 将时间调整到00:00:00:00帧的位置，选中"灯光"层，按P键展开Position（位置）属性，设置Position（位置）数值为（698，153，-748），单击码表按钮，在当前位置添加关键帧；将时间调整到00:00:02:24帧的位置，设置Position（位置）数值为（922，464，580），系统会自动创建关键帧，如图10.110所示。

图10.110 关键帧设置

07 选中"灯光"层，按住Alt键，同时用鼠标单击Poaition（位置）左侧的码表按钮，在时间线面板中输入"wiggle（.6,150）"，如图10.111所示。

图10.111 表达式设置

08 将"总合成"窗口切换到Active Camera（摄像机视图），如图10.112所示。

图10.112 视图切换

09 在Project（项目）面板中选择"烟雾"合成，将其拖动到"总合成"的时间线面板中，效果如图10.113所示。

图10.113 添加"烟雾"合成后效果

10 选中"烟雾"层，单击该层左侧的隐藏👁按钮，将其隐藏，如图10.114所示。

图10.114 隐藏"烟雾"合成

11 执行菜单栏中的Layer（层）|New（新建）|Solid（固态）命令，打开Solid Settings（固态层设置）对话框，设置Name（名称）为"粒子烟"，Width（宽）为1024，Height（高）数值为576，Color（颜色）为黑色，如图10.115所示。

图10.115 固态层设置

12 选中"粒子烟"层，在Effects & Presets（效果和预置）面板中展开Trapcode特效组，双击Particular（粒子）特效，如图10.116所示。

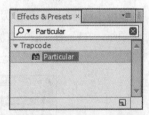

图10.116 添加粒子特效

13 在Effect Controls（特效控制）面板中，展开Emitter（发射器）选项组，设置Particular/sec（每秒发射的粒子数量）为200，在Emitter Type（发射器类型）右侧的下拉列表框中选择Light（灯光），设置Velocity（速度）数值为7，Velocity Random（速度随机）数值为0，Velocity

Distribution（速率分布）数值为0，Velocity from Motion（运动速度）数值为0，Emitter Size X（发射器x轴粒子大小）数值为0，Emitter Size Y（发射器y轴粒子大小）数值为0，Emitter Size Z（发射器z轴粒子大小）数值为0，参数如图10.117所示，设置后效果如图10.118所示。

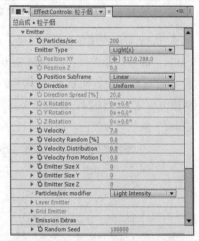

图10.117 发射器参数设置

图10.118 设置后的效果

⑭ 展开Particle（粒子）选项组，设置Life（生命）数值为3，在Particle Type（粒子类型）右侧的下拉列表框中选择Sprite（幽灵），展开Tuxture（纹理）选项组，在Layer（层）右侧的下拉列表中选择"烟雾"，参数如图10.119所示，效果如图10.120所示。

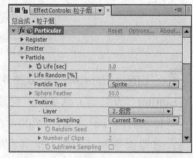

图10.119 粒子参数设置

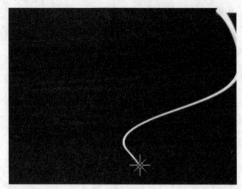

图10.120 设置后的效果

⑮ 展开Particular（粒子）|Particle（粒子）|Rotation（旋转）选项组，设置Random Rotation（随机旋转）为74，Size（大小）为14，Size Random（随机大小）为54，Opacity Random（透明度随机）为100，其他参数设置如图10.121所示，效果如图10.122所示。

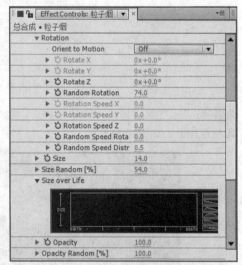

图10.121 旋转参数设置

图10.122 设置后的效果

⑯ 选中"灯光"层，单击该层左侧的隐藏 👁 按钮，将其隐藏，此时画面效果如图10.123所示。

图10.123 画面效果图

⑰ 选中"粒子烟"层,在Effects & Presets(效果和预置)面板中展开Color Correction(色彩校正)特效组,然后双击Tint(色调)特效,如图10.124所示。

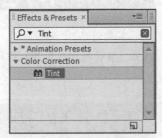

图10.124 添加色调特效

⑱ 在Effect Controls(特效控制)面板中,设置Map White To(映射白色到)颜色为浅蓝色(R:213,G:241,B:243),如图10.125所示。

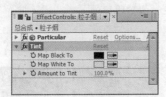

图10.125 参数设置

⑲ 选中"粒子烟"层,在Effects & Presets(效果和预置)面板中展开Color Correction(色彩校正)特效组,双击Curves(曲线)特效,如图10.126所示,默认Curves(曲线)形状,如图10.127所示。

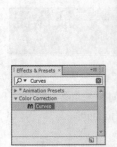

图10.126 添加曲线特效

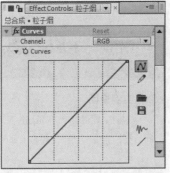

图10.127 默认曲线形状

⑳ 在Effect Controls(特效控制)面板中,设置Curves(曲线)形状如图10.128所示,效果如图10.129所示。

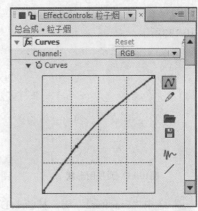

图10.128 调整曲线形状

图10.129 调整后的效果图

㉑ 选中"Emetter1"层,按Ctrl+D组合键复制出"Emetter2"层,如图10.130所示。

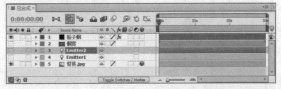

图10.130 复制层

㉒ 选中"Emetter2"层,单击该层左侧的显示与隐藏◉按钮,将其显示,如图10.131所示。

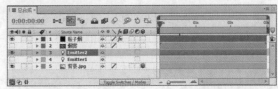

图10.131 显示图层

㉓ 将"总合成"窗口切换到Top(顶视图),如

图10.132所示。

㉔ 将时间调整到00:00:00:00帧的位置，手动调整"Emetter2"位置；将时间调整到00:00:02：24帧的位置，手动调整"Emetter2"位置，形状如图10.133所示。

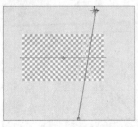 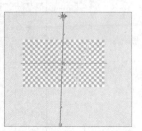

图10.132 顶视图形状　　　图10.133 形状调整

㉕ 选中"Emetter2"层，按Ctrl+D组合键复制出"Emetter3"层，如图10.134所示。

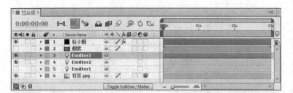

图10.134 复制层

㉖ 选中"Emetter3"层，默认Top（顶视图）形状如图10.135所示。

㉗ 将时间调整到00:00:00:00帧的位置，手动调整"Emetter3"位置；将时间调整到00:00:02:24的位置，手动调整"Emetter3"位置，形状如图10.136所示。

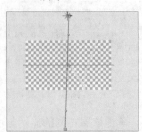 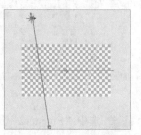

图10.135 顶视图形状　　　图10.136 形状调整

㉘ 选中"Emetter2、Emetter3"层，单击层左侧的显示与隐藏👁按钮，将其隐藏，如图10.137所示。

图10.137 隐藏设置

㉙ 这样就完成了飞行烟雾的整体制作，按小键盘上的0键，即可在合成窗口中预览动画。

10.6 本章小结

本章主要讲解影视特效的制作，如恐怖影片中的滴血效果、生化影片中的伤口快速愈合特效和蠕虫窜动特效等。通过本章的学习，我们可以掌握以上影视特效制作的方法。

10.7 课后习题

本章通过3个课后习题，重点讲解了云彩字的特效、液体流淌效果的制作和伤痕愈合特效的制作技巧。

10.7.1 课后习题1——云彩字效果

📖 实例说明

本例首先创建文字层，然后使用第三方粒子插件，完成云彩字动画的整体制作。本例最终的动画流程效果如图10.138所示。

工程文件：工程文件\第10章\云彩字效果
视频：视频\10.7.1 课后习题1——云彩字效果.avi

图10.138 云彩字动画流程效果

📖 知识点

1.Horizontal Type Tool（横排文字工具）。

2.Particular（粒子）特效。

10.7.2 课后习题2——液体流淌效果

📖 实例说明

本例主要讲解利用Liquify（液化）特效制作液体流淌效果，完成的动画流程画面如图10.139所示。

工程文件：工程文件\第10章\液体流淌效果
视频：视频\10.7.2 课后习题2——液体流淌效果.avi

图10.139　液体流淌动画流程画面

 知识点

1. Roughen Edges（粗糙边缘）。

2. Liquify（液化）。

10.7.3　课后习题3——伤痕愈合特效

 实例说明

本例主要讲解利用Simple Choker（简易阻塞）特效制作伤痕愈合效果，完成的动画流程画面如图10.140所示。

工程文件：工程文件\第10章\伤痕愈合
视频：视频\10.7.3 课后习题3——伤痕愈合特效.avi

图10.140　伤痕愈合动画流程画面

 知识点

1. Simple Choker（简易阻塞）特效。

2. Curves（曲线）特效。

3. CC Glass（CC玻璃）特效。

4. Fast Blur（快速模糊）特效。

第11章

动漫特效及场景合成

内容摘要

　　本章主要讲解动漫特效及场景合成，动漫特效及场景合成制作是CG行业中较复杂的一个重要部分，随着游戏动漫的普及，其应用市场更加广阔，本章主要通过3个精选实例，讲解动漫特效及场景合成的处理方法和技巧。

教学目标

- 上帝之光特效的表现
- 数字人物动漫特效的表现技法
- 魔法火焰魔法场景的合成技术

11.1 课堂案例——上帝之光

本例主要讲解Fractal Noise（分形噪波）特效、Bezier Warp（贝塞尔曲线变形）特效的应用以及使用，通过这些特效制作出上帝之光。本例最终的动画流程效果如图11.1所示。

工程文件：工程文件\第11章\上帝之光
视频：视频\11.1 课堂案例——上帝之光.avi

图11.1 上帝之光最终动画流程效果

📖 知识点

1.Fractal Noise（分形噪波）特效。
2.Bezier Warp（贝塞尔曲线变形）特效。
3.Particular（粒子）特效。

11.1.1 新建总合成

01 执行菜单栏中的Composition（合成）| New Composition（新建合成）命令，打开Composition Settings（合成设置）对话框，设置Composition Name（合成名称）为"总合成"，Width（宽）为1024，Height（高）为576，Frame Rate（帧速率）为25，并设置Duration（持续时间）为00:00:05:00秒，如图11.2所示。

图11.2 合成设置

02 执行菜单栏中的File（文件）| Import（导入）| File（文件）命令，打开Import File（导入文件）对话框，选择配套资源中的"工程文件\第11章\上帝之光\背景图片.jpg"素材。

03 执行菜单栏中的Layer（层）| New（新建）| Solid（固态层）命令，打开Solid Settings（固态层设置）对话框，设置Name（名称）为"线光"，Width（宽）为1024px，Height（高）为576，Color（颜色）为黑色，如图11.3所示。

04 选中"线光"层，在Effects & Presets（效果和预置）面板中展开Noise & Grain（噪波和杂点）特效组，双击Fractal Noise（分形噪波）特效，如图11.4所示。

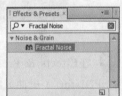

图11.3 固态层设置　图11.4 添加分形噪波特效

05 在Effect Controls（特效控制）面板中，设置Contrast（对比度）数值为257，Brightness（亮度）数值为-65，展开Transform（转换）选项组，取消勾选Uniform Scaling（等比缩放）复选框，设置Scale Width（缩放宽度）数值为35，Scale Height（缩放高度）数值为1686，如图11.5所示，设置后效果如图11.6所示。

图11.5 参数设置　图11.6 设置后效果

06 将时间调整到00:00:00:00帧的位置，设置Evolution（进化）数值为0，单击码表按钮，在当前位置添加关键帧，将时间调整到00:00:02:16帧的位置，设置Evolution（进化）数值为3x，如图11.7所示。

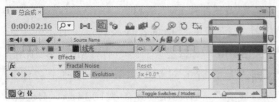

图11.7 关键帧设置

07 选中"线光"层，设置其Mode（模式）为Add（相加），效果如图11.8所示。

图11.8 设置相加后效果

08 在Effects & Presets（效果和预置）面板中展开Distort（扭曲）特效组，双击Bezier Warp（贝塞尔曲线变形）特效，如图11.9所示，默认Bezier Warp（贝塞尔曲线变形）形状如图11.10所示。

图11.9 添加特效

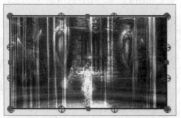

图11.10 默认特效变形状

09 调整Bezier Warp（贝塞尔曲线变形）形状，如图11.11所示。

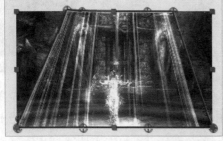

图11.11 调整后的形状

10 选中"线光"层，选择工具栏里的Pen Tool（钢笔工具），绘制闭合蒙版，如图11.12所示。

11 选中"线光"层，按F键展开Mask Feather（蒙版羽化）属性，设置Mask Feather（蒙版羽化）数值为（236，236），如图11.13所示。

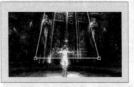

图11.12 绘制蒙版

图11.13 蒙版羽化

11.1.2 添加粒子特效

01 执行菜单栏中的Layer（层）|New（新建）|Solid（固态层）命令，打开Solid Settings（固态层设置）对话框，设置Name（名称）为"点光"，Width（宽）为1024，Height（高）为576，Color（颜色）为黑色，如图11.14所示。

02 选中"点光"层，在Effects & Presets（效果和预置）面板中展开Trapcode特效组，双击Particular（粒子）特效，如图11.15所示。

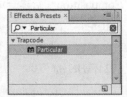

图11.14 合成设置

图11.15 粒子特效

03 在Effect Controls（特效控制）面板中，展开Particular（粒子）|Emitter（发射器）选项组，设置Particular/sec（每秒发射的粒子数）为30，在Emitter Type（发射类型）下拉菜单中选择Box（盒子），设置Position XY（xy轴位置）数值为（510，176），Velocity（速度）数值为50，Velocity Random（随机速度）数值为0，Velocity Distribution（速率分布）数值为0，Velocity form Motion（运动速度）数值为0，Emitter Size X（发射器x轴大小）数值为212，Emitter Size Y（发射器y轴大小）数值为354，Emitter Size Z（发射器z轴

大小）数值为712，参数如图11.16所示，设置后效果如图11.17所示。

图11.16 发射器参数设置　　**图11.17 设置后效果**

④ 展开Particle（粒子）选项组，设置Life（生命）数值为2，从Particle Type（粒子类型）下拉菜单中选择Glow Sphere（发光球体），参数如图11.18所示，设置后效果如图11.19所示。

图11.18 粒子参数设置　　**图11.19 设置后效果**

⑤ 这样就完成了"上帝之光"的操作，按小键盘上的0键可以预览其中几帧动画效果，如图11.20所示。

图11.20 动画流程效果

11.2 课堂案例——魔法火焰

📖 **实例说明**

本例主要讲解CC Particle World（CC仿真粒子世界）特效、Colorama（彩光）特效的应用以及蒙版工具的使用。本例最终的动画流程效果如图11.21所示。

工程文件：工程文件\第11章\魔法火焰
视频：视频\11.2 课堂案例——魔法火焰.avi

图11.21 魔法火焰最终动画流程效果

📖 **知识点**

1.Colorama（彩光）特效。

2.Curves（曲线）特效。

3.Lightning（闪电）特效。

11.2.1 制作烟火合成

① 执行菜单栏中的Composition（合成）| New Composition（新建合成）命令，打开Composition Settings（合成设置）对话框，设置Composition Name（合成名称）为"烟火"，Width（宽）为1024，Height（高）为576，Frame Rate（帧速率）为25，并设置Duration（持续时间）为00:00:05:00秒，如图11.22所示。

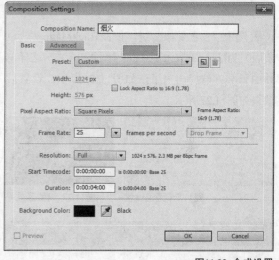

图11.22 合成设置

② 执行菜单栏中的File（文件）| Import（导入）| File（文件）命令，打开Import File（导入文件）对话框，选择配套资源中的"工程文件\第11章\魔法火焰\烟雾.jpg、背景.jpg"素材。

③ 执行菜单栏中的Layer（层）|New（新建）|Solid（固态层）命令，打开Solid Settings（固态

层设置）对话框，设置Name（名称）为"白色蒙版"，Width（宽）为1024，Height（高）为576px，Color（颜色）为白色，如图11.23所示。

04 选中"白色蒙版"层，选择工具栏里的Rectangle Tool（矩形工具）▭，在"烟火"合成中绘制矩形蒙版，如图11.24所示。

图11.23 固态层设置　　　图11.24 绘制蒙版

05 在Project（项目）面板中，选择"烟雾.jpg"素材，将其拖动到"烟火"合成的时间线面板中，如图11.25所示。

图11.25 添加素材

06 选中"白色蒙版"层，设置TrackMatte（轨道蒙版）为Luma Inverted Matte（烟雾.jpg），这样单独的云雾就被提出来了，如图11.26所示，设置后效果如图11.27所示。

图11.26 通道设置　　　图11.27 设置后效果

11.2.2 制作中心光

01 执行菜单栏中的Composition（合成）| New Composition（新建合成）命令，打开Composition Settings（合成设置）对话框，设置Composition Name（合成名称）为"中心光"，Width（宽）为1024，Height（高）为576，Frame Rate（帧速率）为25，并设置Duration（持续时间）为00:00:05:00秒，如图11.28所示。

02 执行菜单栏中的Layer（层）|New（新建）|Solid（固态层）命令，打开Solid Settings（固态层设置）对话框，设置Name（名称）为"粒子"，Width（宽）为1024，Height（高）为576px，Color（颜色）为黑色，如图11.29所示。

图11.28 合成设置　　　图11.29 固态层设置

03 选中"粒子"层，在Effects & Presets（效果和预置）面板中展开Simulation（模拟）特效组，双击CC Particle World（CC仿真粒子世界）特效，如图11.30所示，此时画面效果如图11.31所示。

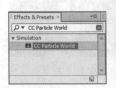

图11.30 粒子世界特效　　　图11.31 画面效果

04 在Effect Controls（特效控制）面板中，设置Birth Rate（生长速率）为1.5，Longevity（寿命）为1.5；展开Producer（发生器）选项组，设置Radius X（x轴半径）数值为0，Radius Y（y轴半径）数值为0.215，Radius Z（z轴半径）数值为0，如图11.32所示，效果如图11.33所示。

图11.32 发生器参数设置　　　图11.33 设置后效果

⑤ 展开Physics（物理学）选项组，从Animation（动画）下拉菜单中选择Twirl（扭转），设置Velocity（速度）数值为0.07，Gravity（重力）数值为−0.05，Extra（额外）数值为0，Extra Angle（额外角度）数值为180，如图11.34所示，效果如图11.35所示。

图11.34 物理学参数设置　　　　图11.35 效果图

⑥ 展开Particle（粒子）选项组，从Particle Type（粒子类型）下拉菜单中选择Tripolygon（三角形），设置Birth Size（生长大小）为0.053，Death Size（消逝大小）为0.087，如图11.36所示，效果如图11.37所示。

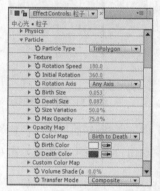 

图11.36 粒子参数设置　　　　图11.37 画面效果

⑦ 执行菜单栏中的Layer（层）|New（新建）|Solid（固态层）命令，打开Solid Settings（固态层设置）对话框，设置Name（名称）为"中心亮棒"，Width（宽）为1024，Height（高）为576，Color（颜色）为橘黄色（R：255，G：177，B：76），如图11.38所示。

⑧ 选中"中心亮棒"层，选择工具栏里的Pen Tool（钢笔工具），绘制闭合蒙版，如图11.39所示。

图11.38 固态层设置　　　　图11.39 画面效果

11.2.3 制作爆炸光

① 执行菜单栏中的Composition（合成）| New Composition（新建合成）命令，打开Composition Settings（合成设置）对话框，设置Composition Name（合成名称）为"爆炸光"，Width（宽）为1024，Height（高）为576，Frame Rate（帧速率）为25，并设置Duration（持续时间）为00:00:05:00秒。

② 在Project（项目）面板中，选择"背景"素材，将其拖动到"爆炸光"合成的时间线面板中，如图11.40所示。

图11.40 添加素材

③ 选中"背景"层，按Ctrl+D组合键，复制出另一个"背景"层，按Enter键重新命名为"背景粒子"层，设置其Mode（模式）为Add（相加），如图11.41所示。

图11.41 复制层设置

④ 选中"背景粒子"层，在Effects & Presets（效果和预置）面板中展开Simulation（模拟）特效组，双击CC Particle World（CC仿真粒子世界）特效，如图11.42所示，此时画面效果如图11.43

所示。

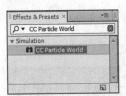

图11.42 添加特效

图11.43 画面效果

05 在Effect Controls（特效控制）面板中，设置Birth Rate（生长速率）数值为0.2，Longevity（寿命）数值为0.5；展开Producer（发生器）选项组，设置Position X（x轴位置）数值为-0.07，Position Y（y轴位置）数值为0.11，Radius X（x轴半径）数值为0.155，Radius Z（z轴半径）数值为0.115，如图11.44所示，效果如图11.45所示。

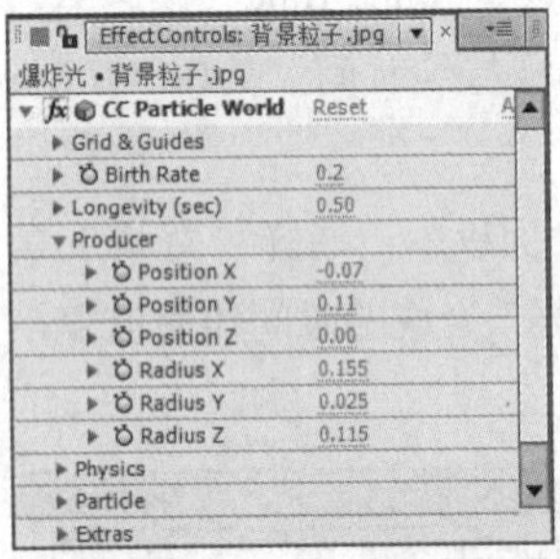

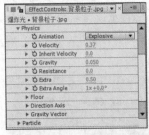

图11.44 发生器参数设置

图11.45 效果图

06 展开Physics（物理学）选项组，设置Velocity（速度）数值为0.37，Gravity（重力）数值为0.05，如图11.46所示，效果如图11.47所示。

图11.46 物理学参数设置

图11.47 效果图

07 展开Particle（粒子）选项组，从Particle Type（粒子类型）下拉菜单中选择Lens Convex（凸透镜），设置Birth Size（生长大小）数值为0.639，Death Size（消逝大小）数值为0.694，如图11.48所示，效果如图11.49所示。

图11.48 粒子参数设置

图11.49 画面效果

08 选中"背景粒子"层，在Effects & Presets（效果和预置）面板中展开Color Correction（色彩校正）特效组，双击Curves（曲线）特效，如图11.50所示，默认曲线形状如图11.51所示。

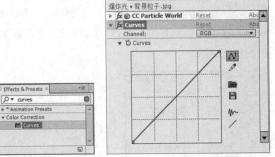

图11.50 添加曲线特效

图11.51 默认曲线形状

09 在Effect Controls（特效控制）面板中，调整Curves（曲线）形状，如图11.52所示，效果如图11.53所示。

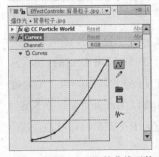

图11.52 调整曲线形状

图11.53 效果图

10 在Project（项目）面板中，选择"中心光"合成，将其拖动到"爆炸光"合成的时间线面板中，如图11.54所示。

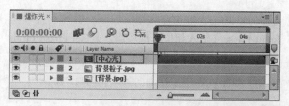

图11.54 添加合成

⑪ 选中"中心光"合成，设置其Mode（模式）为Add（相加），如图11.55所示，此时效果如图11.56所示。

图11.55 叠加模式设置　　　图11.56 效果图

⑫ 因为"中心光"的位置有所偏移，所以设置Position（位置）数值为（471，288），参数设置如图11.57所示，效果如图11.58所示。

图11.57 位置数值设置　　　图11.58 效果图

⑬ 在Project（项目）面板中，选择"烟火"合成，将其拖动到"爆炸光"合成的时间线面板中，如图11.59所示。

图11.59 添加合成

⑭ 选中"烟火"合成，设置其Mode（模式）为Add（相加），如图11.60所示，此时效果如图11.61所示。

图11.60 叠加模式设置　　　图11.61 效果图

⑮ 按P键展开Position（位置）属性，设置Position（位置）数值为（464，378），如图11.62

所示，效果如图11.63所示。

图11.62 位置设置　　　图11.63 效果图

⑯ 选中"烟火"合成，在Effects & Presets（效果和预置）面板中展开Simulation（模拟）特效组，双击CC Particle World（CC粒子仿真世界）特效，如图11.64所示，此时画面效果如图11.65所示。

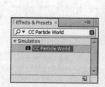 

图11.64 粒子世界特效　　　图11.65 画面效果

⑰ 在Effect Controls（特效控制）面板中，设置Birth Rate（生长速率）数值为5，Longevity（寿命）数值为0.73；展开Producer（发生器）选项组，设置Radius X（x轴半径）数值为1.055，Radius Y（y轴半径）数值为0.225，Radius Z（z轴半径）数值为0.605，如图11.66所示，效果如图11.67所示。

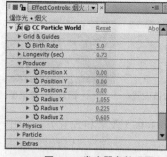 

图11.66 发生器参数设置　　　图11.67 效果图

⑱ 展开Physics（物理学）选项组，设置Velocity（速度）数值为1.4，Gravity（重力）数值为0.38，如图11.68所示，效果如图11.69所示。

图11.68 物理学参数设置　　图11.69 效果图

⑲ 展开Particle（粒子）选项组，从Particle Type（粒子类型）下拉菜单中选择Lens Convex（凸透镜），设置Birth Size（生长大小）数值为3.64，Death Size（消逝大小）数值为4.05，Max Opacity（最大透明度）数值为51%，如图11.70所示，效果如图11.71所示。

图11.70 粒子参数设置　　图11.71 画面效果

⑳ 选中"烟火"合成，按S键展开Scale（缩放）数值为（50，50），如图11.72所示，效果如图11.73所示。

图11.72 缩放数值设置　　图11.73 效果图

㉑ 在Effects & Presets（效果和预置）面板中展开Color Correction（色彩校正）特效组，双击Colorama（彩光）特效，如图11.74所示，此时画面效果如图11.75所示。

图11.74 色彩渐变映射特效　　图11.75 画面效果

㉒ 在Effect Controls（特效控制）面板中，展开Input Phase（输入相位）选项组，从Get Phase From（获取相位自）下拉菜单中选择Alpha（Alpha通道），如图11.76所示，画面效果如图11.77所示。

图11.76 参数设置　　图11.77 效果图

㉓ 展开Output Cycle（输出色环）选项组，从Use Preset Palette（使用预置图案）下拉菜单中选择Negative（负片），如图11.78所示，效果如图11.79所示。

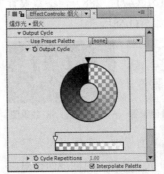

图11.78 参数设置　　图11.79 效果图

㉔ 在Effects & Presets（效果和预置）面板中展开Color Correction（色彩校正）特效组，双击Curves（曲线）特效，如图11.80所示，调整Curves（曲线）形状如图11.81所示。

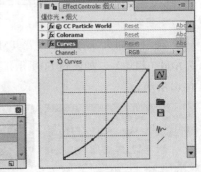

图11.80 添加曲线特效　　图11.81 调整形状

㉕ 在Effect Controls（特效控制）面板中，从Channel（通道）下拉菜单中选择Red（红色），调

整形状如图11.82所示。

㉖ 从Channel（通道）下拉菜单中选择Green（绿色），调整形状如图11.83所示。

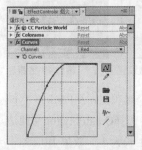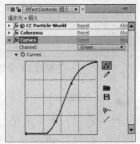

图11.82 红色曲线调整　　图11.83 绿色曲线调整

㉗ 从Channel（通道）下拉菜单中选择Blue（蓝色），调整形状如图11.84所示。

㉘ 从Channel（通道）下拉菜单中选择Alpha（Alpha通道），调整形状如图11.85所示。

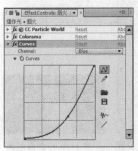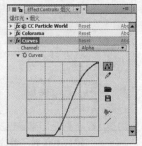

图11.84 蓝色曲线调整　　图11.85 Alpha通道曲线调整

㉙ 在Effects & Presets（效果和预置）面板中展开Blur & Sharpen（模糊与锐化）特效组，双击CC Vector Blur（CC矢量模糊）特效，如图11.86所示，此时的画面效果图11.87所示。

图11.86 添加曲线特效　　　　图11.87 调整形状

㉚ 在Effect Controls（特效控制）面板中，设置Amount（数量）为10，如图11.88所示，效果如图11.89所示。

图11.88 参数设置　　　　　图11.89 效果图

㉛ 执行菜单栏中的Layer（层）|New（新建）|Solid（固态层）命令，打开Solid Settings（固态层设置）对话框，设置Name（名称）为"红色蒙版"，Width（宽）数值为1024，Height（高）为576，Color（颜色）为红色（R: 255，G: 0，B: 0），如图11.90所示。

㉜ 选择工具栏中的Pen Tool（钢笔工具），绘制一个闭合蒙版，如图11.91所示。

图11.90 固态层设置　　　　图11.91 绘制蒙版

㉝ 选中"红色蒙版"层，按F键展开Mask Feather（蒙版羽化）数值为（30，30），如图11.92所示。

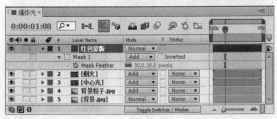

图11.92 羽化蒙版

㉞ 选中"烟火"合成，设置跟Track Matte（轨道蒙版）为Alpha Matte（红色蒙版），如图11.93所示。

图11.93 跟踪模式设置

245

㉟ 执行菜单栏中的Layer（层）|New（新建）|Solid（固态层）命令，打开Solid Settings（固态层设置）对话框，设置Name（名称）为"粒子"，Width（宽）为1024，Height（高）为576，Color（颜色）为黑色，如图11.94所示。

㊱ 在Effects & Presets（效果和预置）面板中展开Simulation（模拟）特效组，双击CC Particle World（CC仿真粒子世界）特效，如图11.95所示。

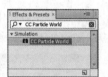

图11.94 固态层设置　　图11.95 添加特效

㊲ 在Effect Controls（特效控制）面板中，设置Birth Rate（生长速率）数值为0.5，Longevity（寿命）数值为0.8；展开Producer（发生器）选项组，设置Position Y（y轴位置）数值为0.19，Radius X（x轴半径）数值为0.46，Radius Y（y轴半径）数值为0.325，Radius Z（z轴半径）数值为1.3，如图11.96所示，效果如图11.97所示。

图11.96 发生器参数设置　　图11.97 效果图

㊳ 展开Physics（物理学）选项组，从Animation（动画）下拉菜单中选择Twirl（扭转），设置Velocity（速度）数值为1，Gravity（重力）数值为−0.05，Extra Angle（额外角度）数值为170，参数如图11.98所示，效果如图11.99所示。

图11.98 参数设置　　　　图11.99 效果图

㊴ 展开Particle（粒子）选项组，从Particle Type（粒子类型）下拉菜单中选择QuadPolygon（四边形），设置Birth Size（生长大小）数值为0.153，Death Size（消逝大小）数值为0.077，Max Opacity（最大透明度）数值为75%，如图11.100所示，效果如图11.101所示。

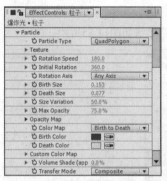

图11.100 粒子参数设置　　图11.101 画面效果

㊵ 这样"爆炸光"合成就制作完成了，预览其中几帧动画，如图11.102所示。

图11.102 动画流程画面

11.2.4 制作总合成

① 执行菜单栏中的Composition（合成）| New Composition（新建合成）命令，打开Composition Settings（合成设置）对话框，新建一个Composition Name（合成名称）为"总合成"，Width（宽）为1024，Height（高）为576，Frame Rate（帧速率）为25，Duration（持续时间）为00:00:05:00秒的合成。

② 在Project（项目）面板中选择"背景、爆炸光"合成，将其拖动到"总合成"的时间线面板

中，使其"爆炸光"合成的入点在00:00:00:05帧的位置，如图11.103所示。

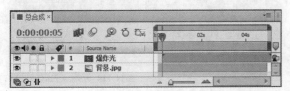

图11.103　添加"背景、爆炸光"素材

03　执行菜单栏中的Layer（层）|New（新建）|Solid（固态层）命令，打开Solid Settings（固态层设置）对话框，设置Name（名称）为"闪电1"，Width（宽）为1024，Height（高）为576，Color（颜色）为黑色。

04　选中"闪电1"层，设置其Mode（模式）为Add（相加），如图11.104所示。

图11.104　叠加模式设置

05　选中"闪电1"层，在Effects & Presets（效果和预置）面板中展开Obsolete（旧版本）特效组，双击Lightning（闪电）特效，如图11.105所示，此时画面效果如图11.106所示。

图11.105　闪电特效　　　　图11.106　效果图

06　在Effect Controls（特效控制）面板中，设置Start Point（起始点）数值为（641，433），End Point（结束点）数值为（642，434），Segments（分段数）数值为3，Width（宽度）数值为6，Core Width（核心宽度）数值为0.32，Outside Color（外部颜色）为黄色（R：255，G：246，B：7），Inside Color（内部颜色）为深黄色（R：255，G：228，B：0），如图11.107所示，效果图11.108所示。

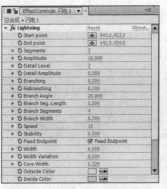

图11.107　参数设置　　　　图11.108　画面效果

07　选中"闪电1"层，将时间调整到00:00:00:00帧的位置，设置Start Point（起始点）数值为（641，433），Segments（分段数）的值为3，单击各属性的码表按钮，在当前位置添加关键帧。

08　将时间调整到00:00:00:05帧的位置，设置Start Point（起始点）的值为（468，407），Segments（分段数）的值为6，系统会自动创建关键帧，如图11.109所示。

图11.109　设置关键帧

09　将时间调整到00:00:00:00帧的位置，按T键展开Opacity（透明度）属性，设置Opacity（透明度）为0%，单击码表按钮，在当前位置添加关键帧；将时间调整到00:00:00:03帧的位置，设置Opacity（透明度）为100%，系统会自动创建关键帧；将时间调整到00:00:00:14帧的位置，设置Opacity（透明度）为100%；将时间调整到00:00:00:16帧的位置，设置Opacity（透明度）为0%，如图11.110所示。

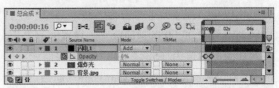

图11.110　透明度关键帧设置

⑩ 选中"闪电1"层，按Ctrl+D组合键复制出另一个"闪电1"层，并按Enter键重命名为"闪电2"，如图11.111所示。

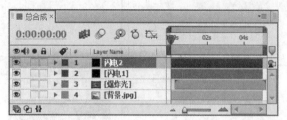

图11.111 复制层

⑪ 在Effect Controls（特效控制）面板中，设置End Point（结束点）数值为（588，443），将时间调整到00:00:00:00帧的位置，设置Start Point（起始点）数值为（584，448）；将时间调整到00:00:00:05帧的位置，设置Start Point（起始点）数值为（468，407），如图11.112所示。

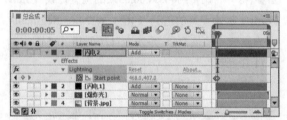

图11.112 开始点关键帧设置

⑫ 选中"闪电2"层，按Ctrl+D组合键复制出另一个"闪电2"层，并按Enter键重命名为"闪电3"，如图11.113所示。

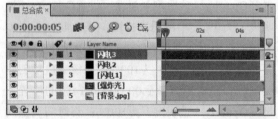

图11.113 复制层

⑬ 在Effect Controls（特效控制）面板中，设置End Point（结束点）数值为（599，461）；将时间调整到00:00:00:00帧的位置，设置Start Point（起始点）数值为（584，448）；将时间调整到00:00:00:05帧的位置，设置Start Point（起始点）数值为（459，398），如图11.114所示。

图11.114 开始点关键帧设置

⑭ 选中"闪电3"层，按Ctrl+D组合键复制出另一个"闪电3"层，并按Enter键重命名为"闪电4"，如图11.115所示。

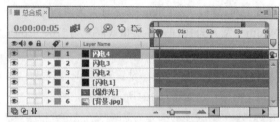

图11.115 复制层

⑮ 在Effect Controls（特效控制）面板中，设置End Point（结束点）数值为（593，455）；将时间调整到00:00:00:00帧的位置，设置Start Point（起始点）数值为（584，448）；将时间调整到00:00:00:05帧的位置，设置Start Point（开始点）数值为（459，398），如图11.116所示。

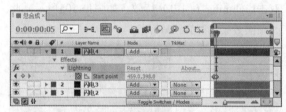

图11.116 开始点关键帧设置

⑯ 选中"闪电4"层，按Ctrl+D组合键复制出另一个"闪电4"层，并按Enter键重命名为"闪电5"，如图11.117所示。

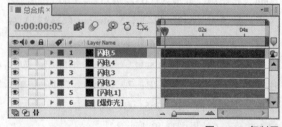

图11.117 复制层

⑰ 在Effect Controls（特效控制）面板中，设

置End Point（结束点）数值为（593，455）；将时间调整到00:00:00:00帧的位置，设置Start Point（起始点）数值为（584，448）；将时间调整到00:00:00:05帧的位置，设置Start Point（起始点）数值为（466，392），如图11.118所示。

图11.118 开始点关键帧设置

⑱ 这样"魔法火焰"的制作就完成了，按小键盘上的0键可以预览其中几帧的效果，如图11.119所示。

图11.119 动画流程画面

11.3 课堂案例——数字人物

📖 **实例说明**

本例主要讲解利用Enable Per-character 3D（启用逐字3D化）制作数字人物效果。本例最终的动画流程效果如图11.120所示。

工程文件：工程文件\第11章\数字人物

视频：视频\11.3 课堂案例——数字人物\.avi

图11.120 数字人物动画流程效果

📖 **知识点**

1.Invert（反转）特效。

2.Enable Per-character 3D（启用逐字3D化）属性。

3.Tritone（调色）特效。

4.Glow（发光）特效。

11.3.1 新建数字合成

① 打开配套资源中的"工程文件\第11章\数字人物\数字人物练习.aep"文件。

② 执行菜单栏中的Composition（合成）|New Composition（新建合成）命令，打开Composition Settings（合成设置）对话框，设置Composition Name（合成名称）为"人物"，Width（宽）为720，Height（高）为576，Frame Rate（帧速率）为25，并设置Duration（持续时间）为00:00:05:00秒。

③ 打开"人物"合成，在项目面板中，选择"头像.jpg"素材，将其拖动到"人物"合成的时间线面板中。

④ 选中"头像.jpg"层，为"头像.jpg"层添加Invert（反向）特效。在Effects & Presets（效果和预置）面板中展开Channel（通道）特效组，然后双击Invert（反转）特效，如图11.121所示，合成窗口效果11.122所示。

图11.121 参数设置　　图11.122 设置后效果

⑤ 切换到"数字"合成，执行菜单栏中的Layer（图层）|New（新建）|Text（文字）命令，并重命名为"数字蒙版"，在"人物"的合成窗口中输入1~9的任何数字，直到覆盖住人物为主，设置字体为Arial，字号为10，字体颜色为白色，其他参数如图11.123所示，效果如图11.124所示。

图11.123 字体设置　　图11.124 效果图

06 选中"数字蒙版"文字层，打开运动模糊 按钮，在时间线面板中，展开文字层，然后单击 Text（文字）右侧Animate后的三角形 按钮，从菜单中选择Enable Per-character 3D（启用逐字3D化）命令，"数字蒙版"文字层的三维层设置会变成 。

07 将"人物"合成拖动到时间线面板中，选中"人物"层，设置其轨道模式为Alpha Matte "数字蒙版"（Alpha蒙版"数字蒙版"），如图11.125所示。

图11.125 时间线面板的修改

08 在时间线面板中展开文字层，将时间调整到00:00:00:00帧的位置，然后单击Text（文字）右侧Animate后的三角形 按钮，从菜单中选择Position（位置）命令，设置Position（位置）的值为（0，0，－1500），单击Animator 1（动画1）右侧Add后面的三角形 按钮，从菜单中选择Property（特性）|Character Offset（字符偏移）选项，设置Character Offset（字符偏移）的值为10，单击Position（位置）和Character Offset（字符偏移）左侧的码表 按钮，在当前位置设置关键帧。

09 将时间调整到00:00:03:00帧的位置，设置Position（位置）的值为（0，0，0），系统会自动创建关键帧，如图11.126所示。

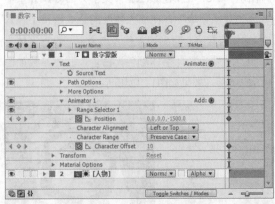

图11.126 设置参数

10 将时间调整到00:00:04:24帧的位置，设置

Character Offset（字符偏移）数值为50，系统会自动创建关键帧，如图11.127所示。

图11.127 设置关键帧

11 选择"数字蒙版"层，展开Text（文字）|Animator 1（动画1）|Range Selector 1（范围选择器1）|Advanced（高级）选项组，从Shape（形状）下拉菜单中选择Ramp Up（向上倾斜）选项，设置Randomize Order（随机顺序）为On（打开），如图11.128所示，合成窗口效果11.129所示。

图11.128 参数设置　　　图11.129 设置参数后效果

11.3.2 新建数字人物合成

01 执行菜单栏中的Composition（合成）|New Composition（新建合成）命令，打开Composition Settings（合成设置）对话框，设置Composition Name（合成名称）为"数字人物"，Width（宽）为720，Height（高）为576，Frame Rate（帧速率）为25，并设置Duration（持续时间）为00:00:05:00秒。

02 打开"数字人物"合成，在项目面板中，选择"数字"合成，将其拖动到"数字人物"合成的时间线面板中。

03 选中"数字"层，按S键展开Scale（缩放）属性，将时间调整到00:00:00:00帧的位置，设置Scale（缩放）数值为（500，500），单击Scale（缩放）左侧的码表 按钮，在当前位置设置关键帧。

04 将时间调整到00:00:03:00帧的位置，设置Scale（缩放）数值为（100，100），系统会自动创建关键帧，选择两个关键帧按F9键，使关键帧平滑，如图11.130所示。

图11.130 关键帧设置

05 选中"数字"层，在Effects & Presets（效果和预置）面板中展开Color Correction（色彩校正）特效组，双击Tritone（调色）特效。

06 在Effect Controls（特效控制）面板中，设置Midtones（中间调）颜色为绿色（R：75，G：125，B：125），如图11.131所示，效果如图11.132所示。

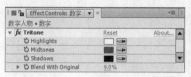

图11.131 参数设置　　　**图11.132 效果图**

07 选中"数字"层，在Effects & Presets（效果和预置）面板中展开Stylize（风格化）特效组，双击Glow（发光）特效，如图11.133所示，效果如图11.134所示。

图11.133 添加发光特效　　　**图11.134 效果图**

08 选中"数字"层，将该层打开快速模糊按钮，如图11.135所示。

图11.135 打开快速模糊按钮

09 这样就完成了"数字人物"的整体制作，按小键盘上的0键，即可在合成窗口中预览动画。

11.4 本章小结

本章主要讲解动漫特效及场景合成特效的制作。通过2个具体的案例，详细讲解了动漫特效及场景合成的制作技巧。

11.5 课后习题

本章通过3个课后习题，作为动漫特效及场景合成特效的制作课后练习，通过这些练习，可以全面掌握动漫特效及场景合成的制作方法和技巧。

11.5.1 课后习题1——墙面破碎出字

实例说明

本例主要讲解利用Shatter（碎片）特效制作墙面破碎出字效果，完成的动画流程画面如图11.136所示。

工程文件：工程文件\第11章\破碎出字
视频：视频\11.5.1 课后习题1——墙面破碎出字.avi

图11.136 墙面破碎出字动画流程画面

知识点

Shatter（碎片）。

11.5.2 课后习题2——制作穿越时空

实例说明

本例主要讲解利用CC Flo Motion（CC 两点扭曲）特效制作穿越时空效果，完成的动画流程画面如图11.137所示。

工程文件：工程文件\第11章\穿越时空
视频：视频\11.5.2 课后习题2——制作穿越时空.avi

图11.137 穿越时空动画流程画面

工程文件：工程文件\第11章\星光之源
视频：视频\11.5.3 课后习题3——星光之源.avi

图11.138 星光之源动画流程效果

 知识点

CC Flo Motion（CC 两点扭曲）。

11.5.3 课后习题3——星光之源

实例说明

本例主要讲解Fractal Noise（分形噪波）特效、Curves（曲线）特效、Bezier Warp（贝塞尔曲线变形）特效的应用以及Mask（蒙版）命令的使用。本例最终的动画流程效果如图11.138所示。

知识点

1.Curves（曲线）特效。

2.Bezier Warp（贝塞尔曲线变形）特效。

第12章

商业栏目包装案例表现

内容摘要

在中国电视媒体走向国际化的今天，电视包装也由节目包装、栏目包装向整体包装发展，包装已成为电视频道参与竞争、增加收益、提高收视率的有力武器。本章以几个实例，来讲解与电视包装相关的制作过程。通过本章的学习，让读者不仅可以看到成品的商业栏目包装，而且可以学习到其中的制作方法和技巧。

教学目标

- 电视特效表现的处理
- 电视宣传片的制作
- 电视Logo演绎表现的处理手法
- 电视栏目包装的处理方法

12.1 课堂案例——电视特效表现：民族文化

📖 **实例说明**

"民族文化"是一个关于电视宣传片的片头，通过本例的制作，展现了传统历史文化的深厚内涵，片头中发光体素材以及光特效制作出类似于闪光灯的效果，然后主题文字通过遮罩动画跟随发光体的闪光效果，逐渐出现，制作出民族文化电视宣传片。本例最终的动画流程效果，如图12.1所示。

工程文件：工程文件\第12章\民族文化
视频：视频\12.1 课堂案例——电视特效表现：民族文化.avi

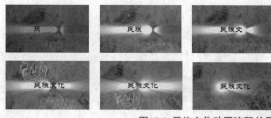

图12.1 民族文化动画流程效果

📖 **知识点**

1.Hue/Saturation（色相/饱和度）特效。
2.Color Key（颜色键）抠像特效。
3.Shine（光）特效。

12.1.1 制作胶片字的运动

① 执行菜单栏中的File（文件）| Import（导入）| File（文件）命令，打开Import File（导入文件）对话框，选择配套资源中的"工程文件\第12章\民族文化\发光体.pad、图腾.png、版字.jpg、胶片.psd、蓝色烟雾.mov、背景.jpg"。

② 执行菜单栏中的Composition（合成）|New Composition（新建合成）命令，打开Composition Settings（合成设置）对话框，设置Composition Name（合成名称）为"胶片字"，Width（宽）为720，Height（高）为405，Frame Rate（帧速率）为25，并设置Duration（持续时间）为00:00:04:00秒，如图12.2所示。

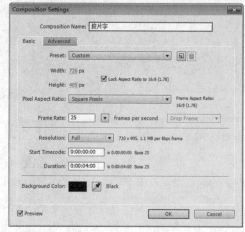

图12.2 合成设置

③ 在Project（项目）面板中，选择"胶片.psd"素材，将其拖动到时间线面板中。

④ 选择Horizontal Type Tool（横排文字工具）**T**，在合成窗口中输入文字"历史百年"，打开Character（文字）面板，设置字体为文鼎CS大黑，Text Color（字体颜色）为白色，字号大小为30px，参数设置，如图12.3所示。设置完成后的文字效果，如图12.4所示。

图12.3 参数设置　　　　　　　图12.4 文字效果

❓ **提示**

如果Character（文字）面板没有打开，可以按Ctrl + 6组合键，快速打开Character（文字）面板。

⑤ 使用相同的方法，利用Horizontal Type Tool（横排文字工具）**T**，在合成窗口中输入文字"弘扬文化"，完成后的效果，如图12.5所示。

图12.5 设置文字

06 选择"弘扬文化""历史百年""胶片"3个层，按T键，打开Opacity（透明度）选项，在时间线面板的空白处单击，取消选择。然后分别设置"弘扬文化"层的Opacity（透明度）的值为35%，"历史百年"层的Opacity（透明度）的值为35%，"胶片.psd"层的Opacity（透明度）的值为25%，效果如图12.6所示。

图12.6 设置透明度参数

07 将时间调整到00:00:00:00帧的位置，选择"弘扬文化""历史百年""胶片"3个层，按P键，打开Position（位置）选项，单击Position（位置）左侧的码表 🕙 按钮，在当前位置设置关键帧，此时3个层将会同时创建关键帧。在时间线面板的空白处单击，取消选择。然后分别设置"弘扬文化"层Position（位置）的值为（460，252），"历史百年"层Position（位置）的值为（330，222），"胶片.psd"层Position（位置）的值为（445，202），如图12.7所示。

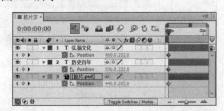

图12.7 为位置设置关键帧

08 将时间调整到00:00:03:10帧的位置，修改"弘扬文化"层Position（位置）的值为（330，252），"历史百年"层Position（位置）的值为（410，222），"胶片.psd"层Position（位置）的值为（332，202），如图12.8所示。

图12.8 00:00:03：10帧的位置设置关键帧

09 这样就完成了运动的"胶片字"的，拖动时间滑块，可在合成窗口中观看动画效果，其中几帧的画面，如图12.9所示。

图12.9 其中几帧的画面效果

12.1.2 制作流动的烟雾背景

01 执行菜单栏中的Composition（合成）|New Composition（新建合成）命令，打开Composition Settings（合成设置）对话框，设置Composition Name（合成名称）为"民族文化"，Width（宽）为720，Height（高）为405，Frame Rate（帧速率）为25，并设置Duration（持续时间）为00:00:04:00秒，如图12.10所示。

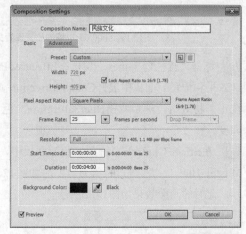

图12.10 合成设置

02 在Project（项目）面板中，选择"蓝色烟雾.mov、背景.jpg"素材，将其拖动到时间线面板中，如图12.11所示。

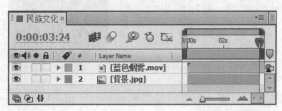

图12.11 添加素材

03 将时间调整到00:00:00:00帧的位置，选择

"背景.jpg"层，设置Scale（缩放）的值为（24，24），Position（位置）的值为（502，202），并单击Position（位置）左侧的码表按钮，为其设置关键帧，如图12.12所示。

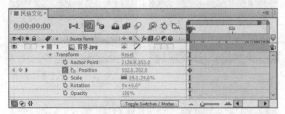

图12.12 00:00:00:00帧的位置设置关键帧

04 将时间调整到00:00:03:24帧的位置，设置Position（位置）的值为（207，202），系统将自动建立关键帧，如图12.13所示。

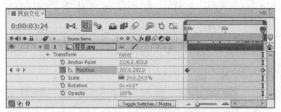

图12.13 00:00:03:24帧的位置设置关键帧

05 选择"蓝色烟雾.mov"层，在Effects & Presets（效果和预置）面板中展开Color Correction（色彩校正）特效组，然后双击Hue/Saturation（色相/饱和度）特效。

06 在Effect Controls（特效控制）面板中，设置Master Hue（主色调）的值为112，如图12.14所示。此时的画面效果如图12.15所示。

图12.14 设置全色调参数　图12.15 设置后的画面效果

07 按T键，打开"蓝色烟雾.mov"层的Opacity（透明度）选项，设置Opacity（透明度）的值为22%，如图12.16所示。

图12.16 设置透明度参数

08 按Ctrl + D组合键，复制"蓝色烟雾.mov"层，并将复制层重命名为"蓝色烟雾2"，如图12.17所示。

图12.17 复制图层并重命名

09 选择"蓝色烟雾.mov""蓝色烟雾2"2个图层，按S键，打开Scale（缩放）选项，在时间线面板的空白处单击，取消选择。然后分别设置"蓝色烟雾2"的Scale（缩放）的值为（112，-112），"蓝色烟雾.mov"的Scale（缩放）的值为（112，112），如图12.18所示。

图12.18 设置缩放参数

提示

将Scale（缩放）的值修改为（112，-112）后，图像将会以中心点的位置为轴，垂直翻转。

10 按P键，打开Position（位置）选项，设置"蓝色烟雾2"的Position（位置）的值为（360，492），"蓝色烟雾.mov"的Position（位置）的值为（360，-89），如图12.19所示。设置后的画面效果如图12.20所示。

图12.19 设置位置参数　　图12.20 设置位置后效果

⑪ 将时间调整到00:00:01:20帧的位置，选择"蓝色烟雾2"层，按Alt + [组合键，为该层设置入点，如图12.21所示。

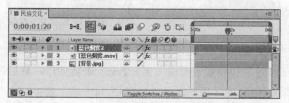

图12.21 为"蓝色烟雾2"设置入点

⑫ 将时间调整到00:00:00:00帧的位置，然后按住Shift键，拖动"蓝色烟雾2"素材条，使其起点位于00:00:00:00帧的位置，完成后的效果，如图12.22所示。

图12.22 调整"蓝色烟雾2"的入点位置

12.1.3 制作素材位移动画

① 在Project（项目）面板中，选择"图腾.png"素材，将其拖动到时间线面板中，然后按S键，打开该层的Scale（缩放）选项，设置Scale（缩放）的值为（25，25），如图12.23所示。此时的画面效果如图12.24所示。

图12.23 设置缩放参数　　图12.24 合成效果

② 确认当前时间在00:00:00:12帧的位置。按P键，打开该层的Position（位置）选项，设置Position（位置）的值为（240，−160），单击左侧的码表按钮，在此处为其设置关键帧，如图12.25

所示。

图12.25 00:00:00:12帧的位置设置关键帧

③ 将时间调整到00:00:02:12帧的位置，设置Position（位置）的值为（240，562），如图12.26所示。

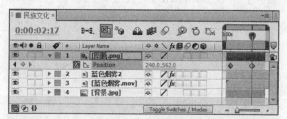

图12.26 设置位置关键帧

④ 在Project（项目）面板中，选择"版字.jpg"，将其拖动到时间线面板中。

⑤ 选择"版字.jpg"层，在Effects & Presets（效果和预置）面板中展开Keying（键控）特效组，然后双击Color Key（颜色键）特效，如图12.27所示。默认画面效果，如图12.28所示。

? 提示

【颜色键】：用来设置透明的颜色值，可以单击右侧的色块 ▇ 来选择颜色，也可以单击右侧的吸管工具 ➡，然后在素材上单击吸取所需颜色，以确定透明的颜色值。【色彩宽容度】：用来设置颜色的容差范围。值越大，所包含的颜色越广。【边缘变薄】：用来设置边缘的粗细。【边缘羽化】：用来设置边缘的柔化程度。

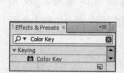

图12.27 添加颜色键特效　　图12.28 画面效果

⑥ 在Effect Controls（特效控制）面板中，设置Key Color（颜色键）为棕色（R：181，G：140，

B：69），Color Tolerance（色彩容差）的值为32，如图12.29所示。此时的画面效果如图12.30所示。

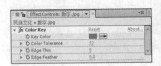 

图12.29 设置颜色键参数 图12.30 设置后的效果

⑦ 将时间调整到00:00:00:00帧的位置，展开Transform（变换）的属性设置选项组，单击Position（位置）左侧的码表 按钮设置关键帧，并设置Position（位置）的值为（394，280），Opacity（透明度）的值为20%，如图12.31所示。

图12.31 设置位置和透明度参数

⑧ 将时间调整到00:00:03:10帧的位置，设置Position（位置）的值为（322，122），如图12.32所示。

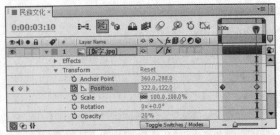

图12.32 设置关键帧

12.1.4 制作发光体

① 在Project（项目）面板中，选择"发光体.psd""胶片字"合成，将其拖动到时间线面板中。

② 在时间线面板的空白处单击，取消选择。然后选择"胶片字"合成层，按P键，打开该层的

Position（位置）选项，设置Position（位置）的值为（405，350），如图12.33所示。

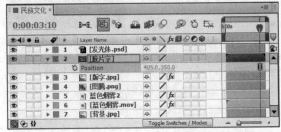

图12.33 设置位置参数

③ 选择"发光体.psd"层，在Effects & Presets（效果和预置）面板中展开Trapcode特效组，然后双击Shine（光）特效，如图12.34所示。其中一帧的画面效果，如图12.35所示。

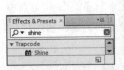

图12.34 添加特效 图12.35 画面效果

提示

Shine（光）特效是第三方插件，需要读者自己安装。

④ 将时间调整到00:00:00:00帧的位置，在Effect Controls（特效控制）面板中，单击Source Point（源点）左侧的码表 按钮，在当前位置设置关键帧，并修改Source Point（源点）的值为（479，292），Ray Length（光线长度）的值为12，Boost Light（光线亮度）的值为3.5，展开Colorize（着色）选项组，在Colorize（着色）右侧的下拉菜单中选择3 – Color Gradient（三色渐变）选项，设置Midtones（中间色）为黄色（R：240，G：212，B：32），Shadows（阴影）的颜色为红色（R：190，G：43，B：6），参数设置如图12.36所示，此时的画面效果如图12.37所示。

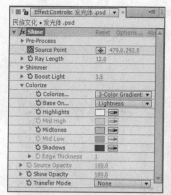

图12.36 参数设置　　图12.37 画面效果

05 将时间调整到00:00:01:00帧的位置，单击Ray Length（光线长度）左侧的码表 按钮，在当前位置设置关键帧，如图12.38所示。

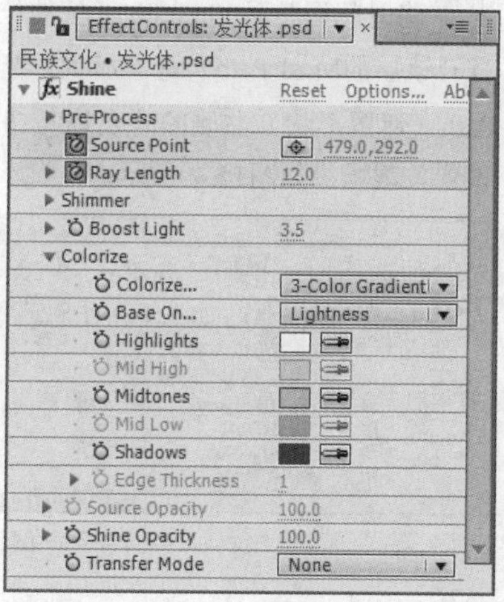

图12.38 设置关键帧

06 将时间调整到00:00:02:22帧的位置，设置Source Point（源点）的值为（303，292），Ray Length（光线长度）的值为18，如图12.39所示。

图12.39 修改参数

07 将时间调整到00:00:03:10帧的位置，设置Source Point（源点）的值为（253，290），Ray Length（光线长度）的值为15，如图12.40所示。此时的画面效果如图12.41所示。

图12.40 修改参数　　图12.41 画面效果

08 单击Rectangle Tool（矩形工具） 按钮，在合成窗口中为"发光体.psd"层，绘制一个遮罩，如图12.42所示。

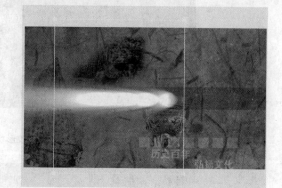

图12.42 绘制路径

09 将时间调整到00:00:00:00帧的位置，按M键，打开该层的Masl Path（遮罩形状）选项，单击Masl Path（遮罩形状）左侧的码表 按钮，在当前位置设置关键帧，如图12.43所示。

图12.43 设置关键帧

提示

在绘制矩形遮罩时，需要将光遮住，不可以太小。

⑩ 将时间调整到00:00:02:19帧的位置，修改遮罩的形状，系统将在当前位置自动设置关键帧，如图12.44所示。

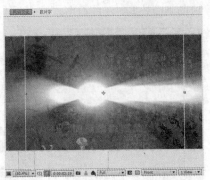

图12.44 在00:00:02:19帧的位置修改形状

⑪ 将时间调整到00:00:03:02帧的位置，修改遮罩的形状，如图12.45所示。

图12.45 在00:00:03:02帧的位置修改形状

12.1.5 制作文字定版

① 单击Horizontal Type Tool（横排文字工具）按钮，在合成窗口中输入文字"民族文化"，按Ctrl + 6组合键，打开Character（文字）面板，设置字体为方正隶书简体，字体颜色为黑色，字符大小为67px，参数设置如图12.46所示，此时合成窗口中的画面效果如图12.47所示。

图12.46 字符面板参数设置

图12.47 画面效果

② 单击Rectangle Tool（矩形工具）按钮，在合成窗口中为"民族文化"文字层，绘制一个路径，如图12.48所示。

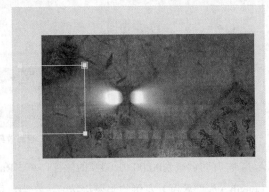

图12.48 绘制路径

③ 将时间调整到00:00:00:00帧的位置，按M键，打开该层的Masl Path（遮罩形状）选项，单击Masl Path（遮罩形状）左侧的码表按钮，在当前位置设置关键帧，如图12.49所示。

图12.49 设置关键帧

④ 将时间调整到00:00:01:13帧的位置，在当前位置修改遮罩形状，如图12.50所示。

图12.50 修改遮罩形状

⑤ 制作渐现效果。在时间线面板中，按Ctrl + Y组合键，打开Solid Settings（固态层设置）对话框，设置Name（名称）为渐现，Color（颜色）为黑色，如图12.51所示。

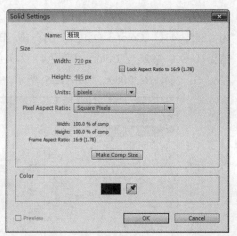

图12.51 设置固态层

06 在时间线面板中将会创建一个名为"渐现"的固态层。将时间调整到00:00:00:00帧的位置，选择"渐现"固态层，按T键，打开该层的Opacity（透明度）选项，单击Opacity（透明度）左侧的码表 ⏱ 按钮，在当前位置设置关键帧。

07 将时间调整到00:00:00:06帧的位置，修改Opacity（透明度）的值为0%，如图12.52所示。

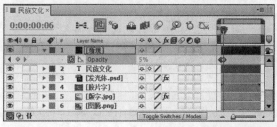

图12.52 修改透明度参数

08 这样就完成了"电视特效表现——民族文化"的整体制作，按小键盘上的0键播放预览。最后将文件保存并输出成动画。

12.2 课堂案例——电视 Logo演绎："Apple" Logo演绎

📖 **实例说明**

本例主要讲解"Apple"Logo演绎动画的制作。利用4-Color Gradient（四色渐变）、Ramp（渐变）和Drop Shadow（投影）特效制作"Apple"ID表现效果。完成的动画流程画面，如图12.53所示。

工程文件：工程文件\第12章\"Apple"Logo演绎
视频：视频\12.2 课堂案例——电视Logo演绎："Apple"Logo演绎.avi

图12.53 动画流程画面

📖 **知识点**

1. 4-Color Gradient（四色渐变）特效。

2. Ramp（渐变）特效。

3. Drop Shadow（投影）特效。

12.2.1 制作背景

01 执行菜单栏中的Composition（合成）| New Composition（新建合成）命令，打开Composition Settings（合成设置）对话框，设置Composition Name（合成名称）为"背景"，Width（宽）为720，Height（高）为405，Frame Rate（帧速率）为25，并设置Duration（持续时间）为00:00:05:00 秒，如图12.54所示。

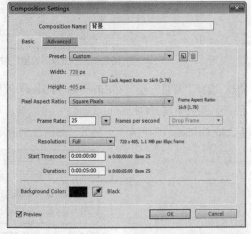

图12.54 合成设置对话框

02 执行菜单栏中的File（文件）|Import（导入）|File（文件）命令，打开Import File（导入文件）对话框，选择配套资源中"工程文件\第12章\'Apple'Logo演绎\苹果.tga"素材，单击打开按钮，用同样的方法将"文字.tga""纹理.jpg""宣纸.jpg"导入到Project（项目）面板中。

03 在Project（项目）面板中选择"纹理.jpg"和"宣纸.jpg"素材，将其拖动到"背景"合成的时间线面板中，如图12.55所示。

图12.55 添加素材

04 按Ctrl+Y组合键，打开Solid Settings（固态层设置）对话框，设置固态层Name（名称）为"背景"，Color（颜色）为黑色，如图12.56所示。

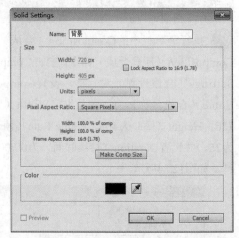

图12.56 "固态层设置"对话框

05 选择"背景"层，在Effects & Presets（效果和预置）面板中展开Generate（创造）特效组，双击4-Color Gradient（四色渐变）特效，如图12.57所示。

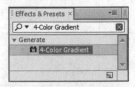

图12.57 添加四色渐变特效

06 在Effect Controls（特效控制）面板中修改4-Color Gradient（四色渐变）特效参数，展开Positions & Colors（位置和颜色）选项组，设置Point 1（中心点1）的值为（380，-86），Color 1（颜色1）为白色，Point 2（中心点2）的值为（796，242），Color 2（颜色2）为黄色（R:

226，G：221，B：129），Point 3（中心点3）的值为（355，441），Color 3（颜色3）为白色，Point 4的值为（-92，192），Color 4（颜色4）为黄色（R:226，G：224，B：206），如图12.58所示。

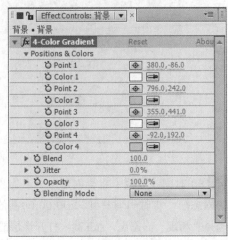

图12.58 设置四色渐变参数值

07 选择"宣纸"层，设置层混合模式为Multiply（正片叠底），按T键展开"宣纸.jpg"层Opacity（透明度）选项，设置透明度的值为30%，如图12.59所示。

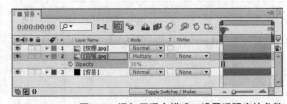

图12.59 添加层混合模式，设置透明度的参数

08 选择"纹理.jpg"层，按Ctrl+Alt+F组合键，让"纹理.jpg"层匹配合成窗口大小，在其添加Classic Color Burm（控制颜色加深）层混合模式，如图12.60所示。

图12.60 添加层混合模式

09 选择"背景"层，在Effects & Presets（效果和预置）面板中展开Color Correction（色彩校正）特效组，双击Black & White（黑&白）和Curves（曲线）特效。

10 在Effect Controls（特效控制）面板中修改Curves（曲线）特效参数，具体设置如图12.61所示。

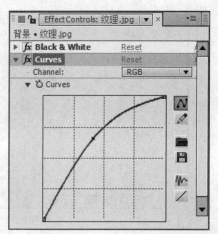

图12.61 调整曲线

⑪ 这样就完成了背景的制作，在合成窗口预览效果如图12.62所示。

图12.62 合成窗口中一帧的效果

12.2.2 制作文字和Logo定版

① 执行菜单栏中的Composition（合成）| New Composition（新建合成）命令，打开Composition Settings（合成设置）对话框，设置Composition Name（合成名称）为"文字和logo"，Width（宽）为720，Height（高）为405，Frame Rate（帧速率）为25，并设置Duration（持续时间）为00:00:05:00秒，如图12.63所示。

图12.63 "合成设置"对话框

② 在Project（项目）面板中选择文字.tga素材，苹果.tga素材，将其拖动到"文字和logo"合成的时间线面板中，如图12.64所示。

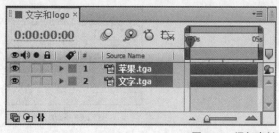

图112.64 添加素材

③ 选择"苹果.tga"层，按S键，展开文字层的Scale（缩放）选项，设置Scale（缩放）的值为12%，如图12.65所示。

图12.65 设置文字层缩放的参数值

④ 选择"苹果.tga"层，按P键，展开Position（位置）选项，设置Position（位置）的值为（286，196），选择"文字.tga"层，按P键，展开Position（位置）选项，设置Position（位置）的值为（360，202），如图12.66所示。

图12.66 设置位置的参数值

⑤ 此时在合成窗口中预览效果如图12.67所示。

图12.67 合成窗口中一帧效果

263

06 选择 "文字.tga" 层，在Effects & Presets（效果和预置）面板中展开Generate（创造）特效组，双击Ramp（渐变）特效，如图12.68所示。

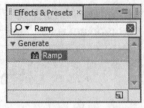

图12.68 添加渐变特效

07 设置Start of Ramp（渐变开始）的值为（356，198），Start Color（起始颜色）为浅绿色（R：214，G：234，B：180），End of Ramp（渐变结束）的值为（354，246），End Color（结束颜色）为绿色（R：126，G：208，B：95），如图12.69所示。

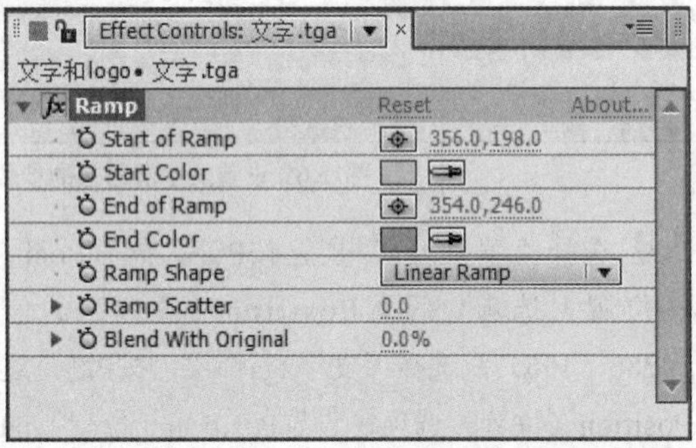

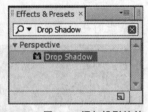

图12.69 设置渐变参数

08 在Effects & Presets（效果和预置）面板中展开Perspective（透视）特效组，双击Drop Shadow（投影）特效两次，如图12.70所示。在Effect Controls（特效控制）面板中会出现Drop Shadow（投影）和Drop Shadow 2（投影2）。

图12.70 添加投影特效

09 为了方便观察投影效果，在合成窗口下单击Toggle Transparency Grid（设置背景透明）▨ 按钮，如图12.71所示。

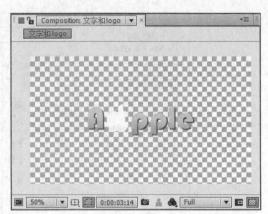

图12.71 设置背景透明

10 在Effect Controls（特效控制）面板中修改Drop Shadow（投影）特效参数，设置Shadow Color（投影颜色）为深绿色（R：46，G：73，B：3），Direction（方向）的值为88，Distance（距离）的值为3，如图12.72所示。

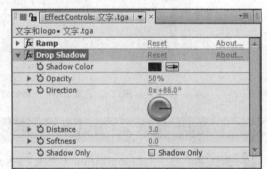

图12.72 设置投影特效参数

11 修改Drop Shadow2（投影2）特效参数，设置Shadow Color（投影颜色）的值为绿色（R：84，G：122，B：24），Direction（方向）的值为82，Distance（距离）的值为2，Softness（柔化）的值为27，如图12.73所示。

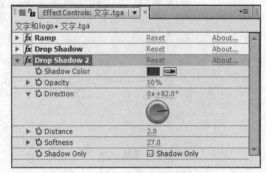

图12.73 设置投影2特效参数

⑫ 选择"苹果.tga"层，在Effects & Presets（效果和预置）面板中展开Perspective（透视）特效组，双击Drop Shadow（投影）特效两次，在Effect Controls（特效控制）面板中会出现Drop Shadow（投影）和Drop Shadow 2（投影2），如图12.74所示。

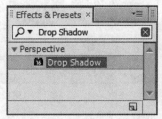

图12.74 添加关键帧

⑬ 在Effect Controls（特效控制）面板中修改Drop Shadow（投影）特效参数，设置Shadow Color（投影颜色）为土黄色（R：53，G：45，B：55），Direction（方向）的值为85，Distance（距离）的值为32，如图12.75所示。

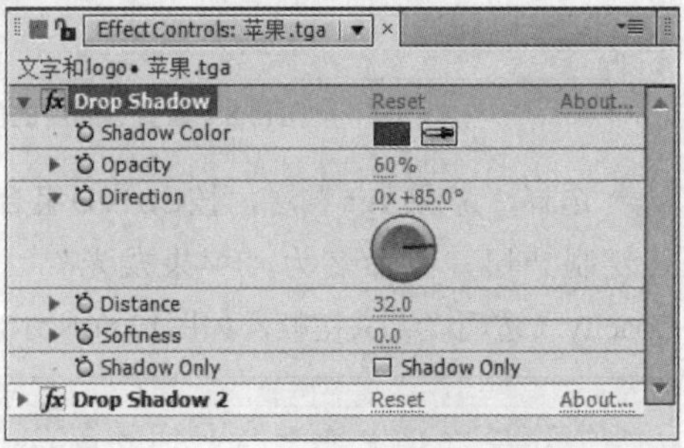

图12.75 设置投影特效参数

⑭ 修改Drop Shadow2（投影2）特效参数，设置Shadow Color（投影颜色）为土黄色（R：139，G：132，B：77），Direction（方向）的值为129，Distance（距离）的值为19，Softness（柔化）395，如图12.76所示。

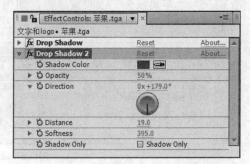

图12.76 设置投影2特效参数

⑮ 执行菜单栏中的Layer（层）|New（新建）|Text（文本）命令，创建文字层，在合成窗口输入"iPhone"，设置字体为Arial，字体大小为33，字体颜色为淡绿色（R：216，G：235，B：185），如图12.77所示。

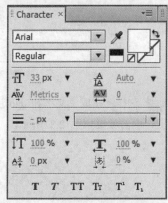

图12.77 字符面板

⑯ 按P键，展开"iPhone"层Position（位置）选项，设置Position（位置）的值为（424，269），如图12.78所示。

图18.28 设置位置选项参数

⑰ 选择"iPhone"层，在Effects & Presets（效果和预置）面板中展开Perspective（透视）特效组，双击Drop Shadow（投影）特效，如图12.79所示。

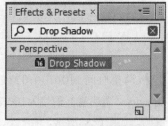

图12.79 添加投影特效

⑱ 在Effect Controls（特效控制）面板中修改Drop Shadow（投影）特效参数，设置Shadow Color（投影颜色）为深绿色（R：46，G：73，B：3），Direction（方向）的值为88，Distance

（距离）的值为2，如图12.80所示。

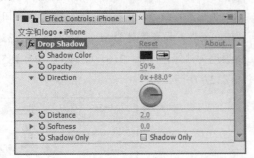

图12.80 设置投影特效参数

⑲ 这样就完成了文字和logo定版的制作，在合成窗口中的效果如图12.81所示。

图12.81 在合成窗口中一帧的效果

12.2.3 制作文字和Logo动画

① 选择"文字.tga"层，调整时间到00:00:01:13帧的位置，按T键，展开Opacity（透明度）选项，设置Opacity（透明度）的值为0%，并单击Opacity（透明度）左侧的码表 ☉ 按钮，在此位置设置关键帧，如图12.82所示。

图12.82 设置透明度的值为0%

② 调整时间到00:00:02:13帧的位置，设置Opacity（透明度）的值为100%，系统自动设置关键帧，如图12.83所示。

图12.83 设置透明度的值为100%

③ 选择"苹果.tga"层，调整时间到00:00:00:00帧的位置，按T键，展开Opacity（透明度）选项，设置Opacity（透明度）的值为0%，并单击Opacity（透明度）左侧的码表 ☉ 按钮，在此位置设置关键帧，如图12.84所示。

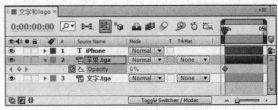

图12.84 设置透明度的值为0%

④ 调整时间到00:00:01:13帧的位置，设置Opacity（透明度）的值为100%，系统自动设置关键帧，如图12.85所示。

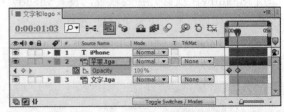

图12.85 设置透明度的值为100%

⑤ 选择"苹果.tga"层，按Ctrl+D组合键，将其复制一层，重命名为"苹果发光"，并取消Opacity（透明度）关键帧，如图12.86所示。

图12.86 添加关键帧，设置开始的值

⑥ 调整时间到00:00:02:21帧的位置，按Alt+[组合键，为"苹果发光"层设置入点，如图12.87所示。

图12.87 设置入点

07 调整时间到00:00:03:00帧的位置，按Alt+]组合键，为"苹果发光"层设置出点，如图12.88所示。

图12.88 设置出点

08 选择"文字发光"层，在Effects & Presets（效果和预置）面板中展开Stylize（风格化）特效组，双击Glow（发光）特效，如图12.89所示。

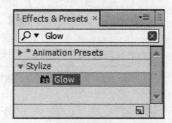

图12.89 添加发光特效

09 在Effect Controls（特效控制）面板中修改Glow（发光）特效参数，设置Glow Threshold（发光阈值）的值为100%，Glow Radius（发光半径）的值为400，Glow Intensity（发光强度）的值为4，如图12.90所示。

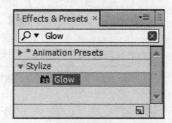

图12.90 设置发光特效参数

10 选择"iPhone"层，在时间线面板中展开文字层，单击Text（文本）右侧的"动画" Animate: 按钮，在弹出的菜单中选择Opacity（透明度），此时在Text（文本）选项组中出现一个Animator1

（动画1）的选项组，将该列表下的Opacity（透明度）的值设置为0%，如图12.91所示。

图12.91 设置Opacity（透明度）

11 单击Animator1（动画1）的选项组右侧的Add（相加） Add: 按钮，在弹出的菜单中选择Property（属性）|Scale（缩放），在Animator1（动画1）选项组的列表下设置Scale（缩放）的值为（700，700），如图12.92所示。

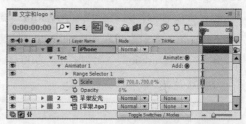

图12.92 设置缩放

12 调整时间到00:00:03:13帧的位置，展开Animator1（动画1）选项组中的Range Selector1（范围选择器1）选项，单击Start（开始）选项左侧的码表 按钮，添加关键帧，并设置Start（开始）的值为0%，如图12.93所示。

图12.93 设置开始的值并添加关键帧

13 调整时间到00:00:04:12帧的位置，设置Start（开始）的值为100%，系统自动添加关键帧，如图12.94所示。

图12.94 设置开始的值并添加关键帧

⑭ 这样文字和logo动画的制作就完成了，在合成窗口下单击Toggle Transparency Grid（设置背景透明）▦ 按钮，按小键盘上的0键可预览动画效果，其中两帧如图12.95所示。

图12.95 其中两帧效果

12.2.4 制作光晕特效

① 执行菜单栏中的Composition（合成）| New Composition（新建合成）命令，打开Composition Settings（合成设置）对话框，设置Composition Name（合成名称）为"合成"，Width（宽）为720，Height（高）为405，Frame Rate（帧速率）为25，并设置Duration（持续时间）为00:00:05:00秒，如图12.96所示。

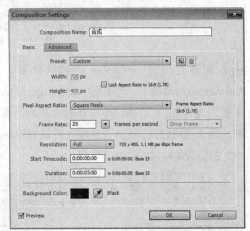

图12.96 合成设置对话框

② 在项目面板中选择"背景"合成和"文字和logo"合成，将其拖动到"合成"时间线面板中，如图12.97所示。

图12.97 拖动合成到时间线面板

③ 在时间线面板中按Ctrl+Y组合键，打开Solid Settings（固态层设置）对话框，设置固态层Name（名称）为"光晕"，Color（颜色）为黑色，如图12.98所示。

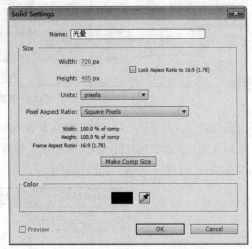

图12.98 固态层设置对话框

④ 选择"光晕"层，在Effects & Presets（效果和预置）面板中展开Generate（创造）特效组，双击Lens Flare（镜头光晕）特效，如图12.99所示。

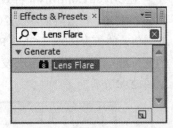

图12.99 添加镜头光晕特效

⑤ 选择"光晕"层，设置"光晕"层图层混合模式为Add（相加）模式，如图12.100所示。

图12.100 添加混合模式

⑥ 调整时间到00:00:00:00帧的位置，在Effect Controls（特效控制）面板中修改Lens Flare（镜头光晕）特效参数，设置Flare Center（光晕中心）的值为（-182，-134），并单击左侧的"码表"⏱按钮，在此位置设置关键帧，如图12.101所示。

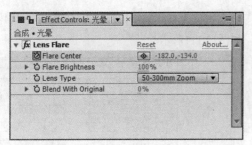

图12.101　设置光晕中心的值并添加关键帧

⑦　调整时间到00:00:04:24帧的位置，设置Flare Center（光晕中心）的值为（956，−190），系统自动建立一个关键帧，如图12.102所示。

图12.102　设置光晕中心的值

⑧　选择"光晕"层，在Effects & Presets（效果和预置）面板中展开Color Correction（色彩校正）特效组，双击Hue/Saturation（色相/饱和度）特效，如图12.103所示。

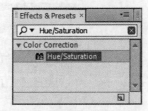

图12.103　添加色相/饱和度特效

⑨　在Effect Controls（特效控制）面板中修改Hue/Saturation（色相/饱和度）特效参数，选中Colorize（着色）复选框，设置Colorize Hue（着色色相）的值为70，Colorize Saturation（着色饱和度）的值为100，如图12.104所示。

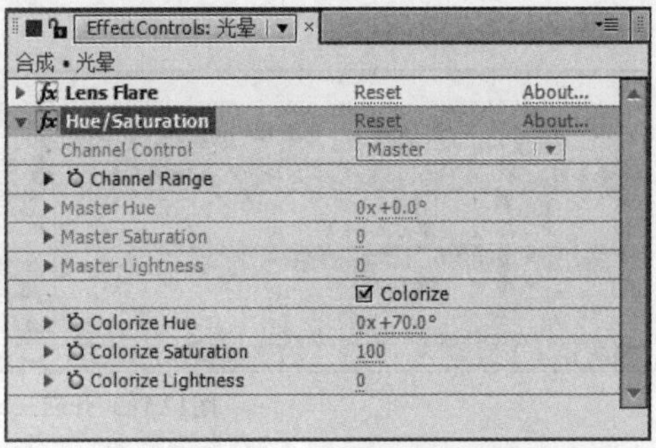

图12.104　设置色相和饱和度特效参数

⑩　这样文字动画的制作就完成了，按小键盘上的0键可预览动画效果，其中两帧如图12.105所示。

图12.105　其中两帧效果

12.2.5　制作摄像机动画

①　执行菜单栏中的Composition（合成）| New Composition（新建合成）命令，打开Composition Settings（合成设置）对话框，设置Composition Name（合成名称）为"总合成"，Width（宽）为720，Height（高）为405，Frame Rate（帧速率）为25，并设置Duration（持续时间）为00:00:05:00秒，如图12.106所示。

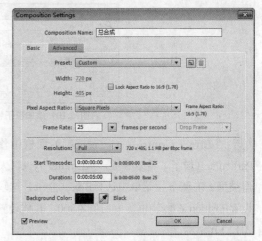

图12.106　合成设置对话框

②　在项目面板中选择"合成"合成，将其拖动到"总合成"时间线面板中，如图12.107所示。

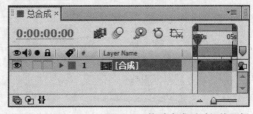

图12.107　拖动合成到时间线面板

③　在时间线面板中按Ctrl+Y组合键，打开Solid Settings（固态层设置）对话框，设置固态层Name（名称）为"粒子"，Color（颜色）为白色，如

图12.108所示。

图12.108 固态层设置对话框

④ 选择"粒子"层，在Effects & Presets（效果和预置）面板中展开Trapcode特效组，双击Particular（粒子）特效，如图12.109所示。

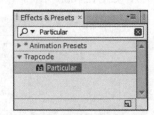

图12.109 添加粒子特效

⑤ 在Effect Controls（特效控制）面板中修改Particular（粒子）特效参数，从Emitter Type（发射器类型）右侧下拉菜单中选择Box（盒子）选项，设置Position Z（z轴位置）的值为300，具体设置如图12.110所示。

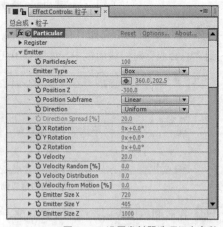

图12.110 设置发射器选项组中参数

⑥ 展开Particle（粒子）选项组，设置Life（生

命）的值为10，Size（尺寸）的值为4，具体设置如图12.111所示。

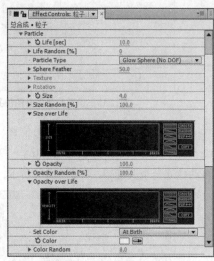

图12.111 设置粒子选项组中参数

⑦ 执行菜单栏中的Layer（层）|New（新建）|Camera（摄像机）命令，打开Camera Settings（摄像机设置）对话框，设置Preset（预置）为28mm，如图12.112所示。

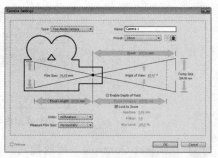

图12.112 摄像机设置对话框

⑧ 执行菜单栏中的Layer（层）|New（新建）|Null Object（虚拟物体）命令，开启Null Object（虚拟物体）层和"合成"合成层的三维层开关，如图12.113所示。

图12.113 开启三维层开关

⑨ 在时间线面板中选择摄像机做虚拟物体层的

子链接，如图12.114所示。

图12.114 设置子物体链接

(10) 选择虚拟物体层，调整时间到00:00:01:01帧的位置，按P键，展开Position（位置）选项，设置Position（位置）的值为（304，202，207），在此位置设置关键帧，如图12.115所示。

图12.115 设置位置的值并设置关键帧

(11) 调整时间到00:00:01:01帧的位置，按R键，展开Rotation（旋转）选项，设置Z Rotation（z轴旋转）的值为90，在此位置设置关键帧，如图12.116所示。

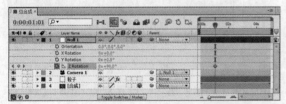

图12.116 设置旋转的值并设置关键帧

(12) 按U键，展开所有关键帧，调整时间到00:00:01:13帧的位置，设置Position（位置）的值为（350，203，209），Z Rotation（z轴旋转）的值为0，如图12.117所示。

图12.117 设置关键帧

(13) 调整时间到00:00:04:24帧的位置，设置Position（位置）的值为（350，202，−70），如图12.118所示。

图12.118 设置关键帧

(14) 选择"合成"合成，按S键，展开Scale（缩放）选项，设置Scale（缩放）的值为（110，110，110）。

(15) 执行菜单栏中的Layer（层）|New（新建）|Adjustment Layer（调节层）命令，重命名为调节层，选择调节层，在Effects & Presets（效果和预置）面板中展开Color Correction（色彩校正）特效组，双击Curves（曲线）特效，如图12.119所示。

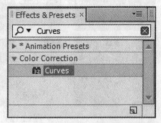

图12.119 添加曲线特效

(16) 在Effect Controls（特效控制）面板中修改Curves（曲线）特效参数，具体设置如图12.120所示。

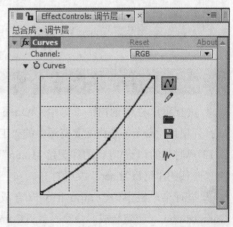

图12.120 设置曲线参数

(17) 这样就完成了"Apple"logo演绎的整体制作，按小键盘的0键即可在合成窗口预览动画。

12.3 课堂案例——电视宣传片：时代的印记

实例说明

时代的印记电视宣传片以金色为基调配以黑白色照片，给人极强的怀旧感，定版前的文字扫光效果更是点睛之笔，不但提亮了整个画面，而且凸显了主题。本例主要讲解，通过调节Drop Shadow（投影）特效的参数设置制作立体图片的投影效果，通过打开三维属性开关，添加关键帧制作图片的下落效果，完成时代印记动画的制作。本例最终的动画流程效果如图12.121所示。

工程文件：工程文件\第12章\时代的印记
视频：视频\12.3 课堂案例——电视宣传片：时代的印记.avi

图12.121 时代的印记动画流程效果

知识点

1.Drop Shadow（投影）特效。

2.Hue/Saturation（色相/饱和度）、Levels（色阶）调色。

3.Fractal Noise（分形杂波）特效。

4.Glow（发光）特效。

5.Adjustment Layer（调节层）的使用。

12.3.1 制作立体图片合成

01 执行菜单栏中的File（文件）|Open Project（打开项目）命令，选择配套资源中的"工程文件\第12章\时代的印记\时代的印记练习.aep"文件，将"时代的印记练习.aep"文件打开。

02 执行菜单栏中的Composition（合成）|New Composition（新建合成）命令，打开Composition Settings（合成设置）对话框，设置Composition Name（合成名称）为"立体图片1"，Width（宽）为720，Height（高）为576，Frame Rate（帧速率）为25，并设置Duration（持续时间）

为00:00:05:00秒，颜色为白色，如图12.122所示。

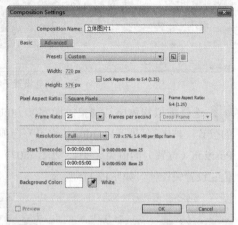

图12.122 合成设置

03 在Project（项目）面板中选择"1.png"素材，将其拖动到"立体图片1"合成的时间线面板中，并打开其三维属性，如图12.123所示。

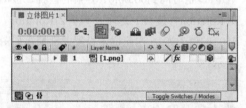

图12.123 添加"1.png"素材

04 选择"1.png"层，按R键，打开该层的Rotation（旋转）选项，设置X Rpration（x轴旋转）的值为−32，Z Rpration（z轴旋转）的值为24，参数设置如图12.124所示，此时的画面效果如图12.125所示。

图12.124 设置"1.png"层的旋转值   图12.125 "1.png"层的画面效果

05 为"1.png"层添加Drop Shadow（投影）特效。在Effects & Presets（效果和预置）面板中展开Perspective（透视）特效组，然后双击Drop Shadow（投影）特效。

06 在Effect Controls（特效控制）面板中，修改

Drop Shadow（投影）特效的参数，设置Shadow Color（投影色）为黑色，Opacity（透明度）的值为100%，Direction（方向）的值为135，Distance（距离）的值为20，Softness（柔化）的值为30，参数设置如图12.126所示，合成窗口效果如图12.127所示。

图12.126 设置阴影参数　　图12.127 设置阴影后效果

07　执行菜单栏中的Composition（合成）|New Composition（新建合成）命令，打开Composition Settings（合成设置）对话框，设置Composition Name（合成名称）为"立体图片 2"，Width（宽）为720，Height（高）为576，Frame Rate（帧速率）为25，并设置Duration（持续时间）为00:00:05:00秒。运用同样的方法，分别制作"立体图片3""立体图片4""立体图片5"3个合成。

提示

一般合成窗口的背景颜色默认为黑色，在这里为了方便观看投影，可以按Ctrl + K组合键，打开Background Color（背景色）对话框，设置背景颜色。以下的"立体图片2""立体图片3""立体图片4""立体图片5"合成的背景颜色都为白色。

08　打开"立体图片2"合成，在Project（项目）面板中，选择"2.png"素材，将其拖动到"立体图片2"合成的时间线面板中，然后打开"2.png"素材的三维属性开关。

09　选择"2.png"层，按R键，打开该层的Rotation（旋转）选项，设置X Rpration（x轴旋转）的值为−37，Z Rpration（z轴旋转）的值为−26，参数设置，如图12.128所示。

图12.128 设置"边框2.png"层的旋转值

10　打开"立体图片1"合成的时间线面板，选择"1.png"层，在Effect Controls（特效控制）面板中，选择Drop Shadow（投影）特效，按Ctrl + C组合键，复制Drop Shadow（投影）特效。然后将复制的特效按Ctrl + V组合键粘贴到"立体图片2"合成中的"2.png"上，此时Effect Controls（特效控制）面板中的效果如图12.129所示。"立体图片2"合成的画面效果如图12.130所示。

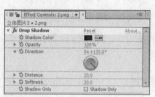

图12.129 "2.png"层的特效参数　图12.130 "立体图片2"合成的画面效果

11　打开"立体图片3"合成，在Project（项目）面板中，选择"3.png"素材，将其拖动到"立体图片3"合成的时间线面板中，然后打开"3.png"素材的三维属性开关。

12　选择"3.png"层，按R键，打开该层的Rotation（旋转）选项，设置X Rpration（x轴旋转）的值为−47，Z Rpration（z轴旋转）的值为−79，参数设置如图12.131所示。然后为"3.png"层粘贴"1.png"层的Drop Shadow（投影）特效，完成后的画面效果如图12.132所示。

图12.131 设置"3.png"层的旋转值　图12.132 "立体图片3"合成的画面效果

13　打开"立体图片4"合成，在Project（项目）面板中，选择"4.png"素材，将其拖动到"立体图片4"合成的时间线面板中，然后打开"4.png"素材的三维属性开关。

14　选择"4.png"层，按R键，打开该层的Rotation（旋转）选项，设置X Rotation（x轴旋转）的值为−26，Z Rotation（z轴旋转）的值为−21，参数设置如图12.133所示。然后为"4.png"层运粘贴"1.png"层的Drop Shadow（投影）特效，完成后的画面效果如图12.134所示。

图12.133 设置"4.png"层的旋转值

图12.134 "立体图片4"合成的画面效果

⑮ 打开"立体图片5"合成，在Project（项目）面板中，选择"5.png"素材，将其拖动到"立体图片5"合成的时间线面板中，然后打开"5.png"素材的三维属性开关。

⑯ 选择"5.png"层，按R键，打开该层的Rotation（旋转）选项，设置X Rotation（x轴旋转）的值为−36，Z Rotation（z轴旋转）的值为6，参数设置如图12.135所示。然后为"5.png"层粘贴"1.png"层的Drop Shadow（投影）特效，完成后的画面效果如图12.136所示。

图12.135 设置"5.png"层的旋转值

图12.136 "立体图片5"合成的画面效果

12.3.2 制作背景

① 执行菜单栏中的Composition（合成）|New Composition（新建合成）命令，打开Composition Settings（合成设置）对话框，设置Composition Name（合成名称）为"时代的印记"，Width（宽）为720，Height（高）为576，Frame Rate（帧速率）为25，并设置Duration（持续时间）为00:00:05:00秒，如图12.137所示。

图12.137 合成设置

② 在Project（项目）面板中选择"背景.jpg"素材，将其拖动到"时代的印记"合成的时间线面板中。

③ 选择"背景.jpg"层，在Effects & Presets（效果和预置）面板中展开Color Correction（色彩校正）特效组，然后双击Hue/Saturation（色相/饱和度）特效。

④ 在Effect Controls（特效控制）面板中，修改Hue/Saturation（色相/饱和度）特效的参数，设置Master Saturation（主饱和度）的值为−45，参数设置如图12.138所示。此时的画面效果如图12.139所示。

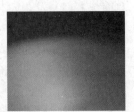
图12.138 设置参数　　图12.139 设置参数后效果

⑤ 为"背景.jpg"添加Levels（色阶）特效。在Effects & Presets（效果和预置）面板中展开Color Correction（色彩校正）特效组，然后双击Levels（色阶）特效。

⑥ 在Effect Controls（特效控制）面板中，修改Levels（色阶）特效的参数，设置Input Black（输入黑色）的值为29，Input White（输入白色）的值为203，Gamma（伽马）的值为0.7，如图12.140所示，合成窗口效果如图13.141所示。

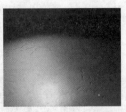
图12.140 设置色阶参数　　图12.141 设置色阶后效果

⑦ 选择"背景.jpg"素材层，按Ctrl + D组合键，复制出一层"背景.jpg"层，然后将复制出的图

层，重命名为"背景2"，并将其右侧的Mode（模式）修改为Soft Light（柔光），如图12.142所示。

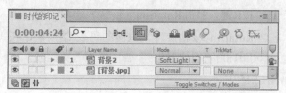

图12.142 复制图层

⑧ 在"背景2"层的Effect Controls（特效控制）面板中，选择Levels（色阶）特效，按Delete键，将其删除。然后为其添加Fractal Noise（分形杂波）特效。在Effects & Presets（效果和预置）面板中展开Nosie & Grain（杂波与颗粒）特效组，然后双击Fractal Noise（分形杂波）特效。

⑨ 在Effect Controls（特效控制）面板中，修改Fractal Noise（分形杂波）特效的参数，在Overflow（溢出）右侧的下拉菜单中选择Clip（修剪），并在Blending Mode（混合模式）右侧的下拉菜单中选择Multipy（正片叠底），参数设置如图12.143所示，此时的画面效果如图12.144所示。

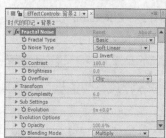 

图12.143 特效的参数　　　图12.144 画面效果

⑩ 执行菜单栏中的Layer（图层）|New（新建）|Adjustment Layer（调节层）命令，在时间线面板中将会创建一个"调节层"层，然后为"调节层"层添加Levels（色阶）特效，在Effects & Presets（效果和预置）面板中展开Color Correction（色彩校正）特效组，然后双击Levels（色阶）特效。

⑪ 将时间调整到00:00:02:00帧的位置，在Effect Controls（特效控制）面板中，修改Levels（色阶）特效的参数，单击Histogram（柱形图）左侧的码表🕐按钮，在当前位置设置关键帧。将时间调整到00:00:03:15帧的位置，设置Input Black（输入黑色）的值为5，Input White（输入白色）的值为183，

参数设置如图12.145所示，此时的画面效果如图12.146所示。

 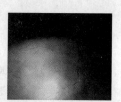

图12.145 修改色阶特效的参数　图12.146 修改参数后的
画面效果

⑫ 为"调节层"层添加Glow（发光）特效。在Effects & Presets（效果和预置）面板中展开Stylize（风格化）特效组，然后双击Glow（发光）特效。

⑬ 将时间调整到00:00:02:00帧的位置，在Effect Controls（特效控制）面板中，修改Glow（发光）特效的参数，设置Glow Radius（发光半径）的值为88，Glow Intensity（发光强度）的值为0，并单击Glow Intensity（发光强度）左侧的码表🕐按钮，在当前位置设置关键帧。

⑭ 将时间调整到00:00:03:15帧的位置，修改Glow Intensity（发光强度）的值为0.2，参数设置如图12.147所示，此时的画面效果如图12.148所示。

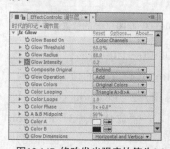 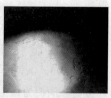

图12.147 修改发光强度的值为0.2　图12.148 修改参数后
的画面效果

12.3.3 制作照片动画

① 在Project（项目）面板中选择"立体图片1""立体图片2""立体图片3""立体图片4""立体图片5"5个合成，将其拖动到"时代的印记"合成的时间线面板中，然后打开这5个合成层的三维属性开关，如图12.149所示。

图12.149 添加合成素材

02 将时间调整到00:00:00:00帧的位置，确认选择5个合成层，按P键，打开Position（位置）选项，单击Position（位置）左侧的码表 ⏱ 按钮，在当前位置为5个合成层设置关键帧。然后在时间线面板的空白处单击，取消选择。分别设置"立体图片1"Position（位置）的值为（243，-184，-180），"立体图片2"Position（位置）的值为（473，-280，0），"立体图片3"Position（位置）的值为（360，-193，0），"立体图片4"Position（位置）的值为（123，-347，0），"立体图片5"Position（位置）的值为（398，-198，0），参数设置如图12.150所示。

图12.150 在00:00:00:00帧的位置设置关键帧

03 将时间调整到00:00:01:00帧的位置，修改"立体图片1"Position（位置）的值为（293，243，400），"立体图片2"Position（位置）的值为（293，0，394），"立体图片3"Position（位置）的值为（536，284，265），"立体图片4"Position（位置）的值为（224，228，226），"立体图片5"Position（位置）的值为（250，412，138），参数设置如图12.151所示。

图12.151 修改位置的值

04 选择"立体图片1""立体图片2""立体图片3""立体图片4""立体图片5"5个合成层，按R键，打开Rotation（旋转）选项，然后单击Z Rotatiin（z轴旋转）左侧的码表 ⏱ 按钮，在00:00:01:00帧的位置为5个合成层设置关键帧，如图12.152所示。

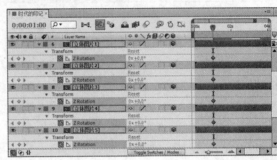

图12.152 设置关键帧

05 将时间调整到00:00:00:00帧的位置，分别设置"立体图片1"Z Rotatiin（z轴旋转）的值为180，"立体图片2"Z Rotatiin（z轴旋转）的值为-80，"立体图片3"Z Rotatiin（z轴旋转）的值为180，"立体图片4"Z Rotatiin（z轴旋转）的值为-100，"立体图片5"Z Rotatiin（z轴旋转）的值为100，参数设置如图12.153所示。

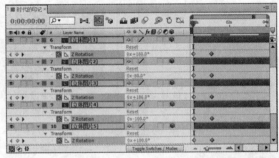

图12.153 修改z轴旋转参数

06 从上向下依次选择"立体图片1""立体图片2""立体图片3""立体图片4""立体图片5"5个合成层，执行菜单栏中的Animation（动画）|Keyframe Assistant（关键帧辅助）| Sequence Layers（序列图层）命令，打开Sequence Layers（序列图层）对话框，设置Duration（持续时间）为00:00:04:13，单击OK（确定）按钮，参数设置如图12.154所示，设置后效果如图12.155所示。

图12.154 序列图层对话框　　图12.155 使用序列图层后效果

07 完成照片下落的动画制作，按空格键在"照片动画"的合成窗口中观看动画，其中几帧的画面效果，如图12.156所示。

图12.156 其中几帧的画面效果

08 执行菜单栏中的Layer（图层）|New（新建）| Light（灯光）命令，打开Light Settings（灯光设置）对话框，设置Light Type（灯光类型）为Point（聚光灯），Intensity（强度）为150%，Cone Angle（圆锥角）为90，Cone Feather（锥角羽化）的值为50%，Color（颜色）为白色，参数设置如图12.157所示。单击OK（确定）按钮，时间线面板显示如图12.158所示。

图12.157 设置灯光参数　　图12.158 时间线显示

09 调整灯光照射的位置。选择"Light 1"层，然后单击其左侧的灰色三角形▼按钮，展开Transform（变换）选项组，设置Point of Interest（目标兴趣点）的值为（425，130，−95），Position（位置）的值为（612，130，−360），如图12.159所示。此时的画面效果，如图12.160所示。

图12.159 调整灯光的位置　　图12.160 添加灯光后的画面效果

12.3.4 制作文字动画

01 单击工具栏中的Horizontal Type Tool（横排文字工具）T 按钮，在"时代的印记"合成窗口中输入文字"时代的印记"，设置字体为方正行楷简体，字体颜色为棕色（R：114，G：56，B：0），Stroke（描边颜色）为黄色（R：255，G：232，B：0），字符大小为119 px，描边方式为Storke Over Fill（在填充上描边），设置Set the stroke width（边宽）为3 px，并单击Faux Bold（加粗）T 按钮，参数设置如图12.161所示。画面效果如图12.162所示。

图12.161 文字面板　　图12.162 设置字符参数后的画面效果

02 此时在时间线面板中，将会自动创建一个"时代的印记"文字层。将时间调整到00:00:03:00帧的位置，打开该层的Transform（变换）选项组，设置Anchor Point（定位点）的值为（226，−50），Position（位置）的值为（586，367），Scale（缩放）的值为（0，0），并单击Scale（缩放）左侧的码表 按钮，在当前位置设置关键帧，如图12.163所示。

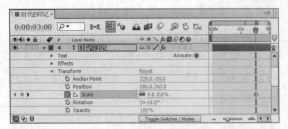

图12.163 设置变换参数

03 将时间调整到00:00:04:07帧的位置，设置Scale（缩放）的值为（100，100），如图12.164所示。其中一帧的画面效果，如图12.165所示。

图12.164 为缩放设置关键帧　图12.165 其中一帧的文字动画效果

04 为"时代的印记"文字层添加Drop Shadow（投影）效果。在Effects & Presets（效果和预置）面板中展开Perspective（透视）特效组，然后双击Drop Shadow（投影）特效，参数使用默认值。

05 制作扫光效果。执行菜单栏中的Layer（图层）| New（新建）| Adjustment Layer（调节层）命令，在时间线面板中将会创建一个"调节层2"层。

06 为"调节层2"层添加Shine（光）特效。在Effects & Presets（效果和预置）面板中展开Trapcode特效组，然后双击Shine（光）特效，如图12.166所示。添加Shine（光）后的效果如图12.167所示。

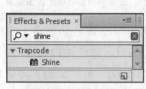

图12.166 添加光特效　图12.167 添加特效后的画面效果

07 将时间调整到00:00:03:00帧的位置，在Effect Controls（特效控制）面板中，修改Shine（光）特效的参数，设置Source Point（源点）的值为

（696，20），Ray Length（光线长度）的值为3，Boost Light（光线亮度）的值为4，在Transfer Mode（叠加模式）右侧的下拉菜单中选择Screen（屏幕）选项，然后分别单击Source Point（源点）、Boost Light（光线亮度）左侧的码表 按钮，在当前位置设置关键帧，如图12.168所示。此时的画面效果如图12.169所示。

图12.168 修改光特效的参数　图12.169 00:00:03:00帧的画面效果

08 将时间调整到00:00:03:10帧的位置，修改Source Point（源点）的值为（570，12），Boost Light（光线亮度）的值为15，参数设置如图12.170所示。此时的画面效果如图12.171所示。

图12.170 在00:00:03:10帧的位置修改参数　图12.171 00:00:03:10帧的画面效果

09 将时间调整到00:00:03:22帧的位置，修改Source Point（源点）的值为（412，13），Boost Light（光线亮度）的值为2.5，参数设置如图12.172所示。此时的画面效果如图12.173所示。

图12.172 在00:00:03:22帧的位置修改参数　图12.173 00:00:03:22帧的画面效果

⑩ 将时间调整到00:00:04:10帧的位置，单击Shine Opacity（光透明度）左侧的码表 ⏱ 按钮，在当前位置设置关键帧，如图12.174所示。

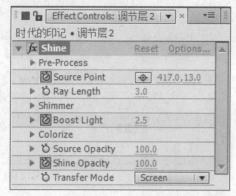

图12.174 为光透明度设置关键帧

⑪ 将时间调整到00:00:04:24帧的位置，修改Source Point（源点）的值为（73，4），Boost Light（光线亮度）的值为2，Shine Opacity（光透明度）的值为15，参数设置如图12.175所示。

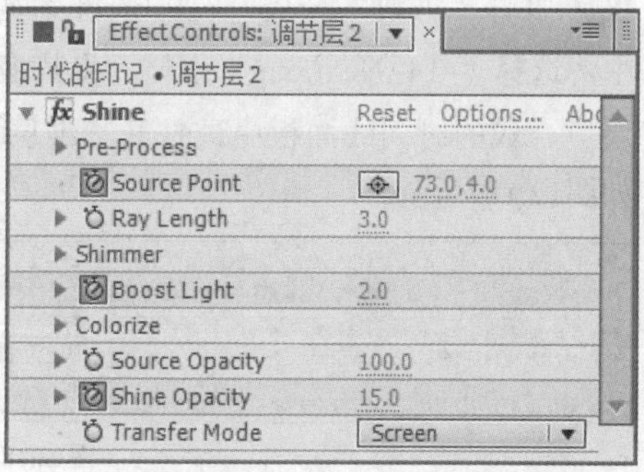

图12.175 00:00:04:24帧的参数设置

⑫ 将时间调整到00:00:03:00帧的位置，在时间线面板中选择"调节层2"层，按Alt+ [组合键，在当前位置为"调节层 2"层设置入点。然后在Project（项目）面板中，选择"点修饰物.avi"，将其拖动到时间线面板的顶层，然后修改其右侧的Mode（模式）为Add（相加），如图12.176所示。

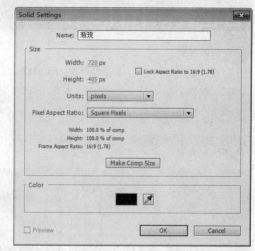

图12.176 设置图层入点

⑬ 制作渐现效果。在时间线面板中，按Ctrl + Y组合键，打开Solid Settings（固态层设置）对话框，设置Name（名称）为"渐现"，Color（颜色）为黑色，参数设置如图12.177所示。

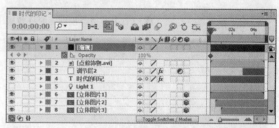

图12.177 固态层设置

⑭ 在时间线面板中将会创建一个"渐现"固态层。将时间调整到00:00:00:00帧的位置，按T键，打开该层的Opacity（透明度）选项，单击Opacity（透明度）左侧的码表 ⏱ 按钮，在当前位置设置关键帧，如图12.178所示。

图12.178 为透明度设置关键帧

⑮ 将时间调整到00:00:01:00帧的位置，修改Opacity（透明度）的值为0%，系统将在当前位置自动设置关键帧，如图12.179所示。

图12.179 修改透明度的值为0%

⑯ 这样就完成了"电视宣传片——时代的印

记"的整体制作，按小键盘上的0键，即可在合成窗口中预览动画。

12.4 课堂案例——电视栏目包装：节目导视

实例说明

本例主要讲解利用三维层属性以及Null Object（捆绑层）命令制作节目导视动画的制作方法。本例最终的动画流程效果，如图12.180所示。

工程文件：工程文件\第12章\节目导视
视频：视频\12.4 课堂案例——电视栏目包装：节目导视.avi

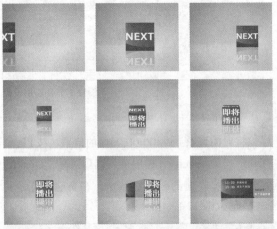

图12.180 节目导视动画流程效果

知识点

1.三维层的使用。

2.Pan Behind Tool（轴心点工具）。

3.Rectangle Tool（矩形工具）。

4.Parent（父子链接）属性的使用。

5.文字的输入与修改。

12.4.1 制作方块合成

01 执行菜单栏中的Composition（合成）| New Composition（新建合成）命令，打开Composition Settings（合成设置）对话框，设置Composition Name（合成名称）为"方块"，Width（宽）为720，Height（高）为576，Frame Rate（帧速率）为25，并设置Duration（持续时间）为00:00:06:00秒，如图12.181所示。

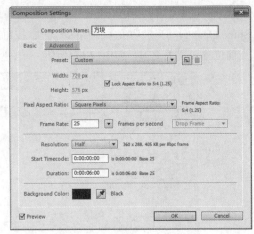

图12.181 合成设置

02 执行菜单栏中的File（文件）| Import（导入）| File（文件）命令，打开Import File（导入文件）对话框，选择配套资源中的"工程文件\第12章\节目导视\背景.bmp、红色Next.png、红色即将播出.png、长条.png"素材。

03 打开"方块"合成，在Project（项目）面板中，选择"红色Next.png"素材，将其拖动到"方块"合成的时间线面板中，打开三维层 按钮，如图12.182所示。

图12.182 添加素材

04 选中"红色Next"层，选择工具栏上的Pan Behind Tool（轴心点工具），按住Shift向上拖动，直到图像的边缘为止，移动前效果如图12.183所示，移动后效果如图12.184所示。

图12.183 移动前效果　　图12.184 移动后效果

05 按S键展开Scale（缩放）属性，设置Scale（缩放）数值为（111，111，111），如图12.185所示。

图12.185　缩放参数设置

06 按P键展开Position（位置）属性，将时间调整到00:00:00:00帧的位置，设置Position（位置）数值为（47，184，−122），单击码表按钮，在当前位置添加关键帧，将时间调整到00:00:00:07帧的位置，设置Position（位置）数值为（498，184，−43），系统会自动创建关键帧，将时间调整到00:00:00:14帧的位置，设置Position（位置）数值为（357，184，632），将时间调整到00:00:01:04帧的位置，设置Position（位置）数值为（357，184，556），将时间调整到00:00:02:18帧的位置，设置Position（位置）数值为（357，184，556），将时间调整到00:00:03:07帧的位置，设置Position（位置）数值为（626，184，335），如图12.186所示。

图12.186　位置关键帧设置

07 按R键展开Rotation（旋转）属性，将时间调整到00:00:01:04帧的位置，设置X Rotation（x轴旋转）数值为0，单击码表按钮，在当前位置添加关键帧，将时间调整到00:00:01:11帧的位置，设置X Rotation（x轴旋转）数值为−90，系统会自动创建关键帧，如图12.187所示。

图12.187　x轴旋转关键帧设置

08 将时间调整到00:00:02:18帧的位置，设置Z Rotation（z轴旋转）数值为0，单击码表按钮，在当前位置添加关键帧，将时间调整到00:00:03:07帧的位置，设置Z Rotation（z轴旋转）数值为−90，如图12.188所示。

图12.188　z轴旋转关键帧设置

09 选中"红色Next"层，将时间调整到00:00:01:11帧的位置，按Alt+]组合键，切断后面的素材，如图12.189所示。

图12.189　红色Next层设置

10 在Project（项目）面板中，选择"红色即将播出.png"素材，将其拖动到"方块"合成的时间线面板中，打开三维层 按钮，如图12.190所示。

图12.190　添加素材

11 选中"红色即将播出.png"层，将时间调整到00:00:01:04帧的位置，按Alt+[组合键，将素材的入点剪切到当前帧的位置，将时间调整到00:00:03:06帧的位置，按Alt+]组合键，将素材的出点剪切到当前帧的位置，如图12.191所示。

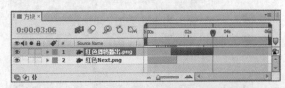

图12.191　红色即将播出层设置

12 按R键展开Rotation（旋转）属性，设置X Rotation（x轴旋转）数值为90，如图12.192所示。

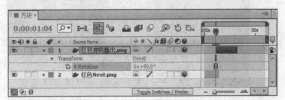

图12.192　x轴旋转参数设置

13 选中"红色即将播出"层，选择工具栏上的Pan Behind Tool（轴心点工具） ，按住Shift向上拖动，直到图像的边缘为止，移动前效果如图12.193所示，移动后效果如图12.194所示。

图12.193 移动前效果　　图12.194 移动前效果

14 展开Parent（父子链接）属性，将"红色即将播出"层设置为"红色Next"层的子层，如图12.195所示。

图12.195 父子链接设置

15 选中"红色即将播出"层，按P键展开Position（位置）属性，设置Position（位置）数值为（96，121，89），设置Scale（缩放）数值为（100，100，100），如图12.196所示，效果如图12.197所示。

图12.196 参数设置

图12.197 效果图

16 在Project（项目）面板中，选择"长条.png"

素材，将其拖动到"方块"合成的时间线面板中，打开三维层 按钮，如图12.198所示。

图12.198 添加素材

17 选中"长条.png"层，将时间调整到00:00:02:18帧的位置，按Alt+[组合键，切断前面的素材，如图12.199所示。

图12.199 层设置

18 选中"长条"层，选择工具栏上的Pan Behind Tool（轴心点工具） ，按住Shift向右拖动，直到图像的边缘为止，移动前效果如图12.200所示，移动后效果如图12.201所示。

图12.200 移动前效果　　图12.201 移动后效果

19 展开Parent（父子链接）属性，将"长条"层设置为"红色Next"层的子层，如图12.202所示。

图12.202 父子链接设置

20 按R键展开Rotation（旋转）属性，设置Y Rotation（y轴旋转）数值为90，如图12.203所示，效果如图12.204所示。

图12.203 y轴旋转参数设置

图12.204 效果图

㉑ 按P键展开Position（位置）属性，设置Position（位置）数值为（3，186，89），设置Scale（缩放）数值为（97，97，97），如图12.205所示，效果如图12.206所示。

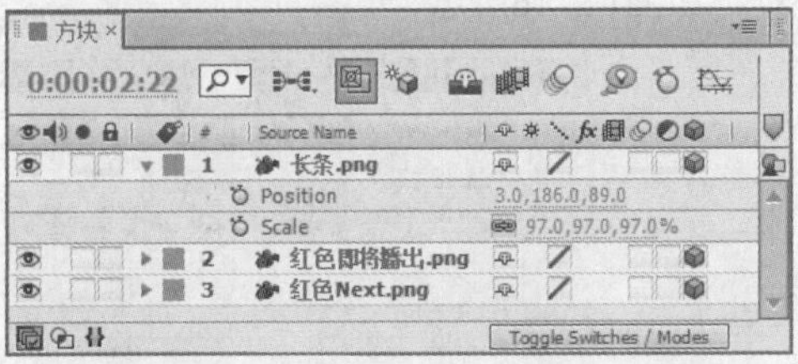

图12.205 位置参数设置

图12.206 效果图

㉒ 在Project（项目）面板中，再次选择"红色即将播出.png"素材，将其拖动到"方块"合成的时间线面板中，打开三维层 按钮，如图12.207所示。

图12.207 添加素材

㉓ 选中"红色即将播出.png"层，将时间调整到00:00:03:07帧的位置，按Alt+[组合键，切断前面的素材，如图12.208所示。

图12.208 层设置

㉔ 选中"红色即将播出"层，选择工具栏上的Pan Behind Tool（轴心点工具） ，按住Shift向左拖动，直到图像的边缘为止，移动前效果如图12.209所示，移动后效果如图12.210所示。

图12.209 移动前效果 　　　图12.210 移动前效果

㉕ 按R键展开Rotation（旋转）属性，设置Y Rotation（y轴旋转）数值为−90，如图12.211所示。

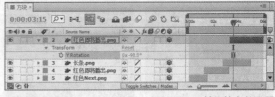

图12.211 y轴旋转参数设置

㉖ 展开Parent（父子链接）属性，将"红色即将播出"层设置为"红色Next"层的子层，如图12.212所示。

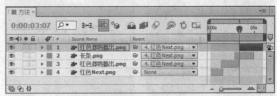

图12.212 父子链接设置

㉗ 按P键展开Position（位置）属性，设置Position（位置）数值为（3，185，89），设置

Scale（缩放）数值为（100，100，100），如图12.213所示，效果如图12.214所示。

图12.213 位置参数设置

图12.214 效果图

㉘ 这样"方块"合成的制作就完成了，预览其中几帧效果，如图12.215所示。

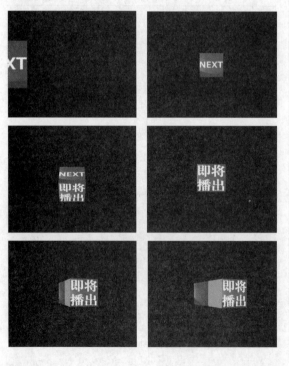

图12.215 动画流程图

12.4.2 制作文字合成

① 执行菜单栏中的Composition（合成）| New Composition（新建合成）命令，打开Composition Settings（合成设置）对话框，设置Composition Name（合成名称）为"文字"，Width（宽）为720，Height（高）为576，Frame Rate（帧速率）为25，并设置Duration（持续时间）为00:00:06:00秒，如图12.216所示。

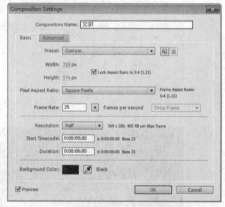

图12.216 合成设置

② 为了操作方便，复制"方块"合成中的"长条"层，粘贴到"文字"合成时间线面板中，此时"长条"层的位置并没有发生变化，效果如图12.217所示。

图12.217 画面效果

03 执行菜单栏中的Layer（图层）|New（新建）|Text（文字）命令，在合成窗口中输入"12:20"，选择Window（窗口）|Character（字符）命令，在弹出的字符面板中设置字体为DFHei-Md-80-Win-GB，字号为35px，字体颜色为白色，其他参数如图12.218所示。

图12.218 字体设置

04 选中"12:20"文字层，按P键展开Position（位置）属性，设置Position（位置）数值为（302，239），效果如图12.219所示。

图12.219 效果图

05 执行菜单栏中的Layer（图层）|New（新建）|Text（文字）命令，在合成窗口中输入"15:35"，选择Window（窗口）|Character（字符）命令，在弹出的字符面板中设置字体为DFHei-Md-80-Win-GB，字号为35px，字体颜色为白色，其他参数如图12.220所示。

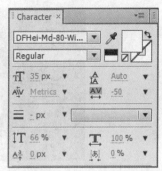

图12.220 "15:35"字体设置

06 选中"15:35"文字层，按P键展开Position（位置）属性，设置Position（位置）数值为（305，276），效果如图12.221所示。

图12.221 效果图

07 执行菜单栏中的Layer（图层）|New（新建）|Text（文字）命令，在合成窗口中输入"非诚勿扰"，选择Window（窗口）|Character（字符）命令，在弹出的字符面板中设置字体为FangSong_GB2312，字号为32px，字体颜色为白色，其他参数如图12.222所示。

图12.222 "非诚勿扰"字体设置

08 选中"非诚勿扰"文字层，按P键展开Position（位置）属性，设置Position（位置）数值为（405，238），效果如图12.223所示。

图12.223 效果图

⑨ 执行菜单栏中的Layer（图层）|New（新建）|Text（文字）命令，在合成窗口中输入"成长不烦恼"，选择Window（窗口）|Character（字符）命令，在弹出的字符面板中设置字体为FangSong_GB2312，字号为32px，字体颜色为白色，其他参数如图12.224所示。

图12.224 "成长不烦恼"字体设置

⑩ 选中"成长不烦恼"文字层，按P键展开Position（位置）属性，设置Position（位置）数值为（407，273），效果如图12.225所示。

图12.225 效果图

⑪ 执行菜单栏中的Layer（图层）|New（新建）|Text（文字）命令，在合成窗口中输入"接下来请收看"，选择Window（窗口）|Character（字符）命令，在弹出的字符面板中设置字体为FangSong_GB2312，字号为32px，字体颜色为白色，其他参数如图12.226所示。

图12.226 "接下来请收看"字体设置

⑫ 选中"接下来请收看"文字层，按P键展开Position（位置）属性，设置Position（位置）数值为（556，336），效果如图12.227所示。

图12.227 效果图

⑬ 执行菜单栏中的Layer（图层）|New（新建）|Text（文字）命令，在合成窗口中输入"NEXT"，选择Window（窗口）|Character（字符）命令，在弹出的字符面板中设置字体为HYCuHeiF，字号为38px，字体颜色为灰色（R：152，G：152，B：152），其他参数如图12.228所示。

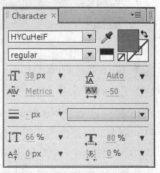

图12.228 "NEXT"字体设置

⑭　选中"NEXT"文字层，按P键展开Position（位置）属性，设置Position（位置）数值为（561，303），效果如图12.229所示。

图12.229　效果图

⑮　选中"长条"层，按Delete键，删除掉，如图12.230所示，效果如图12.231所示。

图12.230　层设置

图12.231　效果图

12.4.3　制作节目导视合成

①　执行菜单栏中的Composition（合成）| New Composition（新建合成）命令，打开Composition Settings（合成设置）对话框，新建一个Composition Name（合成名称）为"节目导视"，Width（宽）为720，Height（高）为576，Frame Rate（帧速率）为25，Duration（持续时间）为00:00:06:00秒的合成。

②　打开"节目导视"合成，在Project（项目）面板中选择"背景"合成，将其拖动到"节目导视"合成的时间线面板中，如图12.232所示。

图12.232　添加素材

③　选中"背景"层，按P键展开Position（位置）属性，设置Position（位置）数值为（358，320），按S键展开Scale（缩放）属性，取消链接 🔗 按钮，设置Scale（缩放）数值为（100，115），如图12.233所示。

图12.233　参数设置

④　执行菜单栏中的Layer（图层）|New（新建）|Camera（摄像机）命令，打开Camera Settings（固态层设置）对话框，设置Name（名称）为"Camera1"，如图12.234所示。

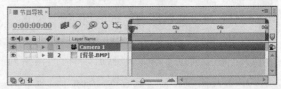

图12.234　层设置

⑤　选中"Camera"层，按P键展开Position（位置）属性，设置Position（位置）数值为（360，288，−854），参数设置如图12.235所示。

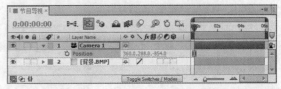

图12.235　位置参数设置

⑥　在Project（项目）面板中，选择"方块"合成，将其拖动到"节目导视"合成的时间线面板

中，如图12.236所示。

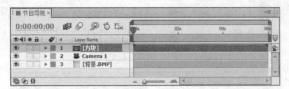

图12.236 添加层

07 再次选择Project（项目）面板中"方块"合成，将其拖动到"节目导视"合成的时间线面板中，重命名为"倒影"，如图12.237所示。

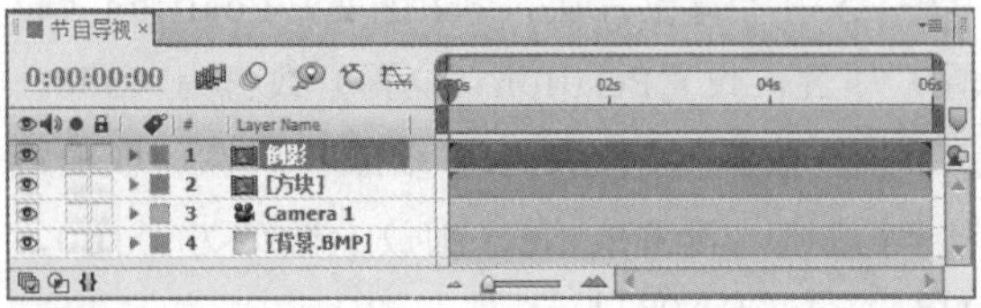

图12.237 倒影层

08 选中"倒影"层，按S键展开Scale（缩放）属性，取消链接按钮，设置Scale（缩放）数值为（100，-100），如图12.338所示。

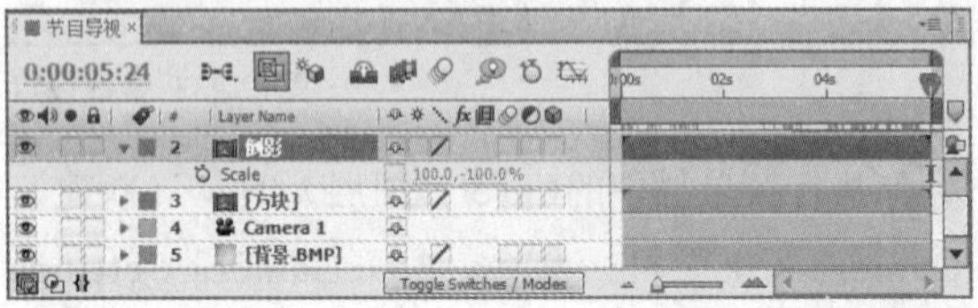

图12.338 参数设置

09 选中"倒影"层，按P键展开Position（位置）属性，将时间调整到00:00:00:00帧的位置，设置Position（位置）数值为（360，545），单击码表，在当前位置添加关键帧，将时间调整到00:00:00:07帧的位置，设置Position（位置）数值为（360，509），系统会自动创建关键帧，将时间调整到00:00:00:11帧的位置，设置Position（位置）数值为（360，434），将时间调整到00:00:00:14帧的位置，设置Position（位置）数值为（360，412），如图12.239所示。

图12.239 位置关键帧设置

10 按T键展开Opacity（透明度）属性，设置Opacity（透明度）数值为20%，如图12.240所示。

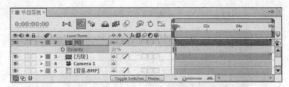

图12.240 透明度关键帧设置

11 选择工具栏中的Rectangle Tool（矩形工具），在"节目导视"合成窗口中绘制遮罩，如图12.241所示。

12 选中"Mask1"层，按F键，打开"倒影"层的Mask Feather（遮罩羽化）选项，设置Mask Feather（遮罩羽化）的值为（67，67），此时的画面效果如图12.242所示。

图12.241 绘制遮罩　　图12.242 遮罩羽化效果

13 在Project（项目）面板中，选择"文字"合成，将其拖动到"节目导视"合成的时间线面板中，将其入点放在00:00:03:07帧的位置，如图12.243所示。

图12.243 添加素材

14 选中"文字"合成，按T键展开Opacity（透明度）属性，将时间调整到00:00:03:07帧的位置，设置Opacity（透明度）数值为0%，单击码表按钮，在当前位置添加关键帧，将时间调整到00:00:03:12帧的位置，设置Opacity（透明度）数值为100%，如图12.244所示。

图12.244 透明度关键帧设置

⑮ 这样就完成了"电视栏目包装——节目导视"的整体制作，按小键盘上的0键，即可在合成窗口中预览动画。

12.5 本章小结

本章详细讲解商业栏目包装案例表现。通过电视特效表现——民族文化、电视Logo演绎——"Apple"logo演绎、电视宣传片——时代的印记和电视栏目包装——节目导视4个大型商业栏目包装动画，全面细致地讲解了电视栏目包装的制作过程，再现全程制作技法。通过本章的学习，让读者不仅可以看到成品的栏目包装效果，而且可以学习到栏目包装的制作方法和技巧。

12.6 课后习题

本章通过3个课后习题，加深读者朋友对电视栏目包装的制作印象，巩固商业栏目包装的制作方法和技巧。

12.6.1 课后习题1——电视特效表现：与激情共舞

📖 实例说明

"与激情共舞"是一个关于电视宣传片的片头，通过本例的制作，展现了传统历史文化的深厚内涵，片头中发光体素材以及光特效制作出类似于闪光灯的效果，然后主题文字通过蒙版动画跟随发光体的闪光效果，逐渐出现，制作出于激情共舞电视宣传片，动画流程，如图12.245所示。

工程文件：工程文件\第12章\与激情共舞
视频：视频\12.6.1 课后习题1——电视特效表现：与激情共舞.avi

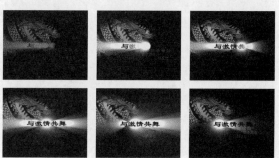

图12.245 与激情共舞动画流程

📖 知识点

1.Hue / Saturation（色相/饱和度）调色。

2.Color Key（颜色键）抠图。

3.Shine（光）特效。

12.6.2 课后习题2——电视栏目包装：少儿频道

📖 实例说明

"少儿频道"是一个关于Logo演绎的片头，如今的电视频道都很注重包装，这样可以使观众更加清楚与深刻地记住该频道，而这些包装的制作方法通过Photoshop和After Effects CS6软件自带的功能可以完全表现出来。通过本例的制作，可以学习彩色光效的制作方法及如何利用碎片特效制作画面粉碎效果。本例最终的动画流程效果如图12.246所示。

工程文件：工程文件\第12章\少儿频道
视频：视频\12.6.2 课后习题2——电视栏目包装：少儿频道.avi

图12.246 少儿频道动画流程效果

📖 知识点

1.Shatter（碎片）特效。

2.Fractal Noise（分形杂波）特效。

3.Glow（发光）特效。

4.Ramp（渐变）特效。

5.Strobe Light（闪光灯）特效。

12.6.3 课后习题3——电视频道包装：神秘宇宙探索

📖 实例说明

"神秘宇宙探索"是一个有关探索类节目的栏目片头，本例的制作主要应用了Trapcode为After Effects生产的光、3D笔触、星光和粒子插件组合，通过这些插件的运用，制作出了发光字体，带有光晕的流动线条及辐射状的粒子效果，为读者展示了一个融合有Trapcode强大魅力的探索类节目片头。动画流程如图12.247所示。

工程文件：工程文件\第12章\神秘宇宙探索
视频：视频\12.6.3 课后习题3——电视频道包装：秘宇宙探索.avi

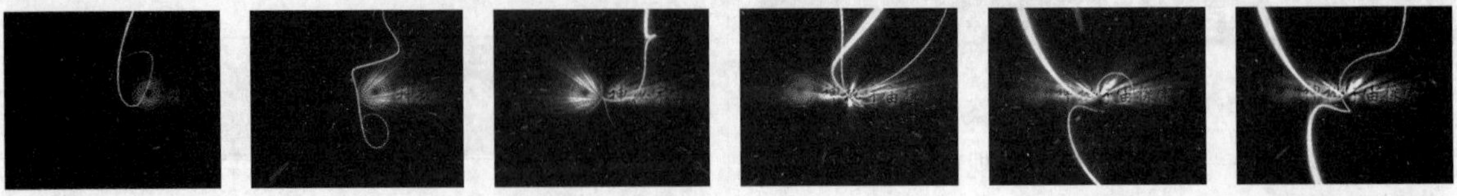

图12.247 神秘宇宙探索动画流程

 知识点

1.Glow（发光）特效。

2.Mode（模式）的使用。

3.Starglow（星光）特效。

附录 A　After Effects CS6 外挂插件的安装

外挂插件就是其他公司或个人开发制作的特效插件，有时也叫第三方插件。外挂插件有很多内置插件没有的特点，它一般应用比较容易，效果比较丰富，受到用户的喜爱。

外挂插件不是软件本身自带的，它需要用户自行购买。After Effects CS6有众多的外挂插件，正是有了这些神奇的外挂插件，使得该软件的非线性编辑功能更加强大。

在After Effects CS6的安装目录下，有一个名为Plug-ins的文件夹，这个文件夹就是用来放置插件的。插件的安装分为两种，分别介绍如下。

1.后缀为.aex

有些插件本身不带安装程序，只是一个后缀为.aex的文件，这样的插件，只需要将其复制、粘贴到After Effects CS6安装目录下的Plug-ins的文件夹中，然后重新启动软件，即可在Effects & Presets（特效面板）中找到该插件特效。

提示

如果安装软件时，使用的是默认安装方法，Plug-ins文件夹的位置应该是C:\Program Files\Adobe\Adobe After Effects CS6\Support Files\Plug-ins。

2.后缀为.exe

这样的插件为安装程序文件，可以将其按照安装软件的方法进行安装，这里以安装Shine（光）插件为例，详解插件的安装方法。

(01) 双击安装程序，即双击后缀为.exe的Shine文件，如图A-1所示。

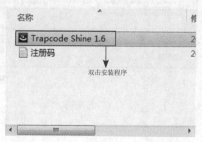

图A-1　双击安装程序

(02) 双击安装程序后，弹出安装对话框，单击Next（下一步）按钮，弹出确认接受信息，单击OK（确定）按钮，进入如图A-2所示的注册码输入或试用对话框，在该对话框中，选择Install Demo Version单选按钮，将安装试用版；选择Enter Serial Number单选按钮将激活下方的文本框，在其中输入注册码后，Done（完成）按钮将自动变成可用状态，单击该按钮后，将进入如图A-3所示选择安装类型对话框。

图A-2　试用或输入注册码

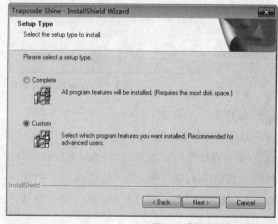

图A-3　选择安装类型对话框

(03) 在选择安装类型对话框中有两个单选按钮，Complete单选按钮表示电脑默认安装，不过为了安装的位置不会出错，一般选择Custom单选按钮，以自定义的方式进行安装。

(04) 选择Custom单选按钮后，单击Next（下一步）按钮进入如图A-4所示的选择安装路径对话框，在该对话框中单击Browse按钮，将打开如图

A-5所示的Choose Folder对话框，可以从下方的位置中选择要安装的路径位置。

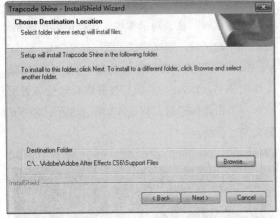

图A-4 选择安装路径对话框

图A-5 Choose Folder对话框

⑤ 依次单击"确定"，Next（下一步）按钮，插件会自动完成安装。

⑥ 安装完插件后，重新启动After Effects CS6软件，在Effects & Presets（特效面板）中展开Trapcode选项特效组，即可看到Shine（光）特效，如图A-6所示。

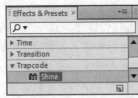

图A-6 Shine（光）特效

外挂插件的注册

在安装完成后，如果安装时没有输入注册码，而是使用的试用形式安装，需要对软件进行注册，因为安装的插件没有注册在应用时，会显示一个红色的X号，它只能试用不能输出，可以在安装后再对其注册即可，注册的方法很简单，下面还是以Shine（光）特效为例进行讲解。

① 在安装完特效后，在Effects & Presets（特效面板）中展开Trapcode特效组，然后双击到Shine（光）特效，为某个层应用该特效。

② 应用完该特效后，在Effect Controls（特效控制）面板中即可看到Shine（光）特效，单击该特效名称右侧的Options（选项）文字，如图A-7所示。

③ 这时，将打开如图A-8所示对话框。在ENTER SERIAL NUMBER右侧的文本框中输入注册码，然后单击Done（完成）按钮即可完成注册。

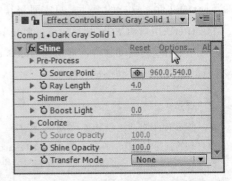

图A-7 单击Options选项文字

图A-8 输入注册码

附录 B　After Effects CS6 默认键盘快捷键

表1　工具栏

操作	Windows 快捷键
选择工具	V
手工具	H
缩放工具	Z（使用Alt缩小）
旋转工具	W
摄像机工具（Unified、Orbit、Track XY、Track Z）	C（连续按C键切换）
Pan Behind工具	Y
遮罩工具（矩形、椭圆）	Q（连续按Q键切换）
钢笔工具（添加节点、删除节点、转换点）	G（连续按G键切换）
文字工具（横排文字、竖排文字）	Ctrl + T（连续按Ctrl + T组合键切换）
画笔、克隆图章、橡皮擦工具	Ctrl + B（连续按Ctrl + B组合键切换）
暂时切换某工具	按住该工具的快捷键
钢笔工具与选择工具临时互换	按住Ctrl
在信息面板显示文件名	Ctrl + Alt + E
复位旋转角度为0度	双击旋转工具
复位缩放率为100%	双击缩放工具

表2　项目窗口

操作	Windows 快捷键
新项目	Ctrl + Alt + N
新文件夹	Ctrl + Alt + Shift + N
打开项目	Ctrl + O
打开项目时只打开项目窗口	利用打开命令时按住Shift键
打开上次打开的项目	Ctrl + Alt + Shift + P

（续表）

操作	Windows 快捷键
保存项目	Ctrl + S
打开项目设置对话框	Ctrl + Alt + Shift + K
选择上一子项	上箭头
选择下一子项	下箭头
打开选择的素材项或合成图像	双击
激活最近打开的合成图像	\
增加选择的子项到最近打开的合成窗口中	Ctrl + /
显示所选合成图像的设置	Ctrl + K
用所选素材时间线窗口中选中层的源文件	Ctrl + Alt + /
删除素材项目时不显示提示信息框	Ctrl + Backspace
导入素材文件	Ctrl + I
替换素材文件	Ctrl + H
打开解释素材选项	Ctrl+ F
重新导入素材	Ctrl + Alt + L
退出	Ctrl + Q

表3 合成窗口

操作	Windows 快捷键
显示/隐藏标题和动作安全区域	'
显示/隐藏网格	Ctrl + '
显示/隐藏对称网格	Alt + '
显示/隐藏参考线	Ctrl + ;
锁定/释放参考线	Ctrl + Alt + Shift + ;

（续表）

操作	Windows 快捷键
显示/隐藏标尺	Ctrl + R
改变背景颜色	Ctrl + Shift + B
设置合成图像解析度为full	Ctrl + J
设置合成图像解析度为Half	Ctrl + Shift + J
设置合成图像解析度为Quarter	Ctrl + Alt + Shift + J
设置合成图像解析度为Custom	Ctrl + Alt + J
快照（最多4个）	Ctrl + F5 , F6 , F7 , F8
显示快照	F5 , F6 , F7 , F8
清除快照	Ctrl + Alt + F5 , F6 , F7 , F8
显示通道（RGBA）	Alt + 1，2，3，4
带颜色显示通道（RGBA）	Alt + Shift + 1，2，3，4
关闭当前窗口	Ctrl + W

表4　文字操作

操作	Windows 快捷键
左、居中或右对齐	横排文字工具+ Ctrl + Shift + L、C或R
上、居中或底对齐	直排文字工具+ Ctrl + Shift + L、C或R
选择光标位置和鼠标单击处的字符	Shift + 单击鼠标
光标向左 / 向右移动一个字符	左箭头 / 右箭头
光标向上 / 向下移动一个字符	上箭头 / 下箭头
向左 / 向右选择一个字符	Shift + 左箭头 / 右箭头
向上 / 向下选择一个字符	Shift + 上箭头 / 下箭头
选择字符、一行、一段或全部	双击、三击、四击或五击
以2为单位增大 / 减小文字字号	Ctrl + Shift + < / >

（续表）

操作	Windows 快捷键
以10为单位增大 / 减小文字字号	Ctrl + Shift + Alt < / >
以2为单位增大 / 减小行间距	Alt + 下箭头 / 上箭头
以10为单位增大 / 减小行间距	Ctrl + Alt + 下箭头 / 上箭头
自动设置行间距	Ctrl + Shift + Alt + A
以2为单位增大 / 减小文字基线	Shift + Alt + 下箭头 / 上箭头
以10为单位增大 / 减小文字基线	Ctrl + Shift + Alt + 下箭头 / 上箭头
大写字母切换	Ctrl + Shift + K
小型大写字母切换	Ctrl + Shift + Alt + K
文字上标开关	Ctrl + Shift + =
文字下标开关	Ctrl + Shift + Alt + =
以20为单位增大 / 减小字间距	Alt + 左箭头 / 右箭头
以100为单位增大 / 减小字间距	Ctrl + Alt + 左箭头 / 右箭头
设置字间距为0	Ctrl + Shift + Q
水平缩放文字为100%	Ctrl + Shift + X
垂直缩放文字为100%	Ctrl + Shift + Alt + X

表5 预览设置(时间线窗口)

操作	Windows 快捷键
开始/停止播放	空格
从当前时间点试听音频	.（数字键盘）
RAM预览	0（数字键盘）
每隔一帧的RAM预览	Shift+0（数字键盘）
保存RAM预览	Ctrl+0（数字键盘）
快速视频预览	拖动时间滑块
快速音频试听	Ctrl + 拖动时间滑块

（续表）

操作	Windows 快捷键
线框预览	Alt+0（数字键盘）
线框预览时保留合成内容	Shift+Alt+0（数字键盘）
线框预览时用矩形替代alpha轮廓	Ctrl+Alt+0（数字键盘）

表6　层操作(合成窗口和时间线窗口)

操作	Windows 快捷键
拷贝	Ctrl + C
复制	Ctrl + D
剪切	Ctrl + X
粘贴	Ctrl + V
撤销	Ctrl + Z
重做	Ctrl + Shift + Z
选择全部	Ctrl + A
取消全部选择	Ctrl + Shift + A 或 F2
向前一层	Shift +]
向后一层	Shift+ [
移到最前面	Ctrl + Shift +]
移到最后面	Alt + Shift + [
选择上一层	Ctrl + 上箭头
选择下一层	Ctrl + 下箭头
通过层号选择层	1—9（数字键盘）
选择相邻图层	单击选择一个层后再按住Shift键单击其他层
选择不相邻的层	按Ctrl键并单击选择层

（续表）

操作	Windows 快捷键
取消所有层选择	Ctrl + Shift + A 或F2
锁定所选层	Ctrl + L
释放所有层的选定	Ctrl + Shift + L
分裂所选层	Ctrl + Shift + D
激活选择层所在的合成窗口	\
为选择层重命名	按Enter键（主键盘）
在层窗口中显示选择的层	Enter（数字键盘）
显示隐藏图像	Ctrl + Shift + Alt + V
隐藏其他图像	Ctrl + Shift + V
显示选择层的特效控制窗口	Ctrl + Shift + T 或 F3
在合成窗口和时间线窗口中转换	\
打开素材层	双击该层
拉伸层适合合成窗口	Ctrl + Alt + F
保持宽高比拉伸层适应水平尺寸	Ctrl + Alt + Shift + H
保持宽高比拉伸层适应垂直尺寸	Ctrl + Alt + Shift + G
反向播放层动画	Ctrl + Alt + R
设置入点	[
设置出点	]
剪辑层的入点	Alt + [
剪辑层的出点	Alt +]
在时间滑块位置设置入点	Ctrl + Shift + ,
在时间滑块位置设置出点	Ctrl + Alt + ,
将入点移动到开始位置	Alt + Home

（续表）

操作	Windows 快捷键
将出点移动到结束位置	Alt + End
素材层质量为最好	Ctrl + U
素材层质量为草稿	Ctrl + Shift + U
素材层质量为线框	Ctrl + Alt + Shift + U
创建新的固态层	Ctrl + Y
显示固态层设置	Ctrl + Shift + Y
合并层	Ctrl + Shift + C
约束旋转的增量为45度	Shift + 拖动旋转工具
约束沿x轴、y轴或z轴移动	Shift + 拖动层
等比绽放素材	按Shift 键拖动控制手柄
显示或关闭所选层的特效窗口	Ctrl + Shift + T
添加或删除表达式	在属性区按住Alt键单击属性旁的小时钟按钮
以10为单位改变属性值	按Shift键在层属性中拖动相关数值
以0.1为单位改变属性值	按Ctrl 键在层属性中拖动相关数值

表7 查看层属性(时间线窗口)

操作	Windows 快捷键
显示Anchor Point	A
显示Position	P
显示Scale	S
显示Rotation	R
显示Audio Levels	L
显示Audio Waveform	LL

（续表）

操作	Windows 快捷键
显示Effects	E
显示Mask Feather	F
显示Mask Shape	M
显示Mask Opacity	TT
显示Opacity	T
显示Mask Properties	MM
显示Time Remapping	RR
显示所有动画值	U
显示在对话框中设置层属性值（与P,S,R,F,M一起）	Ctrl + Shift + 属性快捷键
显示Paint Effects	PP
显示时间窗口中选中的属性	SS
显示修改过的属性	UU
隐藏属性或类别	Alt + Shift + 单击属性或类别
添加或删除属性	Shift + 属性快捷键
显示或隐藏Parent栏	Shift + F4
Switches / Modes开关	F4
放大时间显示	+
缩小时间显示	−
打开不透明对话框	Ctrl + Shift + O
打开定位点对话框	Ctrl + Shift + Alt + A

表8　工作区设置(时间线窗口)

操作	Windows 快捷键
设置当前时间标记为工作区开始	B
设置当前时间标记为工作区结束	N
设置工作区为选择的层	Ctrl + Alt + B
未选择层时，设置工作区为合成图像长度	Ctrl + Alt + B

表9　时间和关键帧设置(时间线窗口)

操作	Windows 快捷键
设置关键帧速度	Ctrl + Shift + K
设置关键帧插值法	Ctrl + Alt + K
增加或删除关键帧	Alt + Shift + 属性快捷键
选择一个属性的所有关键帧	单击属性名
拖动关键帧到当前时间	Shift + 拖动关键帧
向前移动关键帧一帧	Alt +右箭头
向后移动关键帧一帧	Alt + 左箭头
向前移动关键帧十帧	Shift + Alt + 右箭头
向后移动关键帧十帧	Shift + Alt + 左箭头
选择所有可见关键帧	Ctrl + Alt + A
到前一可见关键帧	J
到后一可见关键帧	K
线性插值法和自动Bezer插值法间转换	Ctrl + 单击关键帧
改变自动Bezer插值法为连续Bezer插值法	拖动关键帧
Hold关键帧转换	Ctrl + Alt + H或Ctrl + Alt + 单击关键帧

操作	Windows 快捷键
连续Bezer插值法与Bezer插值法间转换	Ctrl + 拖动关键帧
Easy easy	F9
Easy easy In	Shift + F9
Easy easy out	Ctrl + Shift + F9
到工作区开始	Home或Ctrl + Alt + 左箭头
到工作区结束	End或Ctrl + Alt + 右箭头
到前一可见关键帧或层标记	J
到后一可见关键帧或层标记	K
到合成图像时间标记	主键盘上的0-9
到指定时间	Alt + Shift + J
向前一帧	Page Up或Ctrl + 左箭头
向后一帧	Page Down或Ctrl + 右箭头
向前十帧	Shift + Page Down或Ctrl + Shift + 左箭头
向后十帧	Shift + Page Up或Ctrl + Shift + 右箭头
到层的入点	I
到层的出点	o
拖动素材时吸附关键帧、时间标记和出入点	按住 Shift 键并拖动

表10 精确操作(合成窗口和时间线窗口)

操作	Windows 快捷键
以指定方向移动层一个像素	按相应的箭头
旋转层1度	+（数字键盘）
旋转层−1度	−（数字键盘）

（续表）

操作	Windows 快捷键
放大层1%	Ctrl + + （数字键盘）
缩小层1%	Ctrl + − （数字键盘）
Easy easy	F9
Easy easy In	Shift + F9
Easy easy out	Ctrl + Shift + F9

表11 特效控制窗口

操作	Windows 快捷键
选择上一个效果	上箭头
选择下一个效果	下箭头
扩展/收缩特效控制	~
清除所有特效	Ctrl + Shift + E
增加特效控制的关键帧	Alt + 单击效果属性名
激活包含层的合成图像窗口	\
应用上一个特效	Ctrl + Alt + Shift + E
在时间线窗口中添加表达式	按Alt键单击属性旁的小时钟按钮

表12 遮罩操作（合成窗口和层）

操作	Windows 快捷键
椭圆遮罩填充整个窗口	双击椭圆工具
矩形遮罩填充整个窗口	双击矩形工具
新遮罩	Ctrl + Shift + N
选择遮罩上的所有点	Alt + 单击遮罩
自由变换遮罩	双击遮罩

（续表）

操作	Windows 快捷键
对所选遮罩建立关键帧	Shift + Alt + M
定义遮罩形状	Ctrl + Shift + M
定义遮罩羽化	Ctrl + Shift + F
设置遮罩反向	Ctrl + Shift + I

表13 显示窗口和面板

操作	Windows 快捷键
项目窗口	Ctrl + 0
项目流程视图	Ctrl + F11
渲染队列窗口	Ctrl + Alt + 0
工具箱	Ctrl + 1
信息面板	Ctrl + 2
时间控制面板	Ctrl + 3
音频面板	Ctrl + 4
字符面板	Ctrl + 6
段落面板	Ctrl + 7
绘画面板	Ctrl + 8
笔刷面板	Ctrl + 9
关闭激活的面板或窗口	Ctrl + W